高等学校创新实践系列教材

总主编　倪　敬
总副主编　纪华伟

机械仿真创新实践

主编　吴　欣　纪华伟　沈国强

西安电子科技大学出版社

内容简介

本书系统地介绍了基于工业软件的机械结构有限元和多体动力学建模技术。书中淡化理论推导，且不局限于具体的工业软件，而是以建模关键技术为线索，辅以一定的理论背景，结合典型案例，从理论与实践相结合的角度，介绍了基于工业软件的建模技术。本书的主要内容包括有限元方法建模基础、几何建模、材料、单元与分网技术、载荷与约束、有限元求解器与静力学分析、模型展示与后处理、结构动力学与模态分析、多体动力学基础等。

本书既可作为高等学校机械工程专业本科生和研究生教材，也可供相关领域的科技人员学习参考。

图书在版编目(CIP)数据

机械仿真创新实践/吴欣，纪华伟，沈国强主编. —西安：
西安电子科技大学出版社，2023.3(2024.2 重印)
ISBN 978-7-5606-6764-5

Ⅰ. ①机… Ⅱ. ①吴… ②纪… ③沈… Ⅲ. ①机械设计—
计算机仿真—高等学校—教材 Ⅳ. ①TH122-39

中国国家版本馆 CIP 数据核字(2023)第 020268 号

策　　划　陈　婷
责任编辑　赵婧丽
出版发行　西安电子科技大学出版社(西安市太白南路 2 号)
电　　话　(029)88202421　88201467　　邮　　编　710071
网　　址　www.xduph.com　　电子邮箱　xdupfxb001@163.com
经　　销　新华书店
印刷单位　咸阳华盛印务有限责任公司
版　　次　2023 年 3 月第 1 版　2024 年 2 月第 2 次印刷
开　　本　787 毫米×1092 毫米　1/16　印张　10.5
字　　数　243 千字
定　　价　32.00 元
ISBN 978-7-5606-6764-5 / TH
XDUP 7066001-2

前　言

建模与仿真是对物理系统的一种无歧义的模型表达，表现为物理系统对应的数字系统。物理系统与数字系统融合后，成为虚实结合的孪生系统，这个孪生系统为物理系统性能提升和数字系统智能化发展提供了可能。对机械系统而言，数字化仿真技术(如有限元、多体动力学、计算流体力学等)不仅是探索物理现象的有力工具，也是智能制造的关键基础之一。

机械系统建模与仿真技术在大学课程体系中以力学课程和仿真技术原理课程的形式存在，这种形式存在着明显的不足。一方面，以理论和方法为主的课程，与工程实践中基于工业软件的建模与仿真的形式相距甚远，难以满足智能制造时代学生创新能力培养的需要；另一方面，从具体软件操作的角度介绍仿真关键技术，容易使建模方法和关键技术的介绍受到具体软件操作的约束，也容易让学习者直接湮没在艰深的建模软件底层(如CAD引擎、求解器等)，难以对建模技术形成全面系统的认知。同时，单一软件学习也难以满足学生对于不同软件系统学习的现实需求。

鉴于此，作者力图探索以学生建模能力培养为目标，以基于工业软件的建模关键技术为线索，依托力学原理介绍与工业软件实践相结合的模式来培养学生基于工业软件的复杂系统建模与分析能力。

本书面向本科生和研究生，从力学建模出发，结合由浅入深的案例，展示基于工业软件的建模与仿真关键技术。与其他同类书籍相比，本书具有如下特点：

(1) 采用理论方法、关键技术、软件工具、计算实例相结合的方式介绍基于工业软件的力学建模与分析，通过关键技术的系统学习与经典算例的练习相互印证的方式，使读者加深对建模技术的理解，从而快速掌握仿真技术。

(2) 简明扼要地介绍有限元建模的关键技术，目的是提供一条理论和技术的逻辑线索，而非详细完备的理论介绍，读者可以根据书中线索查阅相关资料进一步学习相关理论。

(3) 计算实例以结构静力学仿真建模为主，辅以动力学相关内容，设计的算例简明而不复杂，对应的关键知识点清晰明确，有利于快速掌握仿真建模关键技术。

(4) 为了便于读者学习，充分利用数字信息技术资源，打造立体化新形态教材，书中通过二维码给出了相关教学视频，读者可扫描观看。其中的案例内容不定时更新，读者可以根据自己使用的软件和学习目标选择相应案例。教学案例和教学资源通过微信公众号（仿真与创新工场）和 QQ 群（553703466）发布。

本书以机械系统仿真技术中的有限元仿真技术为主，介绍基于有限元工业软件的静力学建模关键技术和一定的多体动力学建模技术。

感谢杭州电子科技大学，感谢 Siemens、Altair 和 Ansys 等公司技术专家的支持。

由于编者水平有限，书中难免存在疏漏和不妥之处，恳请广大读者多提宝贵意见。

编　者

2022 年 9 月

目　　录

第1章　绪　论

本章导读

模型是人们对系统做出的一种抽象，是系统的一种无歧义描述。建模与仿真是数字孪生技术的基础，而数字孪生是智能制造系统虚实融合的重要途径。机械系统CAE(Computer Aided Egineering，计算机辅助工程)包括多个领域的建模方法，如流体力学、结构力学、多体动力学、电磁仿真、成形工艺仿真、基于模型的系统工程MBSE(Model Based System Engineering)、第一性原理、工厂仿真等。随着机械系统CAE的发展，大量卓有成效的工业软件为机械系统仿真提供了强大工具支撑，使基于工业软件的建模技术成为工业产品创新研发的主流方法。

学习重点

(1) 智能制造、数字孪生和建模仿真。

(2) 主流的机械CAE技术和典型的工业仿真软件。

思维导图

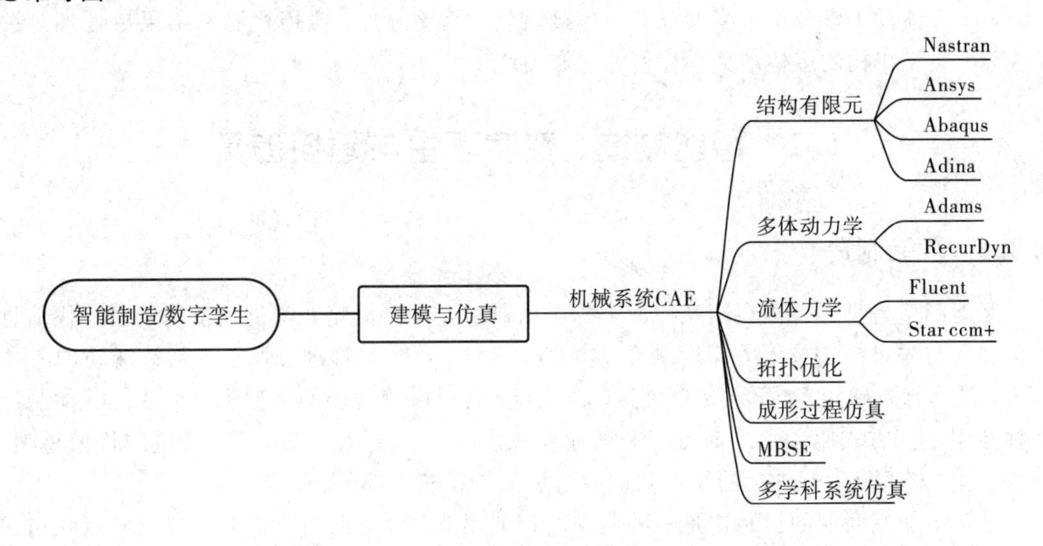

1.1　本书内容概述

随着科学技术的发展，建模与仿真技术已成为复杂系统研制工作中一种必不可少的手段，在航空航天、汽车、重型装备、材料开发等领域得到广泛而深入的应用，例如雷达系统设计中的需求建模，飞机设计中的空气动力学仿真，汽车开发中的结构强度、NVH(Noise Vibration Harshness)、流阻的计算及电磁仿真，材料设计中的第一性原理计算等。

建模与仿真技术通常是指利用模型复现实际系统的本质过程，并通过使用模型进行实验的形式来研究已存在的系统或设计新的系统的技术。这里所说的模型可以表现为多种形式，可以是物理的和数学的、静态的和动态的、连续的和离散的等各种形式。

机械系统仿真技术是针对机械系统的基于计算机建模的先进设计技术，其中典型的结构有限元方法、多体动力学、计算流体力学和电磁场仿真等技术广泛应用于机械产品的设计与优化。机械系统仿真技术一方面可以减少系统研发时大量的物理测试与验证，提高系统的研发速度，另一方面可以加深人们对于系统的认识，保证所设计系统的性能。例如：在航空工业，采用仿真技术使大型客机的设计和研制周期缩短了20%；在汽车行业，有限元分析技术已经成为一种事实上的行业标准。

本书中，仿真技术是指机械系统CAE技术中的有限元建模技术和多体动力学建模技术。学习本书的目的是了解有限元建模分析关键技术，基本掌握仿真建模步骤，熟悉典型工业软件在实际工程中的应用，培养基于工业软件的机械系统建模仿真能力。本书以介绍性、验证性案例和典型工程案例为主，通过案例介绍典型工业软件(有限元技术和多体动力学技术)的建模方法和流程。

本书依据分阶段学习目标安排学习内容，主要内容包括：

(1) 计算机辅助工程的基本概念、应用领域，有限元法和多体动力学分析的基本原理、发展趋势以及市场主流工业软件。

(2) 有限元分析中模型简化、边界条件设置、单元类型选取、网格划分和结果后处理等关键技术；杆、薄板、三维结构静力学与动力学有限元建模方法和流程。

(3) 多体动力学分析中模型简化、连接设置、驱动施加、碰撞检测和结果后处理等关键技术；典型机构的多体动力学建模方法和流程。

1.2 智能制造、数字孪生与建模仿真

1.2.1 智能制造

智能制造是世界各国在国家层面上提出的制造业转型战略。智能制造基于新一代信息通信技术与先进制造技术的深度融合，贯穿于设计、生产、管理、服务等制造活动的各个环节，是具有自感知、自学习、自决策、自执行、自适应等功能的新型生产方式。智能制造这种新型生产方式驱动了产业形态和商业模式发生根本变化，带来了产业链的价值重塑，使数字化、模型化、软件化的工业知识成为价值体系核心部分。

基于工业互联网的云制造是一种典型的智能制造模式，也是智慧工厂与工业互联网深度融合的结果，如图1-1所示。智慧工厂是通过构建物理信息系统(Cyber-Physical System，CPS)实现物理工厂与数字化工厂交互融合而形成的一种柔性化和智能化制造单元的集合，是工厂在设备智能化、管理现代化、信息计算机化的基础上达到的新阶段。工业互联网是新一代信息通信技术与工业经济深度融合的新型基础设施、应用模式和工业生态，它通过对人、机、物、系统等的全面连接，构建起覆盖全产业链、全价值链的全新制造和服务体系，为工业乃至产业数字化、网络化、智能化发展提供实现途径。

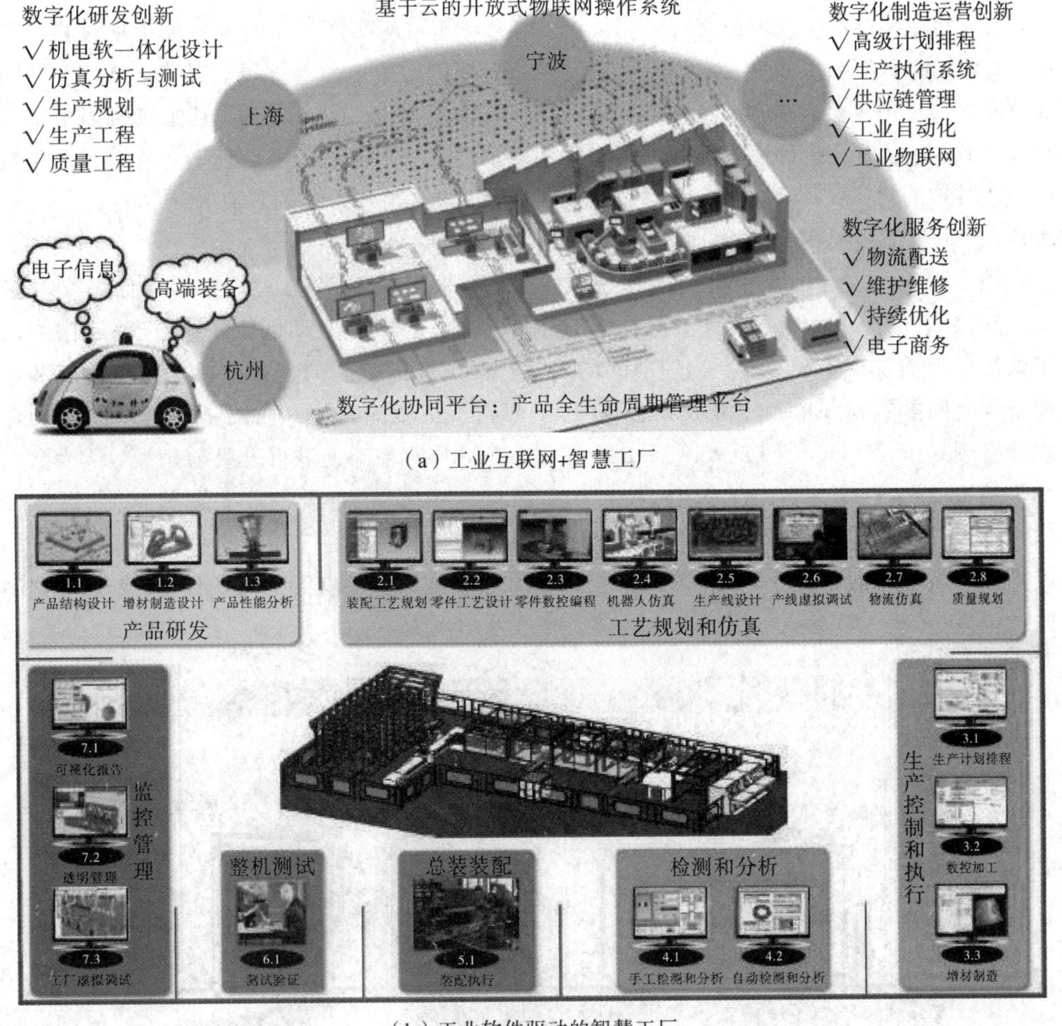

(a) 工业互联网+智慧工厂

(b) 工业软件驱动的智慧工厂

图 1-1 基于工业互联网的云制造：西门子

1.2.2 数字孪生

智能制造的核心目标之一是构建物理信息系统，实现物理工厂与虚拟的数字工厂的交互与融合，而数字孪生(Digtial Twin)是实现物理工厂与虚拟的数字工厂交互融合的最佳途径。从物理信息系统和数字孪生的内涵来看，两者都可以描述信息空间与物理世界融合的状态，物理信息系统更偏向科学原理的验证，而数字孪生更适合工程应用的优化，更能够降低复杂工程系统建设的成本。

数字孪生的概念源于密歇根大学 Michael Grieves 教授提出的信息镜像模型(Information Mirroring Model，IMM)。从技术的发展脉络上，一般认为数字孪生源于基于模型的定义(Model Based Definition，MBD)，之后，企业在实施基于模型的系统工程(MBSE)的过程中产生了大量的物理的、数学的模型，这些模型为数字孪生的发展奠定了基础。2012 年，美国国家航空航天局(National Aeronautics and Space Administration，NASA)给出的数字孪生的描述是：数字孪生是指利用来自物理模型、传感器、运行历史等的数据，集成多学科、多尺度的仿真过程，建立实体产品在虚拟空间中的镜像，以反映相对应实体产品的全生命周期过程。例如，美国国防部将数字孪生技术用于航空航天飞行器的健康维护与保障。首先，在数字空间建立真实飞机的模型，并通过传感器实现其与飞机真实状态同步；然后，基于飞机当前状况和过往载荷，及时分析评估飞机是否需要维修，能否承受下次的任务载荷等，从而实现预测性飞机维护的目标。ISO CD23247 对数字孪生的定义是：物理系统的具有特定目标的数字化表达，并通过适当频率的同步，使物理实例与数字实例之间趋向一致。

数字孪生系统的构成一般包括物理系统、数字系统和两者之间的数据与信息交互接口。2011 年，Michael Grieves 教授在《几乎完美：通过 PLM 驱动创新和精益产品》中给出了数字孪生的三个组成部分：物理空间的实体产品、虚拟空间的虚拟产品、物理空间和虚拟空间之间的数据和信息交互接口。2016 年西门子工业论坛上，西门子在其产品全生命周期管理系统(Product Lifecycle Management，PLM)的基础上进行升级与拓展，认为数字孪生的组成包括：产品数字化孪生、生产工艺流程数字化孪生、设备数字化孪生，如图 1-2(a)所示。由于数字孪生数字化表达的目标不同，使其概念在广度上和深度上不尽相同，但是基本内涵大致一致，例如，Ansys 提出的基于仿真软件和工业物联网的数字孪生如图 1-2(b)所示。

(a) 西门子数字孪生

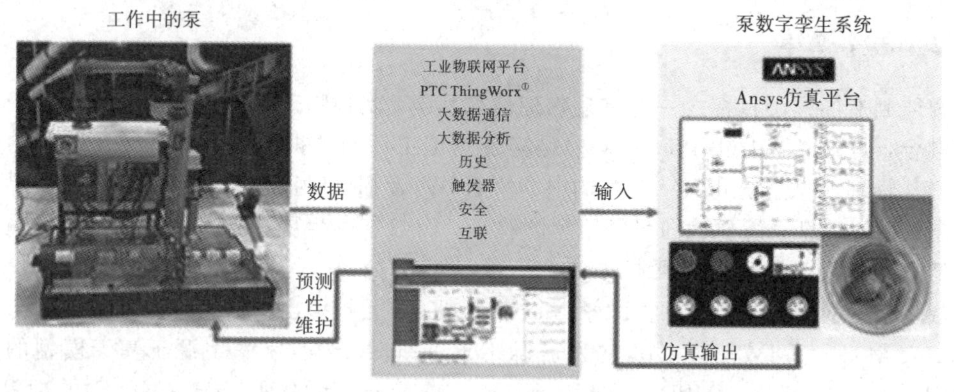

(b) Ansys TwinBuilder

图 1-2 西门子和 Ansys 的数字孪生解决方案

1.2.3　建模仿真

建模与仿真往往同时出现。建模是建立模型，是为了理解系统而对系统做出的一种抽象，是对系统的一种无歧义描述。仿真是利用模型复现实际系统中发生的本质过程。模型是真实系统的抽象和仿真的基础，仿真是建模的目标和模型运行的结果。

在智能制造和数字孪生中都存在一个核心内容，即对应于物理系统的数字系统。数字系统是物理系统的数字映射，用于反映系统的本质过程，因此建模与仿真技术天然是智能制造和数字孪生的核心技术。

机械工程中的建模仿真是对机械系统中的本质过程进行描述。机械系统的全生命周期涵盖了多领域多维度的过程，如构成零件的复合材料的宏微观力学性能，零件的成形过程，结构承受工作载荷后的力学性能，机构运动过程中的动力学特性、疲劳特性和控制系统特性等。机械系统全生命周期内每个过程往往对应了一门学科，每门学科建模的逻辑和方法各不相同。通常的机械系统建模包括但并不限于结构力学、多体动力学、流体力学、电磁仿真、成形工艺仿真、MBSE、第一性原理、工厂建模等。

随着机械系统自身复杂程度增加，处理问题的难度和深度进一步加强，单纯的理论建模与仿真技术难以满足复杂系统的分析需求，因此基于计算机技术的工业软件应运而生。工业软件是基础理论和计算机技术的综合表达形式，是数字化、模型化和流程化的工业知识。其涵盖内容广泛，涉及众多工业领域，如数字化研发中的辅助设计软件与仿真软件、数字制造中的工艺规划与仿真软件等。这些工业软件为数字孪生和智能工厂技术的发展提供了坚实的软件支撑，如航天系统中的系统建模仿真，多学科领域复杂系统建模仿真(LMS AMEsim、Altair Activate、Matlab Simulink)，零部件的结构强度分析(Ansys、Abaqus)、流体分析(Fluent)，电气系统的电磁分析(Feko)等。

通常意义上的仿真软件是工业软件的一个重要组成部分，是力学基本理论、数值计算方法和计算机技术融合的结果。典型的工业软件有有限元软件、多体动力学软件、计算流体力学软件、电磁场计算软件等。

1.3　机械工程中的仿真技术

CAE是用计算机辅助求解复杂工程问题的一种近似数值分析方法，通常包括结构强度、刚度、屈曲稳定性、动力响应、热传导、多体接触、弹塑性分析、流体力学、电磁分析等力学数值分析技术。经过60多年的发展，CAE理论和算法经历了从蓬勃发展到日趋成熟的过程，已成为工程和产品分析(如航空、航天、机械、土木结构等领域)中必不可少的数值计算工具。典型的机械系统CAE包括结构有限元仿真、多体动力学仿真、计算流体力学仿真、电磁场仿真、铸锻焊成形过程仿真、多领域仿真等，如图1-3所示。

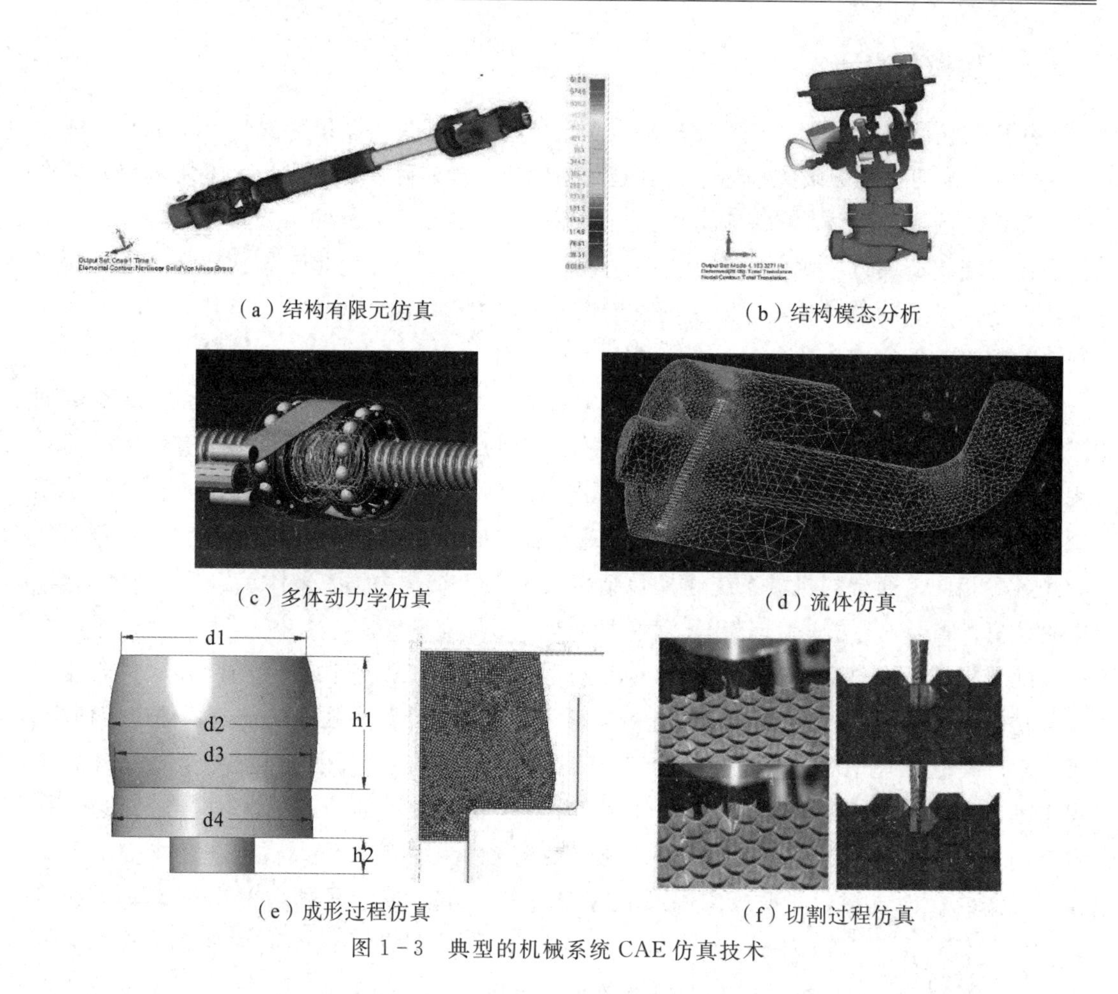

（a）结构有限元仿真　　（b）结构模态分析

（c）多体动力学仿真　　（d）流体仿真

（e）成形过程仿真　　（f）切割过程仿真

图 1－3　典型的机械系统 CAE 仿真技术

1.3.1　结构有限元技术

有限元法(Finite Element Method，FEM)是求解数理方程的一种数值计算方法，通常所说的有限元技术是将力学理论、计算数学和计算机程序有机融合在一起的一种数值分析技术。

有限元法的基本逻辑是把复杂问题转换为简单问题，复杂结构转换为简单结构。有限元法将计算域看成是由多个互连子域(单元)组合体，对单元假定一个合适的(简单的)近似解，然后求解计算域需要满足的条件(如结构的平衡方程)，得到近似解的参数，从而得到复杂问题的近似解。由于大多数实际复杂问题难以得到准确解，而有限元法不仅计算精度高，而且能适应各种复杂形状，因此成为一种行之有效的工程分析手段。

具体而言，有限元法的基本过程就是将一个形状复杂的连续求解区域离散为有限个形状简单的子域，即将一个连续体简化为由有限个单元组合的等效组合体，把求解连续体的场变量(应力、位移、压力和温度等)问题简化为求解有限个单元节点上的场变量值。然后，描述真实连续体场变量的微分方程组变为一个代数方程组。最后，求解方程组后得到近似的数值解。数值解逼近真实值的程度取决于所采用的单元类型、阶次和数量等因素。

1.3.2 多体动力学技术

多体系统动力学是研究多体系统(一般由若干个柔性物体和刚性物体相互连接而成)运动规律的科学。目前多体动力学已形成了比较系统的研究方法，主要有以拉格朗日方程为代表的分析力学方法、以牛顿-欧拉方程为代表的矢量学方法、图论方法、凯恩方法和变分方法等。

多体系统动力学分析主要包括建模、求解和后处理三个阶段。其中建模包括从几何模型形成物理模型的物理建模和由物理模型形成数学模型的数学建模两个过程。求解阶段需要根据求解类型(运动学/动力学、静平衡、特征值分析等)选择相应的求解器进行数值运算和求解。后处理是用图形化(如曲线、动画等)的方式表达分析结果。

多体系统动力学包括多刚体系统动力学和多柔体系统动力学。多刚体动力学方法基于刚体假设，不考虑物体的变形，计算效率高；多柔体动力学考虑物体变形对系统动力学特性的影响，计算精度高，但是计算效率大幅降低。

多体仿真技术前期以计算力学为基础的多体动力学仿真的研究为主，目前拓展到机—电—控与多领域仿真，并在复杂系统动力学性能评估领域得到了广泛的关注。

1.3.3 计算流体力学

计算流体力学(Computational Fluid Dynamics，CFD)是20世纪50年代随着计算机的发展而产生的一个介于数学、流体力学和计算机之间的交叉学科。CFD通过计算机和数值方法求解流体力学的控制方程，得到流场的离散定量描述，并以此预测流体运动规律。

计算流体力学的控制方程有连续性方程、动量方程和能量方程。数值方法中常用的离散形式有差分法、有限体积法、边界元法、谱(元)方法、粒子法等。CFD仿真过程主要包括数学物理建模、数值算法求解和结果可视化。

计算流体力学的应用从最初的航空航天领域拓展到船舶、海洋、化学、城市规划、汽车等领域，在旋翼计算、航空发动机内流计算、导弹投放、飞机外挂物、水下流体力学、汽车流阻计算等方面得到了广泛而深入的应用。

计算流体力学虽然取得了长足的发展，但是在多尺度复杂流动的数学模型(如湍流模型、燃烧和化学反应模型、噪声模型等)、多尺度流场高分辨率、强鲁棒性、高效数值算法、粒子法等方面的研究有待进一步的深入。

1.3.4 拓扑优化

拓扑优化(Topology Optimization)是一种根据给定负载情况、约束条件和性能指标，在给定的区域内对材料分布进行优化的数学方法，是结构优化的一种。拓扑优化主要分为连续体拓扑优化和离散结构拓扑优化。区别在于，连续体拓扑优化是把优化空间的连续体离散成有限个单元(壳单元或者体单元)，而离散结构拓扑优化是在设计空间内建立一个由有限个梁单元组成的基结构。连续体拓扑优化的研究已经较为成熟，其中变密度法已经被应用到商用优化软件中，例如美国Altair公司Hyperworks系列软件中的Optistruct(如图1-4所示)和德国Fe-Design公司的Tosca等。

拓扑优化技术是结构概念设计的一种方法，也是实现结构轻量化设计的重要手段。但是拓扑优化后结构的几何构型复杂，采用传统制造工艺制备困难。而日益成熟的3D打印技术为拓扑优化结构的直接加工提供了一种现实可行的方式，从而使拓扑优化与3D打印技术共同成为产品创新设计的重要手段。

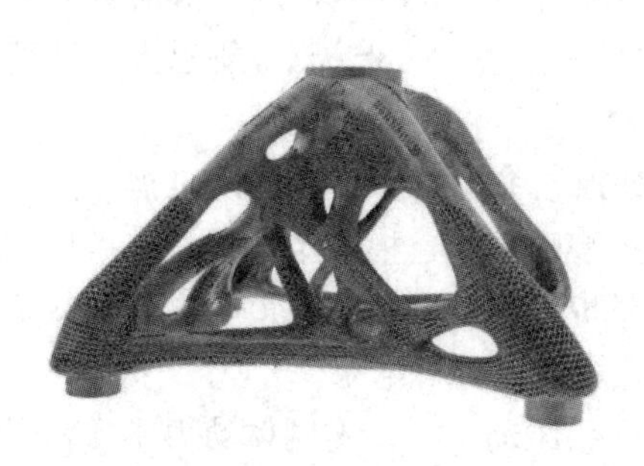

图1-4 拓扑优化

1.3.5 成形过程仿真

材料成形加工工艺是指基于熔化结晶、塑性变形、扩散、相变等物理和化学原理，使材料变形，获得既定产品的一种方法。一般包括但不局限于液态成形/铸造，固态成形/锻造/模具成形和连接技术/焊接等经典成形方法和以3D打印为代表的增材制造工艺等。材料成形过程仿真是采用数值计算方法模拟材料的成形过程，如塑性成形、铸造、焊接、热处理等工艺，成形过程仿真如图1-5所示。

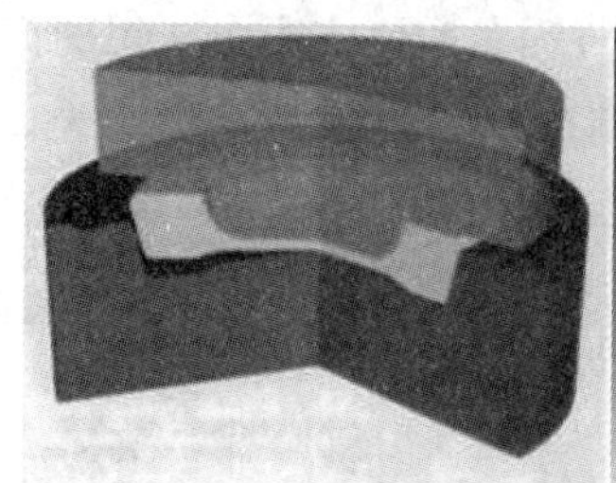

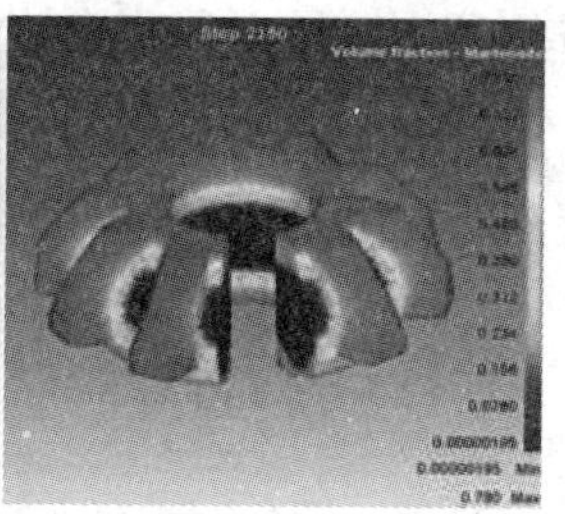

（a）塑性成形过程仿真

（b）铸造仿真

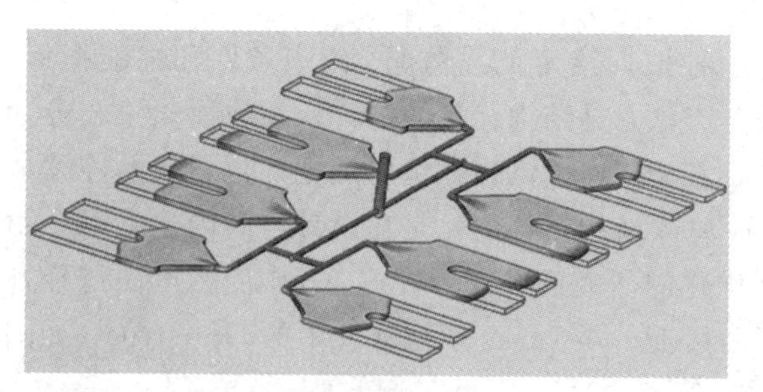

（c）注塑仿真

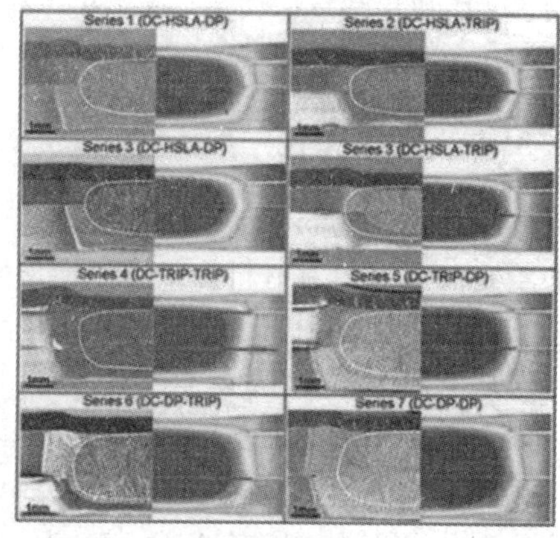

（d）焊接仿真

图1-5 成形过程仿真

成形过程仿真是一个非线性过程，并伴随着多物理场仿真。在热锻成形过程仿真中，涉及材料非线性、几何非线性和接触非线性，并且除了变形场外，往往还涉及温度场。如果需要评估锻造质量，还需要进行晶粒度、结晶再结晶过程仿真。

1.3.6　MBSE

MBSE 是建模方法的形式化应用，以使建模方法支持系统要求、设计、分析、验证和确认等活动，这些活动从概念性设计阶段开始，持续贯穿到设计开发以及后来的所有寿命周期阶段（国际系统工程学会（INCOSE）：《系统工程 2020 年愿景》）。MBSE 的实质是把基于自然语言的系统工程转到模型化的系统工程，并将人们对工程系统的认识、设计、试验、仿真、评估、判据等全部以数字化模型的形式进行保存和利用，如图 1-6 所示。

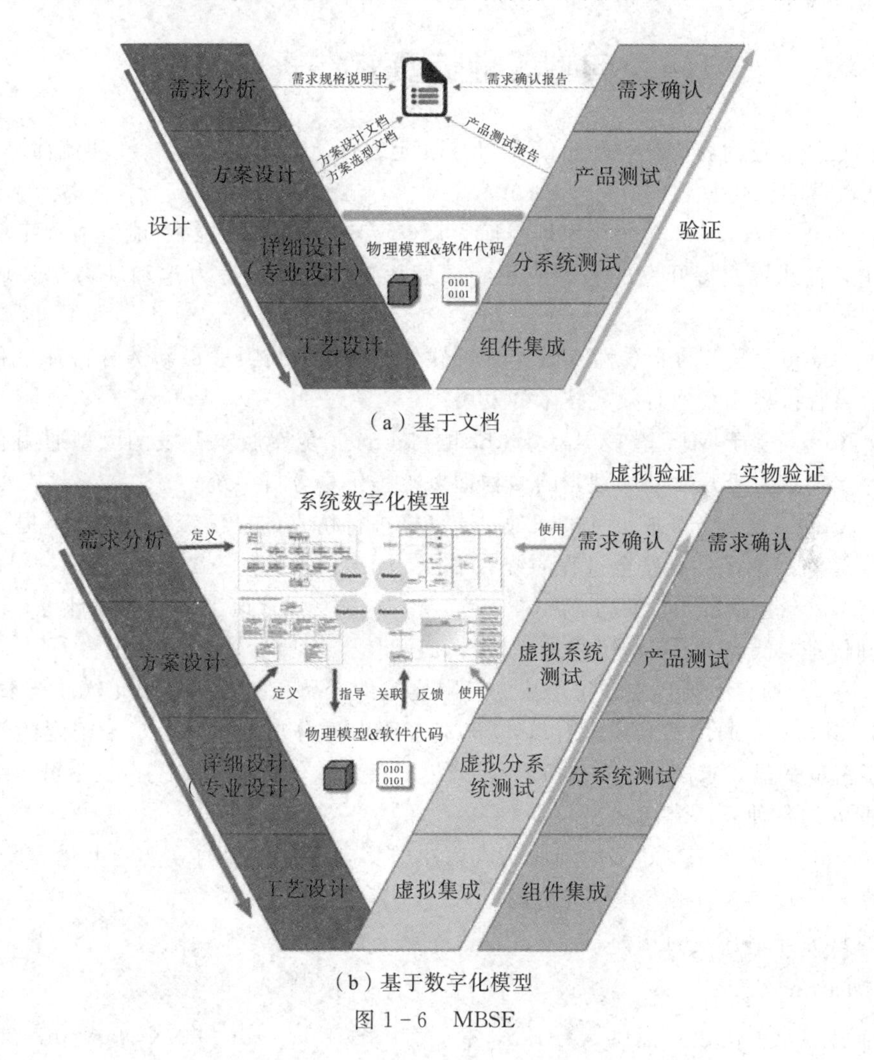

（a）基于文档

（b）基于数字化模型

图 1-6　MBSE

在具体应用中，MBSE 主要包括建模语言和建模工具。建模语言（System Modeling Language，SysML）是 INCOSE 联合对象管理组织（OMG）在统一建模语言（Unified Modeling Language，UML）的基础上开发的，适宜于描述工程系统的系统建模语言。SysML 是一种图形化设计语言，包括 9 类图，以描述系统设计过程中的需求、系统结构、系统行为和系统参数。MBSE 建模工具主要有达索的 MagicDraw 和 IBM 的 Rhapsody 等。

1.3.7　多学科系统建模仿真

多学科系统建模与仿真技术用于处理复杂工程系统模型(例如复杂多领域系统建模、虚拟样机和控制系统设计等)开发中涉及的各种复杂问题。

常用的复杂系统多领域建模仿真方法有两种：单学科仿真模型集成方法和统一建模语言方法。单学科仿真模型集成方法首先建立单学科模型，然后基于模型接口或中间件实现模型集成。基于统一建模语言方法在统一环境下对系统多领域构件及耦合关系进行统一描述，实现多领域模型间的无缝集成和数据交换。

典型的多学科系统建模仿真软件有 Simulink、Amesim、Dymola 和 Maplesim。

1.4　典型工业仿真软件解决方案

工业软件涵盖内容广泛，在此仅介绍有限元软件、多体动力学软件和流体分析软件。其中，比较著名的仿真软件有：

(1) Nastran：1966 年美国国家航空航天局(NASA)为了满足当时航空航天工业对结构分析的迫切需求而主持开发的大型应用有限元程序，是结构静力学和动力学领域的标杆程序。

(2) Abaqus：著名的非线性有限元分析软件，软件不断吸取最新的分析理论和计算机技术，领导着世界非线性有限元技术的发展。

(3) Adina：基于 MIT 教授 K. J. Bathe 的 Adina84 免费版本开发的大型通用有限元分析仿真平台，致力于开发全球领先的多物理场工程仿真分析系统。

(4) Ansys：致力于开放灵活的、对设计直接进行仿真的桌面级解决方案，提供从概念设计到最终测试的产品研发全过程的统一平台，同时追求快速、高效和经济。

(5) Algor：包括静力、动力、流体、热传导、电磁场、管道工艺流程设计等，致力于帮助工程师快速、低成本、安全可靠地完成设计项目。

(6) Fepg：拥有中国自主知识产权的有限元软件产品和独特的有限元软件技术的实体。

(7) Fluent：是通用 CFD 软件包，包含基于压力的分离求解器、基于密度的隐式求解器、基于密度的显式求解器，多求解器技术使 Fluent 软件可以用来模拟从不可压缩到高超音速范围内的各种复杂流场。

(8) Star ccm+：完整的多物理场仿真解决方案，具有强大的复杂的电化学驱动过程、多相流燃烧和传热、动网格建模与仿真能力。

下面具体介绍其中的几种。

1. Nastran

目前有多家单位独立提供 Nastran，主要有 MSC Nastran 和 NX Nastran。2003 年之前，MSC 独立拥有 Nastran。2003 年美国联邦贸易委员会(FTC)判定 MSC Nastran 违反垄断法，UGS 买下 MSC Nastran(源代码、测试库、技术文件、用户手册、用户名单等)以及销售软件的权利，自此，NX Nastran 和 MSC Nastran 分别由 UGS(被西门子收购)和 MSC 继续开发。

Nastran是一套杰出的CAE分析工具。30多年来，Nastran几乎一直是各主要行业的首选分析工具，包括航空业、国防、汽车、造船、重型机械、医药和消费类产品等。事实上，它已成为计算机辅助分析的行业标准，涵盖应力、振动、结构失效/耐久性、热传输、噪音/声学以及颤振/气动弹性力学等专业分析领域。

2. Ansys

Ansys公司成立于1970年，致力于工程仿真软件和技术的研发。Ansys公司重点开发开放的、灵活的，对设计直接进行仿真的解决方案，提供从概念设计到最终测试产品的研发全过程的统一平台。

Ansys公司于2006年收购了在流体仿真领域处于领导地位的美国Fluent公司，2008年收购了在电路和电磁仿真领域处于领导地位的美国Ansoft公司。通过整合，Ansys公司成为全球最大的仿真软件公司。Ansys整个产品线包括结构分析(Ansys Mechanical)系列、流体动力学(Ansys CFD(Fluent＋CFX))系列、电子设计(Ansys Ansoft)系列以及Ansys Workbench和EKM等。产品广泛应用于航空、航天、电子、车辆、船舶、交通、通信、建筑、电子、医疗、国防、石油、化工等众多行业。

3. Abaqus

Abaqus是一套功能强大的工程模拟有限元软件，以其强大的非线性计算能力著称，可以分析复杂的固体力学系统，特别是高度非线性问题。Abaqus包括丰富的单元库和种类多样的材料模型库，如金属、橡胶、高分子材料、复合材料、钢筋混凝土、可压缩超弹性泡沫材料以及土壤和岩石等材料。

作为通用的仿真工具，Abaqus除了能解决结构(应力/位移)问题，还可以模拟其他工程领域的问题，例如热传导、质量扩散、热电耦合分析、声学分析、岩土力学分析(流体渗透/应力耦合分析)及压电介质分析。

Abaqus有两个主求解器模块：Abaqus/Standard和Abaqus/Explicit。Abaqus还包含一个支持求解器的图形用户界面，即人机交互前后处理模块Abaqus/CAE。

4. Adams

Adams即机械系统动力学自动分析(Automatic Dynamic Analysis of Mechanical Systems)，该软件是美国机械动力公司(Mechanical Dynamics Inc.)(现已并入美国MSC公司)开发的虚拟样机分析软件。Adams已经被全世界各行各业的数百家主要制造商采用。

Adams软件使用交互式图形环境和零件库、约束库、力库，创建完全参数化的机械系统几何模型，其求解器采用多刚体系统动力学理论中的拉格朗日方程方法，建立系统动力学方程，对虚拟机械系统进行静力学、运动学和动力学分析，输出位移、速度、加速度和反作用力曲线。

5. RecurDyn

RecurDyn是多体动力学(Multi-Body Dynamics，MBD)分析软件。RecurDyn具有快速高效的求解器、直观的界面和多样的数据库。

RecurDyn不仅可以分析刚体和柔性体，还可以利用有限元法对柔性体和刚体模型组合进行仿真分析。此外，RecurDyn还包括集成的控制工具箱和最优化设计(Design Optimization)、用于粒子材料分析的粒子动力学(Particle Dynamics)以及疲劳耐久性评价仿真工具箱。RecurDyn 支持与各种 CAE 软件的协同仿真(Co - Simulation)。

6. 国内工业软件解决方案

我国在有限元软件等技术研究方面并不晚，但是在工业软件领域没有形成具有竞争力的解决方案，这里面有很多因素，不仅仅是技术方面的原因，也有市场环境、文化等多方面的原因。总体而言，国内在仿真工业软件领域具有竞争力的产品非常少。

国内从事 CAE 工业软件领域工作的团队主要包括三类:学院派、基于传统方案的 CAE 供应商和基于互联网的 CAE 供应商。

(1) 学院派。中科院源头的元计算公司的 FEPG、空气动力研究所计算流体力学的风雷软件、航空工业飞机强度所的航空结构分析与优化系统 HAJIF、大连理工的 SiPESC 仿真、华中科技大学铸造成形过程的华铸 CAE、同元软控 MBSE 解决方案 MWorks、山东大学锻造成形分析软件 CASFORM 等。

(2) 传统方案 CAE 供应商。基于传统 CAE 方案提供一定程度的国产化，或者二次开发定制化，或者是针对特定行业给出定制化的专门方案，如中望软件的仿真软件和北京希格玛仿真的压力容器仿真软件 NSASCAE 等。

(3) 基于互联网的 CAE 供应商。如上海数巧的 SimRight、北京蓝威的 EasyCAE、北京云道智造、杭州远算科技的云格物等。

中国仿真工业软件在国外软件的强势竞争、国内外市场的低认可度、仿真市场规模相对较小等内外的压力下，艰难地谋求发展空间，为仿真技术留下中国的解决方案。

1.5 多仿真工具软件的协同

随着科技学技术的发展，仿真工具处理的模型越来越复杂，需要的仿真工具也不局限于某一种，需要不同模型和不同工具间的交互，即多仿真工具的协同。多仿真工具软件的协同主要有两种方法，一是定制不同软件接口，实现多软件工具协同；二是基于 FMI (Functional Mockup Interface)标准的模型和工具协同。

1.5.1 多工具联合仿真

多工具联合仿真的应用主要有多领域联合仿真和多学科优化分析两种形式。这两种形式往往是以定义软件接口的方式实现的。

(1) 多领域联合仿真。典型的多领域工具软件的联合仿真包括热力耦合仿真、流固耦合仿真、有限元与多体耦合仿真等形式。例如：Ansys Workbench 中可以实现结构仿真软件和流体分析软件 Fluent 的系统仿真；Adina 本身支持结构和流体的系统仿真；RecurDyn 不仅可以分析刚体和柔性体，还可以利用有限元法对柔性体和典型刚体模型组合进行仿真分析。

(2) 多学科优化分析。基于仿真流程自动化的多学科优化计算。例如：Isight 支持主流 CAE 分析工具，基于拖拽可视化的方法建立复杂仿真流程，实现多软件协同仿真与优化；Tosca 和 HyperStudy 等优化软件在兼容主流分析软件的基础上实现优化设计的目标。

1.5.2 FMI 标准

FMI 标准是全球接受程度最高、应用最广泛的功能和性能模型交互重用的接口标准，如图 1-7 所示。FMI 是欧洲发展信息技术计划(ITEA2)在 MODELISAR 项目中提出的，目标是改善不同仿真软件拥有各自的标准接口而带来的联合仿真问题。FMI 最早应用于汽车行业，给集成商进行模型集成和联合仿真带来了巨大的便利。目前达索、西门子、Altair等软件供应商均宣布支持 FMI 标准。

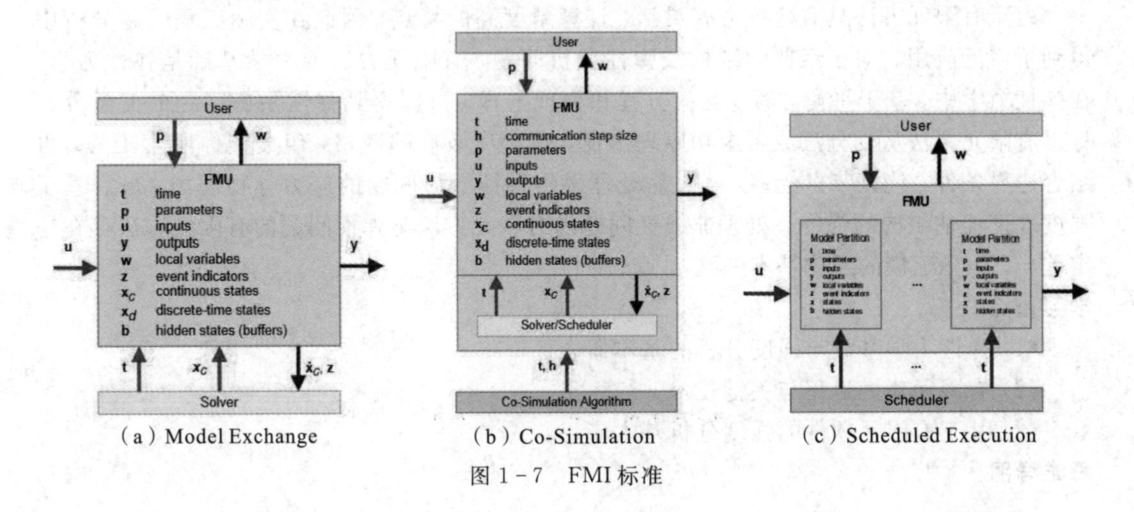

(a) Model Exchange (b) Co-Simulation (c) Scheduled Execution

图 1-7 FMI 标准

1.6 学 习 目 标

本章的分阶段学习目标如下。

1. 第一阶段目标

(1)了解智能制造、数字孪生、建模仿真等基本概念。

(2)了解典型的机械工业软件。

2. 第二阶段目标

(1)了解机械仿真技术基本类型、典型应用领域。

(2)了解典型工业软件解决方案的特点，能够根据分析问题选择软件。

(3)国内仿真解决方案的特点、突破之路。

3. 高级阶段目标

了解智能制造、数字孪生、建模仿真、仿真驱动创新等概念的内涵。

第2章 有限元方法建模基础

本章导读

由于有限元方法具有建模方式灵活、计算精度高的特点，因此在实际工程问题分析中得到了广泛应用。对于经典的结构线弹性分析问题，有限元方法的力学基础是弹性力学。在弹性力学中，基于平衡方程、几何方程和物理方程，可以得到弹性平衡问题的偏微分方程。有限元方法从变分法或者虚功原理出发，基于离散后的网格，组装整体刚度矩阵，再结合边界条件，计算节点位移，经过后处理得到弹性变形问题的应力等物理场，最后基于强度理论评估结构的强度。处理非线性问题的有限元方法与弹性问题的有限元方法存在一定差异，但是建模的逻辑基本一致。

学习重点

(1) 弹性力学基础与强度分析的基本概念。

(2) 有限元建模流程与关键技术。

(3) 基于有限元软件的强度分析基本流程。

思维导图

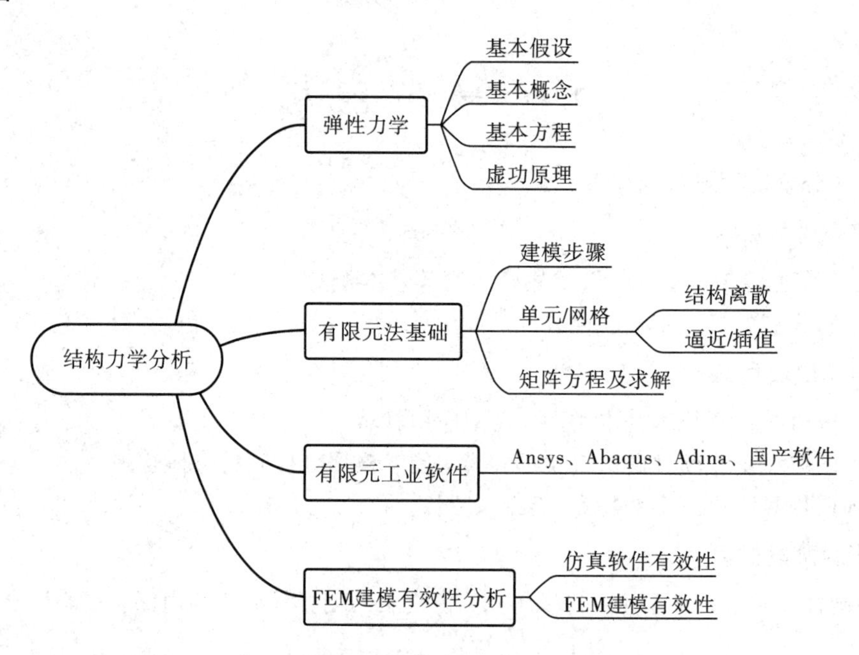

2.1 结构强度与有限元分析

结构强度是指结构抵抗由于材料变形引起破坏的能力，而有限元分析是一种广泛应用的结构强度数值计算方法。

结构强度计算是伴随着人类使用工具的出现与发展而产生的一种基本要求。人们在改造世界的过程中制造了各种工具、装备、设施，以此满足人类的种种需求(如水车、拱桥、云梯、房屋、万里长城等，见图2-1)。在结构设计时，除了考虑人们的功能需求之外，还需要考虑一个问题，即设计的结构能否抵抗内外部的作用而不被破坏。例如，建造房屋时需要考虑的问题就是当面临狂风暴雨时，房屋能否为我们提供一个安全的庇护所。

典型的结构有限元分析技术是一种融合变分理论、数值计算、计算机技术的结构强度、刚度和稳定性等力学性能评估的技术。那么，结构强度计算是如何发展到有限元分析技术呢?

首先，在具体的工程实践过程中，人们积累了丰富的结构强度相关的认识和经验，如撬动重物的杠杆。为了评估杠杆在工作过程会不会发生断裂，人们有了力的认识，当重物越大时，作用在杠杆上的力增大，杠杆越容易断裂。随着经验和知识的增加，人们发现好的材料具有更强的抵抗破坏能力，尤其是人造的各种金属材料的出现大大提升了结构的强度。随后，人们发现力并非是唯一决定因素，力的作用形式、杠杆的粗细等因素都与杠杆抵抗破坏能力有关。杠杆发生断裂的地方往往是杆件最细的地方，因此也就有了力的传递和力集中程度(应力)的概念。

(a) 赵州桥

(b) 万里长城

图2-1　古代结构与力学

然后，科学的方法论进入了人类的视野，关于结构、材料、力等认知在科学的框架下整理和再现，使结构性能评估进入了快速发展阶段。1638年，伽利略的《两种新的科学》中提出了材料的力学性质和强度计算的方法，这被认为是材料力学的起点。在《关于力学和局部运动的两门新科学的对话和数学证明》中讨论了直杆轴向拉伸问题，得到了直杆承载能力与横截面积成正比而与长度无关的结论。法国科学家库仑和圣维南对圆轴扭转进行了理论研究。后续大量学者(见图2-2)致力于结构力学性能的评估，取得了丰硕的成果，形成了今天大家熟悉的材料力学、弹性力学、分析力学等学科。

伽利略

牛顿

胡克

库仑

拉格朗日

欧拉

哈密顿

图2-2　科学力学分析阶段的西方科学家

随着科学技术的进一步发展，人们处理的对象拓展到车辆、船舶、大型建筑等复杂系统(见图 2-3)，简单的理论计算越来越难以满足系统结构力学性能的评估。有限元方法是一种求解偏微分方程边值问题近似解的数值技术，由于其高效准确的特点，在航空航天、车辆、重型机械、电子等领域得到了广泛应用。有限元方法基于变分方法，采用单元方式离散计算域，并在单元上构建简单函数近似，结合边界条件组装整体矩阵方程，求解之后获取问题的应力场近似解，从而可以快速高效评估复杂结构的强度问题。

(a) 鸟巢

(b) 火箭

图 2-3　现代力学研究对象

随着结构评估内容的深入与扩展，结构强度不再局限在通常概念上的应力强度计算，而是涵盖了强度、刚度、稳定性、耐久性、损伤容限、完整性、可靠性和耐环境能力等内容。有限元技术也从最初应用于航空器的结构强度计算的工具，拓展到几乎可以应用于所有的科学技术领域的一种高效数值计算方法。

2.2　弹性力学基础

一般认为结构有限元分析技术是基于弹性力学的一种数值分析技术。弹性力学研究的对象包括杆、板、壳和体，其基本方程通常是有一定边界条件的偏微分方程，除了典型弹性力学问题可以直接获取理论解之外，大部分复杂工程实际问题都无法直接获取理论解，而采用以有限元方法为代表的数值解法获得近似解。

弹性力学是力学专业的必修课程。弹性力学研究问题的方法是基于静力平衡方程、几何方程和物理/本构方程，获取弹性问题的偏微分方程。

对于工科专业的学生，一般没有学习弹性力学课程。如果学习目标是应用有限元技术，则材料力学中的理论知识基本可以满足有限元强度分析中力学部分的要求。材料力学是工科学生力学中的必修课程之一。材料力学的研究对象为杆件，在拉压、扭转和弯曲变形中采用平面变形假设，因此基本方程以常微分方程的形式表达。在一定程度上，材料力学可以认为是弹性力学的缩减版。

2.2.1　弹性体基本假设

弹性体主要有以下假设。

(1) 连续性假设：材料是连续的，因此物理量可以用坐标的连续函数表达。

(2) 均匀性假设：材料分布均匀。

(3) 各向同性假设：材料各方向物理属性相同。

(4) 完全弹性假设：材料去除载荷后，材料变形完全恢复，不存在不可恢复变形，并且材料的变形取决于所受到的外力，与材料的载荷历史无关。

(5) 小变形假设：结构受力后，结构上各点的位移远小于结构本身的几何尺度。结构力学可以基于未变形的几何形状来计算，并且应变的平方项和应变的乘积项可以作为高阶无穷小进行简化处理，从而可以将弹性力学偏微分方程简化为线性方程。

假设(1)～(4)为针对材料的假设，满足假设(1)～(5)的模型为线弹性力学模型。

2.2.2　基本概念

1. 外力和内力

力是物理学中的基本概念，是物体对于物体的作用，是物体运动状态或者形态改变的原因。根据作用位置，力可以分为体积力、表面力和集中力。体积力是指分布在物体整体体积内各质点上的力，如重力、惯性力、电磁力等；表面力是指作用在物体表面上的力，如风力、流体力、接触力；当作用区域相对于研究区域非常小时，可以认为是集中力，例如针尖作用在物体表面上的力。

多个物体构成的系统中，由系统外的物体对于系统内物体所作用的力，称为外力。内力是多体系统内物体之间的相互作用。例如，以滑轮作为研究对象时，通过绳索传递的重力是外力；而以弹簧、绳索、滑轮、重物整体为研究对象时，绳索与弹簧之间的力为内力。弹簧滑轮系统如图 2-4 所示。在理论力学中，内力不改变系统动量和动量矩，但是可以改变系统的动能。

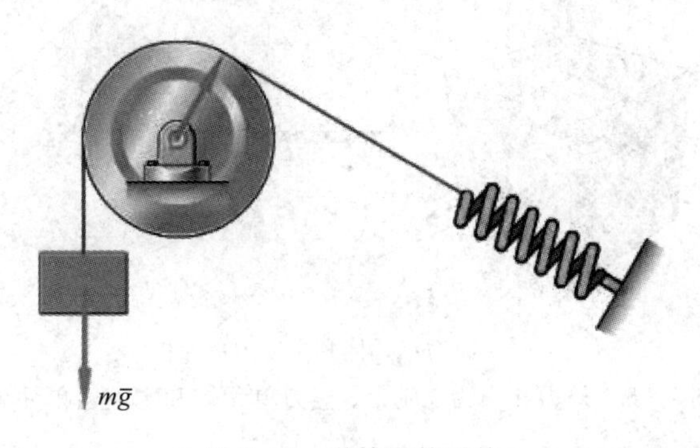

图 2-4　弹簧滑轮系统

在材料力学中，内力采用截面法计算，认为内力是由于外力存在而产生的物体内部附加力。内力计算源于平衡状态物体中外力对于物体内部作用效果的研究。内力是外力在变形体内的传递方式。内力计算基于处于平衡的物体应该处处平衡的原则。如图 2-5(a)所示，当以物体一部分作为研究对象Ⅰ时，Ⅰ在外力和Ⅱ对于Ⅰ的内力作用下平衡，因此，内力源于物体Ⅱ的(约束)作用，大小等于Ⅰ上外力的合力。

2. 应力、一点应力状态和主应力

应力是一点处某个截面上内力的集中程度。如图 2-5(b)中点 C 处，受到内力 ΔF 的作用。点 C 处的应力为 $P=\lim\limits_{\Delta A\to\infty}\dfrac{\Delta F}{\Delta A}$，应力 P 在法向和切向的应力分别为正应力 σ 和剪应

力 τ。

为了描述一点处的应力状态，从弹性体连续性假设出发，认为弹性体是由一系列无穷小立方体构成的，称为单元体。从截面法的角度，可以认为单元体是6个截面截出的立方体。单元体是以一点为中心，x、y、z 方向长度分别为 dx，dy 和 dz 的立方体，如图2-5(c)所示。在单元体6个面上，各有3个应力分量，1个法向应力，2个切向应力。单元体上的应力可以利用矩阵形式表示为

$$[\sigma_{ij}]=\begin{bmatrix}\sigma_x & \tau_{xy} & \tau_{xz}\\ \tau_{yx} & \sigma_y & \tau_{yz}\\ \tau_{zx} & \tau_{zy} & \sigma_z\end{bmatrix}$$

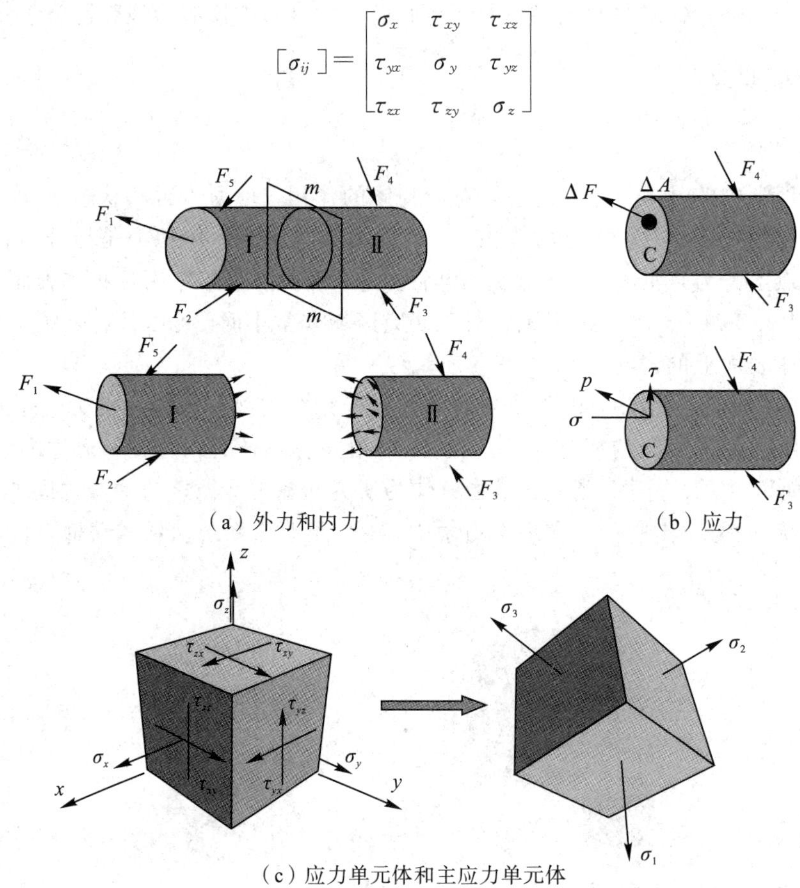

(a) 外力和内力

(b) 应力

(c) 应力单元体和主应力单元体

图2-5 外力和内力、应力、应力单元体和主应力单元体

式中：当 $i=j$ 时为正应力，当 $i\neq j$ 时为切应力，第一个下角标表示应力所在作用面，第二个下角标为应力方向。

关于应力符号的规定，材料力学与弹性力学的定义稍有不同。在材料力学中，正应力规定以拉伸为正、压缩为负，切应力规定为对单元体内任一点取矩产生顺时针转动趋势为正，反之为负。而在弹性力学中，切应力的正负与坐标轴和作用面的方向有关，规定正面上的应力方向与坐标轴正向相同为正，负面上应力与坐标轴负向相同为正。因此，材料力学和弹性力学在正应力定义上是一致的，但是在切应力则存在一定差异。需要注意的是，应力正负的定义关键在于与后面的应变定义形成对应关系。

一点的应力分量有9个，独立分量有6个，作用在两个互相垂直的面上，并且垂直于该两面交线的切应力互等($\tau_{xy}=\tau_{yx}$、$\tau_{xz}=\tau_{zx}$、$\tau_{yz}=\tau_{zy}$)，即切应力互等原理，因此应力矩阵

为对称矩阵。

应力单元体经过坐标系变换可以得到一个特殊的应力单元体：单元体上 3 个相互垂直的平面上仅有正应力，而切应力等于 0，称为主应力单元体，如图 2-5(c)所示。3 个主应力依据大小排序[$\sigma_1 \quad \sigma_2 \quad \sigma_3$]，分别为最大主应力、中间主应力和最小主应力。

3. 形变与应变

形变是物体在外力作用下形状发生变化。形变可以用位移描述，位移是指物体受力后每一点在变形过程中发生位置移动。物体形变利用单元体棱边长度和棱边夹角角度变化表示，如图 2-6 所示。

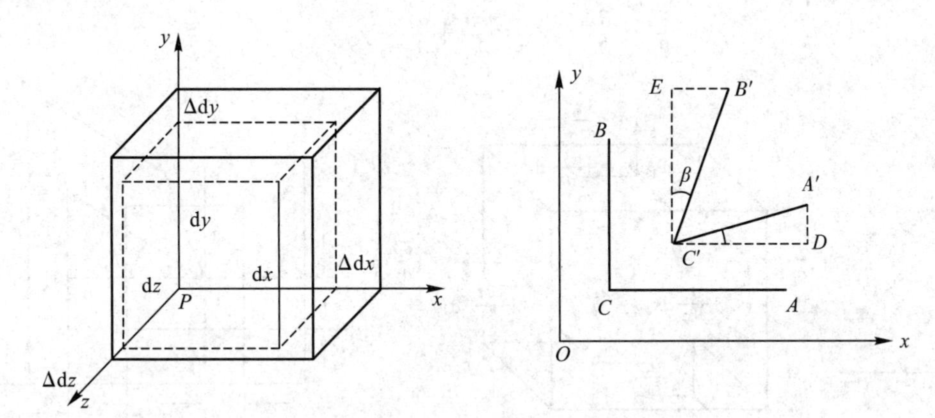

图 2-6　形变：棱长变化和棱边夹角变化

一点的应变表述方式与应力相对应，正应变用于描述棱边长度变化，对应于正应力；切应变用于描述棱边夹角变化，对应于切应力。正应变以伸长为正，缩短为负；切应变以直角变小为正，变大为负。同样，应变分量有 9 个，独立分量有 6 个，即应变矩阵为对称矩阵。

$$[\varepsilon_{ij}]=\begin{bmatrix}\varepsilon_x & \gamma_{xy} & \gamma_{xz}\\ \gamma_{yx} & \varepsilon_y & \gamma_{yz}\\ \gamma_{zx} & \gamma_{zy} & \varepsilon_z\end{bmatrix}$$

2.2.3　基本力学方程

对弹性体的分析需要考虑力、变形、应力与应变的关系，也就对应于弹性力学中的平衡方程、几何方程和物理方程。

1. 平衡方程

受外力作用平衡的弹性体，其内部任一部分都处于平衡，如图 2-7 所示。基于单元体，内部任意一点平衡方程为

$$\frac{\partial\sigma_x}{\partial x}+\frac{\partial\tau_{yx}}{\partial y}+\frac{\partial\tau_{zx}}{\partial z}+\bar{f}_x=0$$

$$\frac{\partial\tau_{xy}}{\partial x}+\frac{\partial\sigma_y}{\partial y}+\frac{\partial\tau_{zy}}{\partial z}+\bar{f}_y=0$$

$$\frac{\partial\tau_{xz}}{\partial x}+\frac{\partial\tau_{yz}}{\partial y}+\frac{\partial\sigma_z}{\partial z}+\bar{f}_z=0$$

$$\tau_{xy}=\tau_{yx} \quad \tau_{xz}=\tau_{zx} \quad \tau_{yz}=\tau_{zy}$$

2. 几何方程

物体在载荷作用或者温度变化等外界作用下，物体内各点空间位置发生变化，即产生位移。位移既可以是刚性位移、变形导致位移，也可以是两者的合成，如图 2-8 所示。在弹性变形过程中，几何方程主要用于描述弹性应变 ε_{ij} 与位移(x、y、z 轴位移分别为 u, v, w)之间的关系，即

$$\varepsilon_x=\frac{\partial u}{\partial x} \quad \varepsilon_y=\frac{\partial v}{\partial y} \quad \varepsilon_z=\frac{\partial w}{\partial z}$$

$$\gamma_{xy}=\frac{\partial v}{\partial x}+\frac{\partial u}{\partial y} \quad \gamma_{yz}=\frac{\partial w}{\partial y}+\frac{\partial v}{\partial z} \quad \gamma_{zx}=\frac{\partial u}{\partial z}+\frac{\partial w}{\partial x}$$

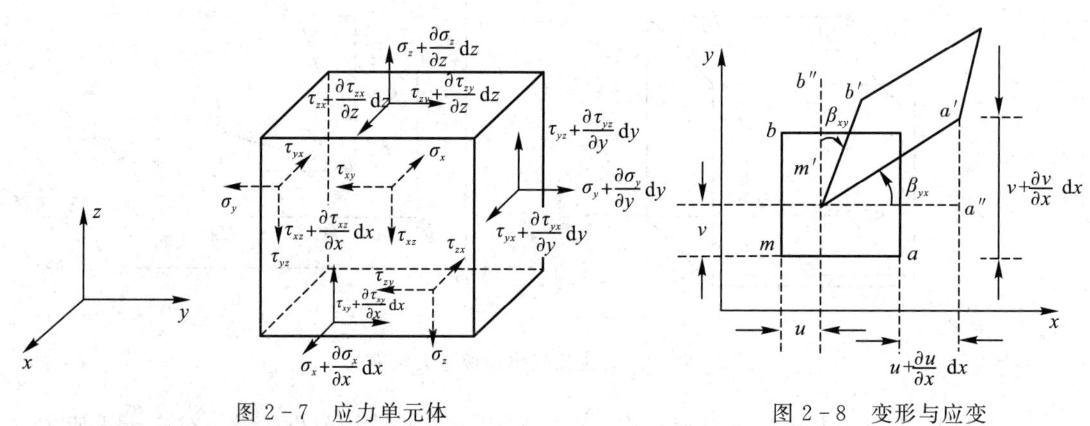

图 2-7 应力单元体　　　图 2-8 变形与应变

3. 物理方程

材料应力与应变关系，是材料固有属性，也称为本构方程。应用最为广泛的为各向同性弹性本构方程，即

$$\varepsilon_x=\frac{1}{E}[\sigma_x-\nu(\sigma_y+\sigma_z)]$$

$$\varepsilon_y=\frac{1}{E}[\sigma_y-\nu(\sigma_z+\sigma_x)]$$

$$\varepsilon_z=\frac{1}{E}[\sigma_z-\nu(\sigma_x+\sigma_y)]$$

$$\gamma_{xy}=\frac{\tau_{xy}}{G} \quad \gamma_{yz}=\frac{\tau_{yz}}{G} \quad \gamma_{zx}=\frac{\tau_{zx}}{G}$$

式中：E 为材料弹性模量，G 为剪切模量，ν 为泊松比。三个材料参数中两个为独立参数，另外一个参数可以利用公式 $G=\frac{E}{2(1+\nu)}$ 确定。

4. 张量形式的基本方程

弹性力学基本方程可以采用笛卡尔张量符号表达，并采用附标求和约定得到简练的表达。

在直角坐标系中，应力张量和应变张量为对称二阶张量，利用 σ_{ij} 和 ε_{ij} 表达，位移张量、体积力张量、面积力张量为一阶张量，利用 u_i、f_i 和 T_i 表达，弹性张量为四阶张量，

利用 D_{ijkl} 表达。三个基本方程分别为

$$\sigma_{ij,j}+f_i=0$$

$$\varepsilon_{ij}=\frac{1}{2}(u_{i,j}+u_{j,i})$$

$$\sigma_{ij}=D_{ijkl}\varepsilon_{kl}$$

张量形式方程在力学教材中广泛应用，有兴趣的读者可以参考相关力学教材自行学习。

2.2.4　虚功原理和变分原理

在弹性力学中，对于弹性变形体，采用能量原理进行分析，其中虚功原理是弹性力学中各种能量原理（最小势能原理和最小余能原理）和能量方法（单位载荷法和布勃诺夫-伽辽金法）的核心。

1. 虚功原理

虚功原理是指在弹性体上，外力在可能位移上做的功等于外力引起的可能应力在相应的可能应变上所做的功。其中可能位移是指满足变形连续条件和位移边界条件的位移，可能应力是指满足平衡方程和力边界条件的应力。

基于虚功原理的虚位移原理得到矩阵形式表达式：

$$\int_V(\delta\boldsymbol{\varepsilon}^{\mathrm{T}}\boldsymbol{\sigma}-\delta\boldsymbol{u}^{\mathrm{T}}\bar{\boldsymbol{f}})\mathrm{d}V-\int_{S_\sigma}\delta\boldsymbol{u}^{\mathrm{T}}\bar{\boldsymbol{T}}\mathrm{d}S=0$$

基于虚功原理的矩阵方程可以应用于线弹性、非线性弹性和弹塑性等不同力学问题。但是几何方程和平衡方程均是基于小变形理论，因此无法应用于大变形力学问题。

2. 最小势能原理

最小势能原理是指整个弹性系统在平衡状态下所具有的势能恒小于其他可能位移状态下的势能。

3. 变分原理的能量上下界

最小势能原理求得位移近似解的弹性变形能是精确解变形能的下界，即近似的位移场在总体上偏小，结构的计算模型偏于刚硬。

利用最小余能原理得到的应力近似解的弹性余能是精确解余能的上界，即近似的应力解在总体上偏大，结构的计算模型偏于柔软。

2.3　强度分析基础

弹性力学分析研究的内容为材料受到作用之后发生弹性变形的过程，因此一般的力学分析包括强度、刚度和稳定性计算。本章中仅以强度分析为主进行介绍。

结构强度设计是伴随着人类利用工具改造世界的过程而发展起来的技术领域，涉及力学、工程材料学和制造工艺学等学科。结构的强度是指结构抵抗变形导致破坏的能力，而结构强度分析的基本目标是评估结构是否具备安全执行结构功能的能力。

强度分析方法的基本逻辑是基于力学理论或者数值计算方法，计算结构中的应力，然

后基于强度理论，判断结构强度是否满足要求，如图 2-9 所示。强度计算公式通常为

$$\sigma_{cal}<[\sigma]$$

式中，σ_{cal}为计算应力，$[\sigma]$为许用应力。

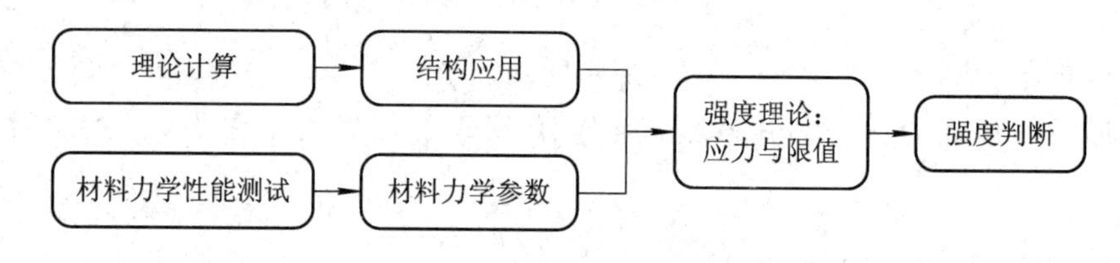

图 2-9 强度分析基本逻辑

2.3.1 强度与失效

由于各种原因，工程结构与设备以及它们的构件和零部件丧失正常工作能力的现象，称为失效。因强度不足而引起的失效，称为强度失效。狭义的强度是指结构发生断裂导致破坏，但是由于变形过大导致机械或者结构丧失功能，也被认为强度失效。例如，机床主轴在事故工况中产生了很大变形，虽然主轴并未断裂，或者还可以继续转动，但它已不能满足工程对它的精度要求。从功能丧失的角度讲，强度失效就是广义的破坏，它涵盖了强度、刚度、稳定性、可靠性等内容。

对于机械结构而言，破坏通常指脆性材料的断裂和塑性材料的屈服。脆性材料断裂是指材料没有发生显著变形就已经发生断裂。塑性材料的屈服是指塑性材料从弹性阶段进入塑性阶段而产生较大的永久变形，使结构无法保持原先的几何形状。

2.3.2 强度理论与应力状态

强度理论是判断材料在复杂应力状态下是否会发生破坏的理论。实践经验和理论研究认为结构发生破坏与结构内部的应力有关，当结构内部应力达到一定程度时，结构将发生破坏，即脆性断裂或塑性屈服。这些认知在轴向拉伸压缩和圆柱扭转中得到了充分的试验验证。但是在实际工程问题中，结构形式、载荷工况千差万别，导致结构应力状态各不相同，难以采用试验的方式全覆盖验证。

通常可以基于应力状态相似性和材料试验数据建立强度准则。轴向拉压和平面纯弯曲中的正应力可以与材料轴向拉伸时的测试得到的许用应力相比较建立强度条件；当材料内应力状态为纯剪切应力状态，可以与圆轴扭转试验测试得到的剪切应力极限相比较建立强度条件：

$$\sigma_{max}<[\sigma] \quad \tau_{max}<[\tau]$$

式中，σ_{max}和τ_{max}由相关应力计算公式计算得到，$[\sigma]$和$[\tau]$采用试验的方式测试得到。

但是，当材料内应力状态既有正应力，又有剪应力时，就不能简单采用应力状态相似性原则建立强度条件。即使点的应力状态转化为主应力单元方式(轴向拉压为单向应力状态，纯剪切应力状态为两向应力状态)，也无法直接根据拉伸试验和扭转试验数据评估三向应力状态。

因此，人们研究材料应力状态和结构破坏的规律，以期基于简单应力状态试验数据，

建立相应的强度条件，评估复杂应力状态下结构的强度问题，即强度理论。

2.3.3　常见机械强度理论

机械零件的破坏形式主要是脆性断裂和塑性变形。常见的强度理论主要有:第一强度理论(最大拉应力理论)、第二强度理论(最大伸长应变理论)、第三强度理论(最大剪应力理论)和第四强度理论(最大形状改变比能理论)。其中第一强度理论和第二强度理论主要用于脆性断裂，第三强度理论和第四强度理论主要用于塑性屈服，如表2-1所示。

表2-1　强度理论

破坏形式	强度理论	表达形式
脆性断裂	第一强度理论	$\sigma_1 \leqslant [\sigma]$
	第二强度理论	$\sigma_1 - \mu(\sigma_2 + \sigma_3) \leqslant [\sigma]$
塑性屈服	第三强度理论	$\sigma_1 - \sigma_3 \leqslant [\sigma]$
	第四强度理论	$\sqrt{\frac{1}{2}[(\sigma_1-\sigma_2)^2+(\sigma_2-\sigma_3)^2+(\sigma_3-\sigma_1)^2]} \leqslant [\sigma]$

上述四种强度理论只适用于抗拉伸破坏和抗压缩破坏的性能相同或相近的材料，如金属材料。但是，有些材料(如岩石、铸铁、混凝土以及土壤)对于拉伸和压缩破坏的抵抗能力存在很大差别，抗压强度远大于抗拉强度，此时需要考虑选用其他强度理论，如莫尔强度理论。

1. 第一强度理论

第一强度理论也称最大拉应力理论，该理论认为材料发生断裂是由于最大拉应力σ_1引起的，即最大拉应力达到某一极限值时材料发生断裂。

轴向拉伸实验中，断裂横截面上一点处应力状态为单向应力状态，最大主应力就是轴向应力，当轴向应力达到断裂应力σ_b时，试件断裂。因此，根据第一强度理论可知材料的强度极限为σ_b。在复杂应力状态下，材料的破坏条件为

$$\sigma_1 = \sigma_b$$

式中，σ_1为材料内最大主应力，σ_b为强度极限。

考虑安全系数时，材料许用应力$[\sigma]$为

$$[\sigma] = \frac{\sigma_b}{n}$$

式中，n为安全系数。

因此，考虑安全系数后的强度条件为

$$\sigma_1 \leqslant [\sigma]$$

需要说明的是，σ_1一定是拉应力。第一强度理论适用于脆性材料，并且最大拉应力的绝对值大于或等于最大压应力的绝对值。

2. 第二强度理论

第二强度理论也称最大伸长应变理论，该理论认为材料发生断裂是由于材料内一点的最大伸长应变ε_1引起的，最大伸长应变ε_1达到某一限值后材料发生断裂。限值为单向拉

伸断裂时的最大伸长应变 ε_u。破坏条件为

$$\varepsilon_1=\varepsilon_u\ (\varepsilon_u>0)$$

式中，$\varepsilon_u=\dfrac{\sigma_b}{E}$。

根据广义胡克定律：

$$\varepsilon_1=\frac{\sigma_1-\mu(\sigma_2+\sigma_3)}{E}$$

强度条件为

$$\sigma_1-\mu(\sigma_2+\sigma_3)=\sigma_b$$

式中：σ_1、σ_2 和 σ_3 分别为危险点处从大到小的主应力；μ 为泊松比，E 为弹性模量。

因此，第二强度理论采用主应力表达为

$$\sigma_1-\mu(\sigma_2+\sigma_3)\leqslant[\sigma]$$

第二强度理论适用于脆性材料，并且最大压应力绝对值大于最大拉应力的情况。

3. 第三强度理论

第三强度理论也称最大剪应力理论或屈雷斯加屈服准则，该理论认为最大剪应力是引起屈服的主要因素，无论什么应力状态，只要最大剪应力 $\tau_{\max}$ 达到单向应力状态下的极限剪切应力 τ_0，材料就会在该处发生显著变形或者屈服，即 $\tau_{\max}=\tau_0$。

单向拉伸断裂时最大剪应力为

$$\tau_{\max}=\frac{\sigma_s}{2}=\tau_0$$

式中，σ_s 为屈服应力。

复杂应力状态时最大剪应力为

$$\tau_{\max}=\frac{\sigma_1-\sigma_3}{2}$$

因此，破坏条件为

$$\sigma_1-\sigma_3=\sigma_s$$

第三强度理论的强度条件为

$$\sigma_1-\sigma_3\leqslant[\sigma]$$

第三强度理论用于塑性材料屈服。

4. 第四强度理论

第四强度理论也称最大形状改变比能理论或者米塞斯屈服理论，该理论认为最大形状改变比能是引起屈服的主要原因，采用主应力描述时：

$$\sqrt{\frac{1}{2}[(\sigma_1-\sigma_2)^2+(\sigma_2-\sigma_3)^2+(\sigma_3-\sigma_1)^2]}\leqslant[\sigma]=\frac{\sigma_s}{n}$$

第三强度理论和第四强度理论均可以用于塑性材料屈服计算，相对而言第三强度理论计算更加保守，因此在一些关键或者对于安全要求比较高的场合下通常选用第三强度理论。

2.4 有限元法基础

有限元分析是求解偏微分方程的一种数值解法，由于其理论基础坚实、实用性强等优

点，因此在结构力学、电磁、温度、流体等连续场问题分析中得到了广泛应用。

有限元方法的主要特点如下：

(1) 以简单逼近复杂。把复杂的求解域分为单元，在单元上建立方程，然后组装矩阵方程，计算近似解。一般而言，分割的单元越小，近似解越逼近真实解。

(2) 矩阵方程形式建模。有利于编制计算机程序。

(3) 适应性强。有限元发展伊始用于飞机结构的应力分析，现在已经拓展到绝大多数学科领域的科学计算问题。

2.4.1　有限元法建模基本步骤

有限元法建模基本步骤如图 2-10 所示。

(1) 求解域离散化(见图 2-10(a))：利用网格离散求解区域，构成求解域的基本构成要素为单元，单元与单元之间的连接为节点。

(2) 选取插值函数(见图 2-10(b))：对单元中位移分布提出一定假设，认为单元内位移为坐标的简单函数，利用单元上的节点位移插值计算单元内任意一点的位移，这种简单函数称为插值函数或者形函数。通常采用多项式作为场变量(位移场)的插值函数。

(3) 分析单元的力学特性或者建立单元刚度矩阵方程(见图 2-10(c))：基于虚功原理、变分法或者加权余量法建立单元矩阵方程(单元刚度矩阵)，即单元节点力和节点位移之间的矩阵方程。

(4) 组装整体刚度矩阵方程：集合单元矩阵方程为整体矩阵方程，其计算公式为 $[\boldsymbol{K}]\{\boldsymbol{\delta}\}=\{\boldsymbol{F}\}$。式中 $[\boldsymbol{K}]$ 为刚度矩阵，$\{\boldsymbol{\delta}\}$ 为节点位移向量，$\{\boldsymbol{F}\}$ 为载荷向量。

(5) 求解整体矩阵方程：引入边界条件，求解矩阵方程，计算节点位移。矩阵方程求解方法有直接解法和迭代法。

(6) 附加计算：基于节点位移，计算应力、应变等力学场量。

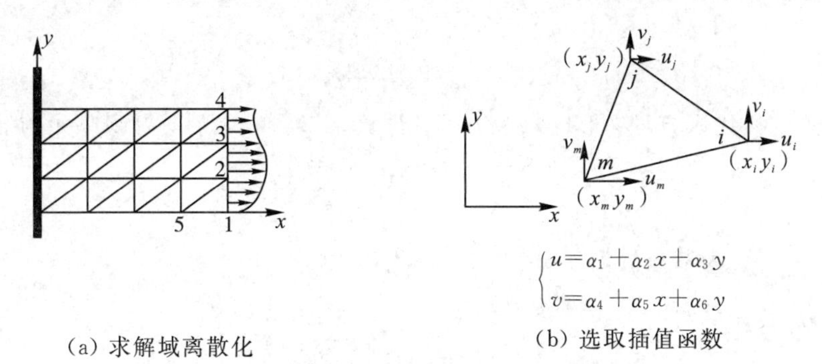

$$\begin{cases} u=\alpha_1+\alpha_2 x+\alpha_3 y \\ v=\alpha_4+\alpha_5 x+\alpha_6 y \end{cases}$$

(a) 求解域离散化　　(b) 选取插值函数

$$\begin{Bmatrix} P^e_{xi} \\ P^e_{yi} \\ P^e_{xj} \\ P^e_{yj} \\ P^e_{xm} \\ P^e_{ym} \end{Bmatrix} = \left[\begin{array}{cc|cc|cc} K^{11}_{ii} & K^{12}_{ii} & K^{11}_{ij} & K^{12}_{ij} & K^{11}_{im} & K^{12}_{im} \\ K^{21}_{ii} & K^{22}_{ii} & K^{21}_{ij} & K^{22}_{ij} & K^{21}_{im} & K^{22}_{im} \\ \hline K^{11}_{ji} & K^{12}_{ji} & K^{11}_{jj} & K^{12}_{jj} & K^{11}_{jm} & K^{12}_{jm} \\ K^{21}_{ji} & K^{22}_{ji} & K^{21}_{jj} & K^{22}_{jj} & K^{21}_{jm} & K^{22}_{jm} \\ \hline K^{11}_{mi} & K^{12}_{mi} & K^{11}_{mj} & K^{12}_{mj} & K^{11}_{mm} & K^{12}_{mm} \\ K^{21}_{mi} & K^{22}_{mi} & K^{21}_{mj} & K^{22}_{mj} & K^{21}_{mm} & K^{22}_{mm} \end{array}\right] \times \begin{Bmatrix} u_i \\ v_i \\ u_j \\ v_j \\ u_m \\ v_m \end{Bmatrix}$$

(c) 建立单元刚度矩阵

图 2-10　有限元法建模基本步骤

2.4.2 单元

单元是有限元方法的重要组成部分，体现了有限元的离散和逼近的核心思想。

1. 结构离散化

在弹性力学中，位移是基本未知量。对于平面问题，在平面域上 Ω 求解未知函数 u 和 v，即 $u(x, y)$和 $v(x, y)$定义在 Ω 上为未知曲面。离散是把平面域 Ω 离散为有限个小单元，每个单元通过节点相连，单元内的位移用节点位移的插值函数近似表示，以节点位移为未知量。这样就把无限自由度的连续体变换为有限个节点上有限个未知量的问题。

例如，图 2-10(a)中矩形域采用有限个单元进行离散，矩形域上待求的 $u(x, y)$和 $v(x, y)$，转换为三角形单元上节点 $u(i, j)$和 $v(i, j)$。

2. 逼近：单元位移函数

求解域 Ω 上 $u(x, y)$和 $v(x, y)$为待求曲面。求解域 Ω 离散为有限个单元，每个单元上采用近似曲面(如平面、二次曲面等)或者是单元位移函数逼近待求的 $u(x, y)$和 $v(x, y)$。

弹性力学平面问题，单元位移函数可以采用多项式表示：

$$\begin{cases} u=\alpha_1+\alpha_2 x+\alpha_3 y+\alpha_4 x^2+\alpha_5 xy+\alpha_6 y^2+\cdots \\ v=\beta_1+\beta_2 x+\beta_3 y+\beta_4 x^2+\beta_5 xy+\beta_6 y^2+\cdots \end{cases}$$

多项式包含阶次越高，越能准确描述实际位移分布，但是随之而来的是计算量大幅增加。

对于平面问题的三角形单元，三个节点 i、j、m 的坐标为 (x_i, y_i)、(x_j, y_j)、(x_m, y_m)，节点的位移分别为 u_i、v_i、u_j、v_j、u_m、v_m。六个节点位移只能确定六个未知数，因此三角形单元的位移函数为

$$\begin{cases} u=\alpha_1+\alpha_2 x+\alpha_3 y \\ v=\alpha_4+\alpha_5 x+\alpha_6 y \end{cases}$$

把节点的位移代入方程，形成六个方程，计算未知数 α 之后，得到单元的插值函数为

$$\begin{cases} u=N_i u_i+N_j u_j+N_m u_m \\ v=N_i v_i+N_j v_j+N_m v_m \end{cases}$$

式中：N_i、N_j、N_m 为节点的形函数。

2.4.3 矩阵方程

根据虚功原理或者变分法，得到单元节点位移和节点力的关系，然后导出单元刚度矩阵。

1. 单元应力和应变方程

基于几何方程和物理方程，写出应力和应变的矩阵表达式：

$$\{\varepsilon\}=[\boldsymbol{B}]\{\delta^*\}^e$$

$$\{\sigma\}=[\boldsymbol{D}][\boldsymbol{B}]\{\delta^*\}^e$$

式中，$[\boldsymbol{B}]$和$[\boldsymbol{D}]$为系数矩阵，$\{\delta^*\}^e$ 为虚位移。

2. 单元刚度矩阵方程

单元外力虚功：

$$w_e^e = (\{\delta^*\}^e)^T \{P\}^e$$

式中，$\{P\}^e$ 为单元的节点力，$\{\delta^*\}^e$ 为虚位移。

单元内力虚功：

$$w_i^e = \iint \{\varepsilon^*\}^T \{\sigma\} t \mathrm{d}x\mathrm{d}y$$

式中，$\{\varepsilon^*\}$为虚应变，$\{\sigma\}$为应力，t 为厚度。

虚功原理：

$$w_e^e = w_i^e$$

即

$$(\{\delta^*\}^e)^T \{P\}^e = \iint \{\varepsilon^*\}^T \{\sigma\} t \mathrm{d}x\mathrm{d}y$$

带入单元应变和应力计算方程，得到单元刚度矩阵：

$$\{P\}^e = [\boldsymbol{K}]^e \{\delta\}^e$$

$$[\boldsymbol{K}]^e = [\boldsymbol{B}]^T [\boldsymbol{D}] [\boldsymbol{B}] tA$$

式中，$[\boldsymbol{K}]^e$ 为单元刚度矩阵，$\{P\}^e$ 为单元节点力，t 为厚度，A 为单元面积。

单元刚度矩阵中的每个元素都可以理解为刚度系数，即在节点上产生单位位移需要的节点力。这也是刚度矩阵命名的由来。

3. 组装刚度矩阵方程

得到单元刚度矩阵方程后，需要进一步组装为整体刚度矩阵方程，即建立整体结构中节点位移和节点力的方程。建立整体刚度矩阵方程时，连接多个单元节点的位移需要一致，并且在节点上满足平衡条件。整体矩阵方程为

$$[\boldsymbol{K}]\{\boldsymbol{\delta}\} = \{\boldsymbol{F}\}$$

式中，$[\boldsymbol{K}]$为刚度矩阵，$\{\boldsymbol{\delta}\}$为节点位移向量，$\{\boldsymbol{F}\}$为载荷向量。

4. 求解刚度矩阵方程

求解刚度矩阵方程的主要步骤如下：

(1) 建立整体刚度矩阵方程；

(2) 根据边界条件修改刚度矩阵方程；

(3) 解方程组，计算节点位移；

(4) 根据节点位移，计算单元应变和应力。

求解刚度矩阵方程可采用直接法和迭代法。刚度矩阵为对称稀疏矩阵，有限元计算中常采用二维等带宽存储。当自由度较小时，常采用以高斯消去法为基础的直接解法；当自由度较大时，常采用迭代法计算，如高斯赛德尔迭代、超松弛迭代和共轭梯度法等。

2.5　结构有限元软件

有限元分析软件是规范化和流程化的有限元建模技术。通常的有限元软件包括前处

理、求解器和后处理三部分，如图 2-11 所示。求解器是有限元软件的核心构成部分，决定了有限元系统计算范围、计算精度和计算效率，是有限元理论和方法的集中体现，其作用类似于一个人的大脑或者计算机系统的 CPU。前后处理软件用于图形化形式建立和理解分析模型，因此在很大程度上决定了使用求解器的深度和广度，也是制约建模工作效率的关键环节。例如，典型的前处理软件可以是 Hypermesh、求解器是 Nastran，后处理软件是 Hyperview；也可以是 Simcenter 作为前后处理程序，NX Nastran 作为求解器。

前后处理程序和求解器分离的方式一方面可以让前后处理程序和求解器独立发展，另一方面为用户提供了一个自由布置仿真软件的选择。

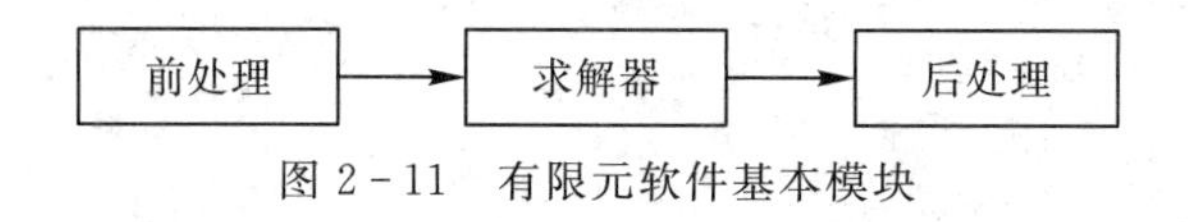

图 2-11 有限元软件基本模块

2.5.1 典型结构有限元求解器及其特点

对于结构分析有限元技术而言，求解器性能评价标准不一，但是使用者比较关注的往往是求解器处理问题的范围、仿真精度和计算效率等。对于结构分析有限元而言，FEM 求解器的处理范围往往需要涵盖静力学、动力学、非线性、冲击动力学等。计算精度是有限元计算与理论计算的贴近程度，计算效率是指对于一定规模的分析模型，计算耗费的时间和计算机资源。

目前主流结构有限元软件基本上以国外工业软件为主，国内软件相对较少。国外结构有限元软件主要有 Nastran、Adina 、Ansys、Abaqus、MARC 等(具体见 1.4 小节)。

国内有限元软件开发起步并不晚，基本上从 20 世纪 70 年代就开始专有程序的研制，并用于刘家峡大坝的设计中(见中科院冯康院士团队介绍)。近 40 年来，也有一些拥有自主知识产权的软件，如大连理工大学开发的 JIGFEX、中国飞机强度研究所开发的 HAJIF、中国科学院数学与系统科学研究所开发的 FEPG、郑州机械研究所开发的紫瑞 CAE、航空工业总公司开发的 APOLANS、北京大学力学与工程科学系在美国 SAP 软件源码基础上开发的 SAP84 等，这些软件的分析能力在 20 世纪 90 年代中期达到了一定水平，甚至在某些方面并不亚于国外同类产品，但后来在国外产品的挤压下逐渐失去了市场竞争力。

需要说明的是，目前的主流有限元软件对于大多数的结构问题都不存在显著的精度和效率的差异。不同的是软件在一些领域长期应用带来的一些定制的功能和广泛应用积累的大量案例，例如 Ansys 中的应力线性化的功能，这是 Ansys 针对压力容器行业中 ASME 和 RCCM 标准中的应力计算要求开发的功能。Nastran 在汽车 NVH 仿真中处于事实上的“王者”。这些都与软件的发展历程有关。

2.5.2 有限元软件通用前后处理技术

典型的有限元模型主要包括几何模型、材料和属性、边界和载荷、网格、求解器、后处理等要素。前处理是有限元分析中最主要的工作：工程问题通过建模转化为分析模型。典型的前后处理软件包括几何处理、材料设定、网格划分、边界施加和结果后处理。除了有限元模型的必要要素之外，还需要一些必要的辅助工具，如坐标系、图形显示、选择与分组等技术，为高效有限元建模提供工具支撑。

1. 有限元前后处理软件

一般而言，FEM 软件供应商自带前后处理软件，如 Ansys 中的 Workbench-Mechanical，Abaqus 中的 Abaqus CAE，MSC 中的 Patran，NX Nastran 中的 Simcenter 和 Femap 等。

此外，还有通用前后处理软件。Hypermesh 是目前流行的前处理软件，可以输出主流求解器的有限元模型，在汽车、航空等领域应用广泛；Ansa 是主流的前处理软件，处理模型便捷高效，使用体验较好。

2. 前后处理软件功能要求

有限元求解器的输入文件就是有限元模型，有限元模型往往以关键字和数据相结合的文本文件表达，因此前处理软件的核心功能就是通过图形化的界面，把分析模型转化为一行行的文本。例如，在广泛使用 Ansys Workbench Mechanical 的今天，很多工程师还是需要使用 Ansys APDL(Ansys Parametric Design Language)，主要在于 APDL 对于求解器深入和全面的支持。APDL 是 Ansys 软件的二次开发语言，Ansys 有的功能，基本可以通过 APDL 编程实现。对于结构工程师，能够灵活使用 Mechanical 就可以了，但是对于仿真工程师而言，就需要深入了解求解器的功能和使用极限。

一般前后处理软件都提供二次开发的环境，如 Hyperworks、Femap 等软件。二次开发技术可以让用户以编程的方式灵活组织和拓展现有软件的功能。二次开发技术可以用于仿真过程的自动化，从而可以大幅提高建模与分析的效率；二次开发技术也可以开发软件不具备的功能，如可以定制行业解决方案。但是需要注意的是，二次开发软件依赖于特定前后处理软件的版本，因此在一定程度上制约了二次开发技术的广泛应用。

3. 基于有限元软件的建模流程

典型 FEM 分析流程如图 2－12 所示。首先获取分析模型的几何模型，之后建立材料模型，结合离散单元类型设定网格属性，利用网格划分工具生成网格，然后提交给求解器解算，最后进行分析结果后处理并生成仿真报告。

有限元模型主要包括几何模型、材料模型、网格属性、边界条件等要素。

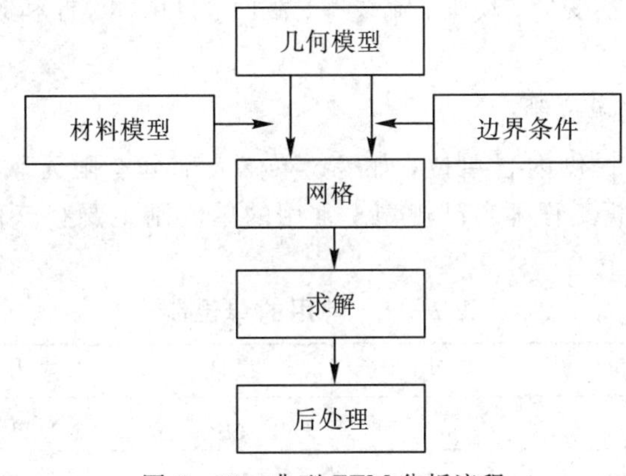

图 2－12　典型 FEM 分析流程

(1) 几何模型。

几何模型是物理模型的几何结构，包括一维、二维和三维模型。通常有限元软件中的几何模型处理技术主要有三种：导入几何模型、自主生成几何模型和几何模型修改。导入几何模型是从外部导入几何模型。导入模型的格式主要有中间格式和主流 CAD 格式两种。几何模型的格式主要有：直接导入 Solid Edge、NX (Unigraphics 和 I-deas)、ProE、Catia 和 Solid Works 等主流 CAD 格式的文件；导入通用格式的 CAD 文件，如 Parasolid，IGES，STEP，STL 等。直接生成和编辑几何模型是有限元软件提供的自主独立建模的功能。很多有限元软件支持复杂几何模型的建模技术，但是通常 FEM 软件中建模技术在建模效率和易用性方面与专门的 CAD 造型软件相差甚远，因此复杂的几何模型建模基本上通过外部 CAD 软件生成。几何模型的调整与修改是有限元前处理的核心功能。几何模型调整与修改的主要目标是简化几何模型以方便后续的网格划分和计算，如去除与分析目标无关的微小几何特征。

(2) 材料模型。

材料模型用于描述几何模型的材料特性，常见的材料模型有各向同性材料、2D 和 3D 正交异性材料、2D 和 3D 各向异性材料、超弹性材料和塑性材料等。

(3) 网格属性。

网格是几何模型离散后的形式，网格类型对于分析精度和分析效率均有重要影响。常见的网格类型有线单元、面/板/壳单元、体单元以及其他单元(刚体单元)等。分网技术是有限元软件前处理的核心功能之一，常用的网格划分技术主要包括自动四面体网格剖分和半自动六面体网格划分，映射、扫掠等参数化规则网格生成技术以及网格质量评估和网格优化工具。

(4) 边界条件。

载荷和约束用来模拟系统外的物体对于系统的作用。结构静力学分析中，约束一般是约束结构的运动自由度，而载荷往往是外界物体对于系统的作用，如力、力矩等。载荷和约束可以施加在几何模型上，也可以施加在网格模型上，但是不管在几何模型还是网格模型上，载荷和约束最终都会转换到节点上。

(5) 后处理。

有限元软件支持多种结果后处理工具，确保快速、有效地理解观察结果。静力学分析中常用的后处理工具包括变形、动画、流线型、截面、自由体、杆和梁的可视化/剪切/弯矩图、用户自定义报告等。

4. 有限元软件中的单位制

有限元前处理软件提供内置单位，如 Ansys。大部分有限元软件为无量纲的分析软件，参数单位制需要分析工程师自己规划。常用的单位制主要有三种，ISO 制、毫米制和英制，如表 2-2 所示。

表 2-2 常用的单位制

	长度	力	质量	应力	密度
ISO	m	N	kg	N/m^2	kg/m^3
毫米制	mm	N	ton	N/mm^2	ton/mm^3
英制	Inch	lbf	lb	psi	lb/in^3

2.6　有限元建模有效性分析

对于有限元分析，仿真工程师关注的一个重要内容就是仿真结果是否正确。大部分人认为有效的模型意味着仿真结果与工程实际结果相吻合，即仿真数据与实验数据相吻合。

实际上，从工程实际问题到实验结果之间有多个步骤。首先，工程实际问题转化为力学模型；然后，力学模型转化为仿真模型，并计算得到分析结果；最后，才是分析结果与试验结果的对比。只有所有的步骤都正确，才能得到一个力学问题的数值分析结果。分析结果与实际结果的每一个步骤都与建模工程师的工程经验与建模能力和选用软件的能力有关。

因此，建模有效性分析可以从两个角度定义。第一个是从工程问题的角度定义，认为仿真结果能够与工程实际问题的测试数据一致。第二个是从仿真软件的角度定义，认为仿真得到的近似解是否能够无限逼近理论解。但是一个有趣的现象就是大部分的复杂工程实际问题是没有理论解的。

此外，关于仿真结果与试验结果，存在哪个是第一位或者更重要的问题，也就是我们应该更相信哪个结果的问题。实际上不管试验还是仿真，都是需要经过一系列过程才能够得到结果，这个结果的获取都存在一定的前提条件，忽略这些前提条件讨论哪个更重要基本上不会得到一个满意的结果。但是目前得到大部分人认可的观点为：仿真结果在一定程度代表了理论上的评估结果，而试验结果代表了在一定置信概率下产品的性能，两者相一致才可以证明这就是产品的实际性能。

2.6.1　仿真软件有效性验证

仿真软件的有效性可以通过理论解与仿真值对比的方式验证，即分析问题的近似解逼近理论解的程度，这也是很多仿真软件的技术手册中论证自身有效性的基本形式。下面介绍一个悬臂梁变形计算案例。

计算内容为悬臂梁变形计算，其位移云图如图 2-13 所示。梁尺寸为 400×40×20(单位为 mm)，材料为钢，弹性模量为 200 GPa，一端固定一端自由。悬臂梁变形理论计算公式：

$$w_B = \frac{Fl^3}{3EI}$$

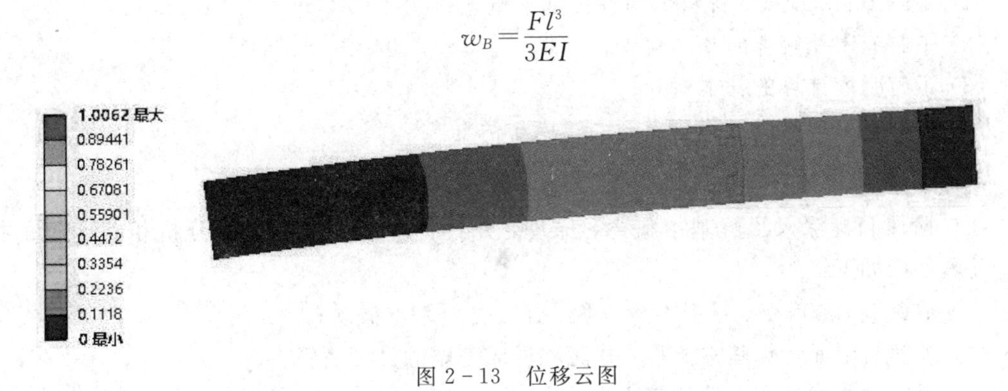

图 2-13　位移云图

端部挠度理论结果与仿真结果对比如表 2-3 所示，两者相差无几。

表 2-3 理论计算与仿真数据

理论值/mm	仿真值/mm	误差/mm	相对误差/%
1.00000	1.0034	0.0034	0.34

对比分析时需要注意两点：一是不要选用固定端处的应力进行对比，因为固定约束处的应力由于位移约束存在一定的偏差，一般选用中间某个截面做对比分析；二是模型的长高比应该大于5，这样横力弯曲和纯弯曲计算偏差可以忽略。就计算精度而言，线弹性问题位移的计算精度远大于应力的计算精度，这主要是因为应力是位移的导数。

2.6.2 有限元建模有效性分析

分析软件的技术能力得到验证后，就需要论证针对具体问题建立的有限元模型的有效性。通常论证仿真模型有效性的方式主要有网格无关性分析和基于类似问题的验证。

网格无关性是研究分析模型的分析结果与网格密度的相关性，即当网格细化后，分析结果保持稳定。具体内容可以参考第5.5.5小节。

对于没有理论解的工程问题，可以通过对于类似问题的分析验证仿真模型的有效性。例如在阀门结构频率的计算时，可以通过结构类型相似且有试验数据模型的仿真数据与试验数据的对比分析，验证建模技术的有效性。

2.7 学习目标与典型案例

2.7.1 学习目标

有限元建模基础主要包括力学基础和有限元基础。对于静力学分析而言，力学基础一般是弹性力学，有限元基础涉及变分法/虚功原理、网格离散、插值函数、刚度矩阵方程等内容。

1. 第一阶段目标

第一阶段目标是了解基本概念，并具备简单模型建模能力，具体目标如下：

(1) 了解应力、应变、材料本构方程基本概念；

(2) 了解有限元解算的基本流程；

(3) 了解强度计算的基本概念；

(4) 能够基于软件进行简单模型的建模与仿真。

2. 第二阶段目标

第二阶段目标深入了解基本概念、原理，并具备理论分析与仿真分析相互印证的能力，具体目标如下：

(1) 掌握应力、应变、材料本构方程、强度分析基本概念；

(2) 了解有限元计算基本流程，并能够形成完整的计算逻辑；

(3) 了解判断建模有效性的基本方法；

(4) 了解弹性力学、有限元建模与基于有限元软件的建模方法之间的联系。

2.7.2　典型案例介绍

1. 零件级结构有限元仿真

(1) 学习目标。

熟悉有限元模型基本构成和基于有限元软件的分析流程。

建模过程

操作视频

(2) 问题简介。

对圆角方盒进行零件级 FEM 仿真，边界条件与分析结果如图 2-14 所示。

材料：铝。

约束与载荷：模型外部面的四个沉头孔及内侧配合面施加无摩擦支承(Frictionless Support)。在外部表面施加 1 MPa 压力。

计算目标：应力及变形分布情况。

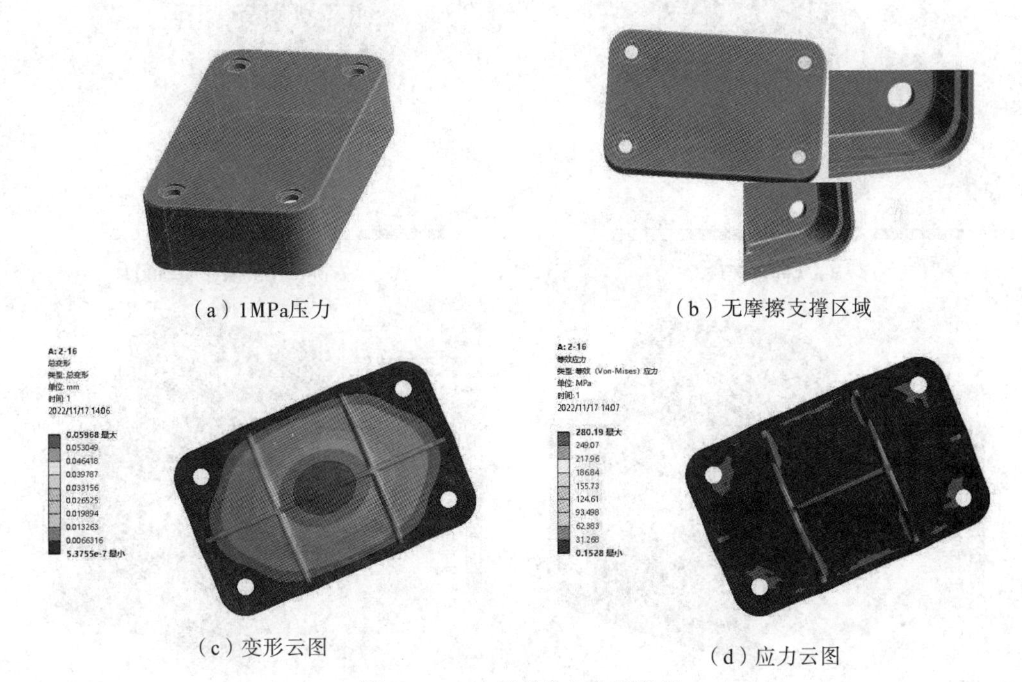

(a) 1MPa压力　(b) 无摩擦支撑区域

(c) 变形云图　(d) 应力云图

图 2-14　边界条件与分析结果

(3) 建模步骤。

选择 Static Strucral 模块；导入几何体；设置单位制；设置材料为铝；分网；选中约束区域施加无摩擦支撑；选中区域，施加 1 MPa 压力；设置输出数据(等效应力和位移)；求解；后处理查看结果数据。

(4) 分析结果。

最大等效应力为 280.2 MPa；最大位移为 0.059 mm。

一般计算应力可能存在一定偏差，但是不应超过 5%。最大位移偏差一般不超过 1%。

(5) 点评分析。

建模时关注分析流程，以结果为导向，判断建模过程的有效性。有限元软件通常以模型树的方式组织模型，顺序完成操作后，查看模型的构成。学习之后，应当明确有限元模型的基本构成和建模流程。

2. 装配级结构有限元仿真

(1) 学习目标。

了解装配体有限元仿真的基本过程，并了解零件级和装配级仿真的差异。

(2) 问题简介。

齿轮油泵装配体结构静力分析。模型底座平面施加固定支承(Fixed Support)如图 2-15所示；管道内壁施加载荷 $F_x=1000$ N；$F_y=500$ N。

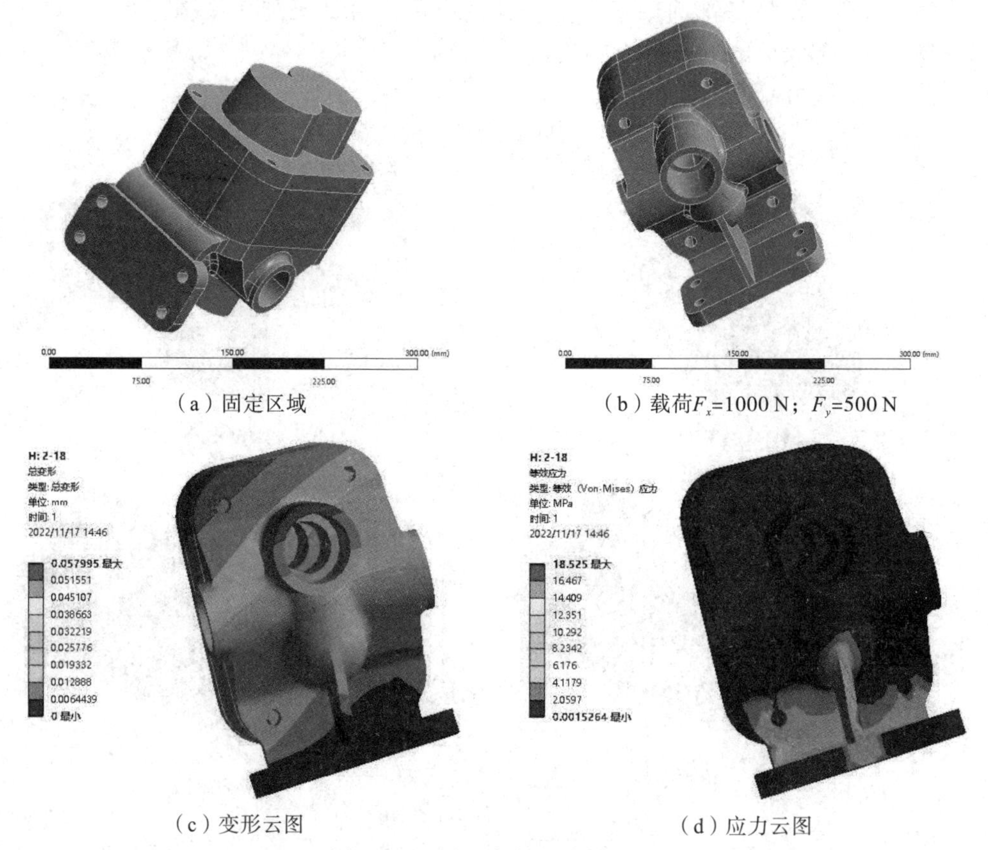

(a) 固定区域　(b) 载荷F_x=1000 N；F_y=500 N

(c) 变形云图　(d) 应力云图

图 2-15　边界条件与分析结果

(3) 建模步骤。

选择 Static Strucral 模块；导入几何体；设置单位制；新建材料铝，并设置弹性模量和泊松比；对于每个零件设置材料；分网；选中约束区域施加固定支撑；选中载荷区域，施加

F_x＝1000 N；F_y＝500 N；设置输出数据(等效应力和位移)；求解；后处理查看结果数据。

(4) 分析结果。

最大等效应力为 18.5 MPa；最大变形为 0.058 mm。

一般计算应力可能存在一定偏差，但是不应超过 5%。最大变形偏差一般不超过 1%。

(5) 进阶练习。

根据结构受力，分析为什么最大应力出现在该处？查看模型的接触与零件级仿真是否有差异。

(6) 点评分析。

有限元中的单位一般是需要用户自己保证的。Ansys 中提供了多种单位制，并且在相应界面上明确提供了单位，方便了用户输入参数。

在上面的装配件分析中，建模过程与零件级分析基本没有差异，都是设置材料，施加载荷约束。没有差异主要是因为 Workbench 是自动检测零件之间的接触关系，因此查看接触时就会发现 Workbench 已自动建立了连接。如果采用其他软件建模时，则必须定义零件间的连接关系。

建模过程

操作视频

第3章 几 何 建 模

本章导读

几何模型是有限元模型中的基础数据之一。有限元软件中生成几何模型的方法主要有独立生成和外部数据读入两种。有限元软件的几何建模技术更加侧重于描述实体的表面表示法以及实体的局部调整与修改能力。在具体有限元建模实践中，以读入外部数据为主。读入文件的格式以 .stp、.igs、.x_t、.sat 等为主，辅以典型的通用 CAD 软件数据格式。此外，CAD 与 FEM 一体化技术也是仿真软件发展的一个方向。

学习重点

(1)实体建模的主要方法。

(2)有限元中几何模型的来源与选用策略。

(3)有限元软件中几何建模技术的特点。

(4)有限元软件几何模型的简化策略。

(5)有限元软件基本几何模型处理功能。

思维导图

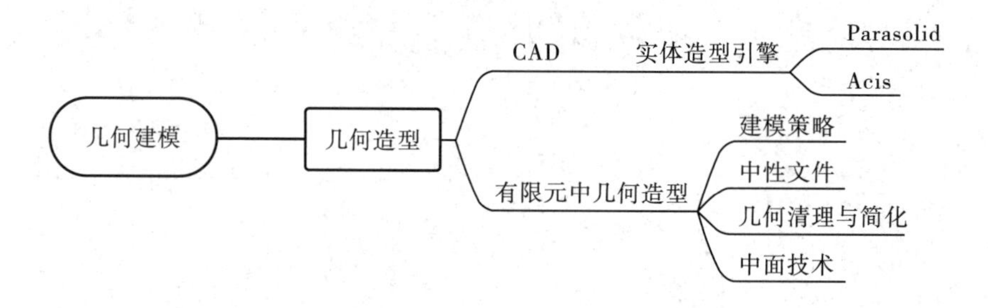

3.1 几何模型与几何造型

几何模型是用几何概念描述物理或者数学物体形状，是对原物体确切的数学或几何表达，是建立在几何信息和拓扑信息基础上的模型。通常的几何模型包括一维线模型、二维面模型和三维体模型。几何模型广泛应用于计算机图形学、计算机辅助设计、计算机辅助制造以及医疗图像处理等多个领域。

几何造型是指能够定义、描述、生成几何模型，并能够进行交互编辑处理模型的技术和系统。如果有需要，也可以将物体相关属性包括在模型内，形成该物体的几何物理模型，例如零件的材料信息和加工的公差信息等。

机械工程中的几何造型技术通常是指在计算机中表达物体形状的技术。几何造型通过对点、线、面、体等几何元素的数学描述，以及平移、旋转、变比等几何变换和并、交、差等集合运算，产生实际的或想象的物体的几何模型。

计算机中表达形体，通常有线框模型、表面模型和实体模型，如图3-1所示。

(1) 线框模型。线框模型由点、直线和曲线表示物体，线框模型可以快捷生成二维工程图，是几何造型技术早期广泛应用的建模方法。

(2) 表面模型。表面模型使用有连接顺序的棱边围成的有限区域定义形体表面，再由表面的集合定义形体，主要用于各种复杂的曲面造型。

(3) 实体模型。实体模型通过实体的边界表示实体，或者利用构造实体的方式生成实体。实体模型能够完整地表示物体的形状信息，如几何信息、拓扑信息，支持如欧拉运算、物性计算、有限元分析。常用的实体造型系统有Parasolid系统、Acis系统等。

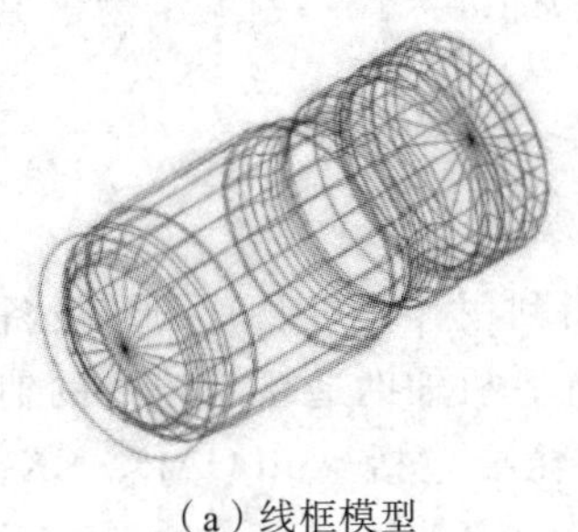
(a) 线框模型

(b) 表面模型

(c) 实体模型

图3-1　几何模型

3.2 实体造型

3.2.1 实体造型引擎

实体的表达方法主要包括边界表示法和构造实体几何表示法。边界表示法(Boundary Representation, BRep)通过描述实体的边界表示实体。构造实体几何表示法(Constructive Solid Geometry, CGS)是简单形体通过正则集合运算组合(并、交、差)，配合几何变换的方式表达复杂形体的一种方法。从形体的存储和操作的需求来说，边界表示法较为实用；从用户造型的角度来看，构造实体几何表示法更加方便。因此，在主流的造型软件中，往往以边界表示法和构造实体几何表示法作为几何数据表达的基础。

目前主流的几何造型引擎包括Acis、Parasolid和其他引擎，Acis与Parasolid内核对比如表3-1所示。

表3-1　Acis与Parasolid内核对比

引擎	开发者	典型软件
Acis	Spatial Technology	Auto CAD、Catia、Creo Abaqus、Fluent、Nastran
Parasolid	Shape Data Limited	NX、SolidEdge、SolidWorks Ansys、Femap、Adams、Adina

Acis 是美国 Spatial Technology 公司(已被达索收购)的产品。Acis 是一种基于边界表示法生成三维实体的理论体系而开发的三维几何造型引擎，支持从简单实体到复杂实体的造型功能和实体布尔运算、曲面裁减、曲面过渡等多种编辑功能。许多著名的 CAD/CAM 系统以 Acis 为几何内核，如 Auto CAD。

Parasolid 是 UGS(现属于 Siemens)旗下的产品，是独立于软件平台(Femap、NX、Solid Edge 等)的造型引擎。Parasolid 基于边界表示法，在集成框架下完成实体建模、广义单元建模以及自由曲面建模。Parasolid 内置单位为国际标准制单位米(meter)。Parasolid实体遵循规则简介如下：Parasolid 内置工作空间为 1000×1000×1000 的立方体空间，其中心为原点；点重合容差为 1.0×10^{-8} 米；线平行容差为 1.0×10^{-11} 弧度；为了保证模型准确性，所有零件需要包容于最大模型空间。

3.2.2 CAD

CAD(Computer Aided Design)计算机辅助设计软件，是指利用计算机及其图形设备辅助设计人员进行设计工作的系统。通常的机械 CAD 是指以计算机辅助造型为核心的辅助设计软件，是工业设计软件(CAE/CAM/CAPP 等)的基础，主要包括 AutoCAD、NX、Catia、Creo、SolidWorks、SolidEdge 等国外软件和中望 CAD、CAXA 等国产软件。CAD 主流软件以国外软件为主，国产软件的市场占有率较低。对于这些软件的具体介绍如下：

(1) AutoCAD 是美国欧特克有限公司(Autodesk)产品，在 2D 绘图工具领域具有垄断地位，并提供 3D 设计仿真一体化解决方案。

(2) Pro/Engineer(Creo)是美国 PTC 公司 CAD/CAM/CAE 一体化三维软件，该软件以参数化著称，是参数化技术的最早应用者。PTC 具有 PLM 整体解决方案，并致力于虚拟现实和工业互联网技术。

(3) Catia 是法国达索公司旗舰解决方案，达索 PLM 协同解决方案支持从项目前阶段、具体的设计、分析、模拟、组装到维护在内的全部工业设计流程。

(4) SolidWorks 是达索主流解决方案，软件易用、界面友好，并提供设计、仿真、制造一体化解决方案。

(5) NX 是 Siemens PLM Software 的数字工程解决方案，提供产品设计、仿真、加工、产品数据管理、虚拟工厂的整体解决方案，并且具有软硬结合的特点，是目前智能制造和工业 4.0 的领先者。

(6) SolidEdge 是 Siemens PLM Software 的主流解决方案，提供设计、仿真、制造和 PDM 的一体化解决方案。

(7) 中望软件为国产 All-in-One CAX 解决方案供应商，具有自主建模内核，提供设计加工的整体解决方案。

3.3 有限元软件中的几何模型

3.3.1 有限元软件几何模型

有限元分析的研究对象称为分析域。分析域可以直接用单元定义，也可以基于几何模型表达，相较而言，利用几何模型进行描述更通用，更能满足复杂工程问题建模的需要。随着主模型概念的深入，并为了更适应设计工程师仿真的使用，基于几何模型建立有限元模型的思路成为各大有限元软件的主流。Altair 的 Hypermesh 是一个以网格为中心的前处理软件，而 Inspire 软件是一个以几何体为中心的有限元软件，用户甚至可以无视网格的存在而完成有限元建模与分析工作。

有限元中几何模型的来源主要有各 CAD 软件格式数据、中间格式数据和独立建模数据。在具体的有限元建模过程中，往往需要多种方式协同获取理想的几何模型，其主流方法是：从外部文件读取几何模型，然后采用几何建模工具处理和优化几何模型，以满足后续分网、边界条件施加和后处理等的要求。

3.3.2　中间图形文件格式

随着工业自动化和计算机技术的不断发展，工业界迫切需要综合性强、可靠性高的信息交换机制，以实现计算机辅助工程技术之间的有效集成。

1. 标准图形文件格式

用于数据交换的图形文件标准主要有国际标准 STEP(Standard for the Exchange of Product model data，产品模型数据交互规范)及美国标准 IGES(Initial Graphics Exchange Specification，初始图形交换规范)。其他较为重要的标准还有：在 ESPRIT(欧洲信息技术研究与开发战略规划)资助下的 CAD－I 标准，仅限于有限元和外形数据信息；德国的 VDA－FS 标准，主要用于汽车工业；法国的 SET 标准，主要应用于航空航天工业。

STEP 标准格式文件的后缀为 .stp。STEP 标准是国际标准化组织制定的描述整个产品生命周期内产品信息的标准，是由国际标准化组织(ISO)工业自动化与集成技术委员会(TC184)下属的第四分委会(SC4)制订的，ISO 正式代号为 ISO－10303。它提供了一种不依赖具体系统的中性机制，旨在实现产品数据的交换和共享。

IGES 标准格式文件的后缀为 .igs。IGES 标准最初版本仅限于描述工程图纸的几何图形和注释，随后又将电气、有限元、工厂设计和建筑设计纳入其中。1988 年 6 月公布的 IGES 4.0 吸收了构造实体几何表示法(Constructive Solid Geometry，CSG)和装配模型，后经扩充又收入了新的图形表示法、三维管道模型以及对有限元模型 (FEM)等改进功能。而边界表示法(B－rep)模型则在 IGES 5.0 中定义。一般而言，相较于其他格式，.igs 数据文件过大，数据转换处理时间过长，关注图形数据转换而忽略了其他信息的转换。尽管如此，IGES 仍然是各国广泛使用的国际标准数据交换格式。

2. 基于商用造型内核的文件格式

除了 .stp 和 .igs 文件格式，还有基于商用内核的工业标准文件格式，如基于 Parasolid 内核的 .x_t、基于 Acis 内核的 .sat。

.x_t 是 NX(UG，Unigraphics)、SolidEdge、SolidWorks 等基于 Parasolid 内核的 CAD 软件输出的一种工业标准格式文件。使用 Parasolid 内核的有限元软件可以高效地读取 .x_t 文件，如 NX Simcenter、Femap、Ansys、Adina 等软件。

.sat 是基于 Acis 内核的文件格式。AutoCAD 的三维实体造型技术采用的是 Spatial Technology 公司的 Acis 内核，而且可以把三维实体输出为 Acis 的 .sat 文件。

需要注意的是，商业内核版本不一样，输出数据会有所差异。

3. CAD 专用文件格式

有限元软件可以直接读取专用 CAD 软件的数据格式。一般而言，专用数据格式可以更多地保留数据的内容和精度。例如针对 Catia v4 和 v5 的数据接口。

4. 文件格式的选用策略

选用几何模型文件格式时，优先选用有限元软件的建模内核的格式文件，如在 Femap 中内核是 Parasolid，因此优先选用 . x_t 格式；其次可以根据具体模型选用中间文件格式；最后选择 CAD 软件格式。

如果是 CAD 与 CAE 一体化解决方案，如 NX 和 NX Simcenter，CAD 模型可以直接在 CAE 环境中打开，不存在选择几何模型文件格式的问题。如果是外部数据，可以优先考虑 Parasolid 内核的 . x_t 格式。

3.3.3 CAD 和 CAE 一体化技术

目前各大主流 CAD 工业软件基本上实现了 CAD 和 CAE 一体化技术，典型的代表是西门子的 NX、达索的 Catia 和 PTC 的 Creo 等。软件平台提供一体化工作环境，打破设计与仿真的软件壁垒，加快设计与仿真优化分析迭代速度，实现产品的快速开发。

一般的设计与仿真一体化平台具备以下特点：

(1) 设计仿真一体化，为基于模型的设计(Model Based Design)提供基础，保证设计仿真以及后续工作中数据的一致性。

(2) 设计仿真一体化，可以充分利用 CAD 软件中的几何模型处理技术，为有限元分析提供高质量的数据支持。

(3) 设计仿真一体化技术的使用者不仅是仿真工程师，而且还包括设计工程师，因此软件更侧重于规范化和流程化建模，建模过程的自动化和智能化程度大幅提高。

(4) 一般而言，一体化平台在自动化和智能化提升的同时，也在一定程度上意味着建模灵活性和建模能力的下降。软件提高自身应用智能性是为了使仿真工具前端化，让更多的设计工程师使用仿真工具，扩大工具软件的用户范围。另一方面，专业化和灵活性的需求也是专业建模软件(如 Hypermesh、Ansa 等)在 CAE 工程师中广泛应用的原因。

3.4 有限元软件中的几何建模技术

3.4.1 有限元软件的几何建模技术

有限元软件中的几何建模技术主要是基于 Acis、Parasolid 内核开发，或者是自主开发的几何建模内核。

有限元中几何模型的建模要求与 CAD 软件的建模要求有所不同。CAD 软件采用组合的表面表示法和构造实体几何法(表面表示法关注构成实体的表面，而构造实体几何法关注从基本体到复杂体的建模历史)建立模型。有限元中的几何模型用于定义计算域，计算域主要用于网格离散，因此，有限元中几何建模技术不同于 CAD 软件。

(1) 建模内容的关注点不同。一般的网格生成技术是从表面网格向内部逐层推进的方式离散几何体，因此有限元中的几何模型更关注形体表面，而不过度关注建模历史和几何特征。不过，最近 Altair 提出了一种通过识别几何特征，并基于特征优化网格的分网技术。

(2) 修改模型的关注点不同。随着对分网过程自动化程度的需求提升，仿真软件对于几何体的质量要求相应提高，即最好不要有过多破面和小碎面，因此有限元软件为了保证分网质量和控制网格规模，需要能够高效处理局部表面特征。而 CAD 中的建模工具侧重全面调整和控制模型，有限元中的建模技术更类似于 SolidEdge 或者是 SolidWorks 中的不依赖于建模历史的同步建模技术。

因此，有限元分析软件中的几何建模模块不需要过度强大的几何体生成技术，而是更加侧重于几何模型的局部调整和处理技术，例如分割曲面、合并曲线等。几何模型的局部调整和处理技术主要用于调整几何模型以满足有限元建模的要求，例如施加载荷时控制载荷作用区域、网格划分时对局部特征的处理。

3.4.2　几何建模基本策略

在实际工程问题中，几何模型通常较为复杂，而常规的有限元几何建模工具的建模效率无法与专业的 CAD 软件相提而论，这也是很多仿真工程师为什么认为几何建模不是仿真工程师的核心能力之一的原因。

有限元软件几何建模的基本策略如下：

(1) 对于简单结构，可以不建立几何模型，而是直接建立网格模型，例如悬臂梁模型；

(2) 对于复杂结构，采用 CAD 软件建立几何模型，然后导入仿真软件，如汽车零部件；

(3) 根据仿真分析需要，简化几何模型。

由于有限元软件的几何模型简化功能与 CAD 建模功能存在较大差别，因此可以根据几何模型的简化需求，协同利用 CAD 建模软件和有限元软件的几何模型处理功能，以提高建模效率。例如在 CAD 软件中可以对于特征进行充分的处理，而有限元软件在处理微小特征和局部点线面方面具有独特的优势。

3.4.3　模型导入单位变换

几何模型数据导入到有限元分析软件中，为保证单位的一致性需要进行单位变换。一些有限元软件通常采用无量纲方式建模，例如 Hypermesh 和 Femap，如图 3-2(a)所示。一些软件自身提供单位以保证模型数据的一致性，例如 Ansys，如图 3-2(b)所示。

对于无量纲有限元建模软件，需要进行模型几何尺寸单位换算以保证模型的一致性。Parasolid 格式几何体内置单位为米，而许多工程问题的有限元模型采用的单位制是毫米或者英寸。毫米单位制应用最为广泛，英制单位在英语国家应用较为普遍。当导入几何模型时，需要对几何体尺寸进行变换，以满足工程分析量纲一致性的要求。当有限元模型采用毫米单位制时，Parasolid 实体需从米制转换为毫米制，实体几何尺寸放大 1000 倍。当采用英寸单位制时，Parasolid 实体尺寸需要放大 $1000/25.4 \approx 39.37$ 倍。

如果有限元软件内置单位制，则应根据建模需要设置合适的单位制。例如在 Ansys 中

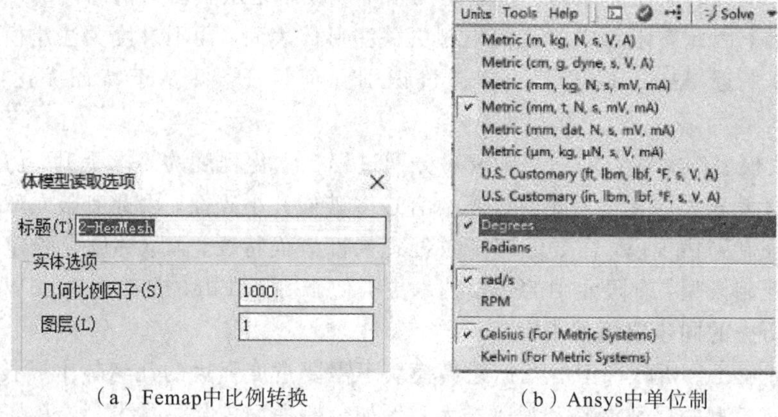

（a）Femap中比例转换　　（b）Ansys中单位制

图 3-2　几何模型单位变换

设置毫米单位制。

不管有限元软件是否内置单位制，在导入几何模型时，都需要判断一下导入几何模型的正确性。如通过测量几何模型的基本尺寸确认模型的正确性。

3.4.4 几何模型清理与简化

建模时，通常需要对外部导入的几何模型进行合理的清理与简化，以提高网格划分的效率和质量。几何模型的清理和简化在很大程度上体现了 CAE 建模工程师的技术能力。

1. 几何清理

导入的几何模型为结构的设计模型，设计模型具有详细的几何特征，如短边(如图 3-3(a)所示)、小孔、圆角等。为了提高网格划分质量和模型计算效率，一般需要对不影响分析精度的局部特征进行清理。

设计模型导入到有限元分析软件中，由于 CAD 软件与 FEM 软件接口中不可忽略的容差存在，因此可能出现如下问题。

(1) 破面。曲面丢失或者尺寸误差造成破面，实体破面之后，以面体形式呈现，无法形成严格包络的实体，如图 3-3(b)所示。

(2) 重复的线或面。构造组合体时，两个特征可能会共用一部分线段，该组合体导入有限元软件后，两个线段存在一部分重复，从而导致几何体不能严格定义。

(3) 几何冗余数据。CAD 建模时，在模型中会产生一些冗余数据，如一些多余的辅助

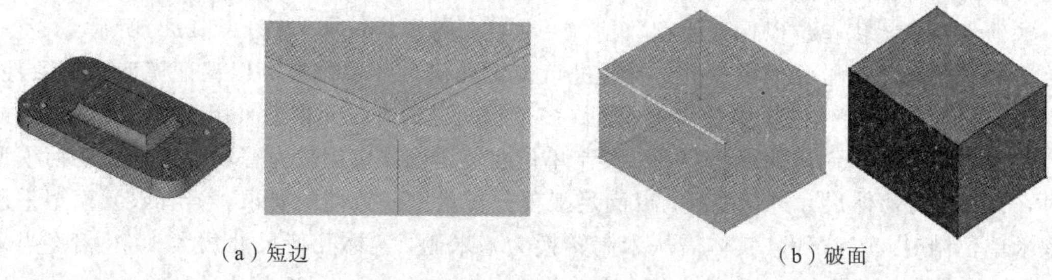

（a）短边　　（b）破面

图 3-3　几何清理

线、面、构造线。对于保证实体的一致性而言，冗余数据是多余的数据。

对于上述的破面和重复的线或面，需要对几何要素进行增删，然后用面体包络生成实体。对于冗余数据可以不做处理，也可以直接删除。

2. 几何简化

几何简化是根据有限元分析需求，对几何模型进行有目的的简化，以降低建模与求解的难度，提高计算效率。

有限元仿真分析目标是评估实际工程问题的力学特性，绝对的精度并非是有限元建模的唯一目标，同时也需要综合考虑分析效率，即在满足分析精度的前提下，可以尽量简化模型。但是需要注意的是，当模型需要与外界交流时，尤其交流对象不是行业专家时，无须过度简化，因为简化后，可能为了避免读者产生误解而需要做更多的解释工作。

几何模型简化主要有两个目的：一是降低模型规模，提高计算效率；二是可以更清晰地展示模型的内在机理。例如，对于一个分析目标无关的外部结构可以简化为一个质量点。

几何简化通常涉及两类特征：一是结构中与分析目标无关的微小特征，二是与分析无关且可以忽略的结构。

(1) 微小几何特征。实体模型进行布尔运算时，有时会产生一些微小的面或线，这些面或线不影响几何体的一致性，但是影响网格的划分效率和规模。微小面或者线段会使有限元网格模型局部的网格尺度变小，使其与周围网格尺度的差异增大，从而导致局部网格质量下降，甚至不能自动生成网格。

微小几何特征处理方式：当微小特征不影响分析精度时，可以抑制几何特征或者删除几何特征。处理时，需要注意保证实体的完整性。如图3-4所示的模型，经过分析发现结构的危险区域在A点附近，因此A点附近是建模重点考虑区域，而远离A点的局部微小特征对结构的强度和刚度没有影响，就可以考虑简化处理。

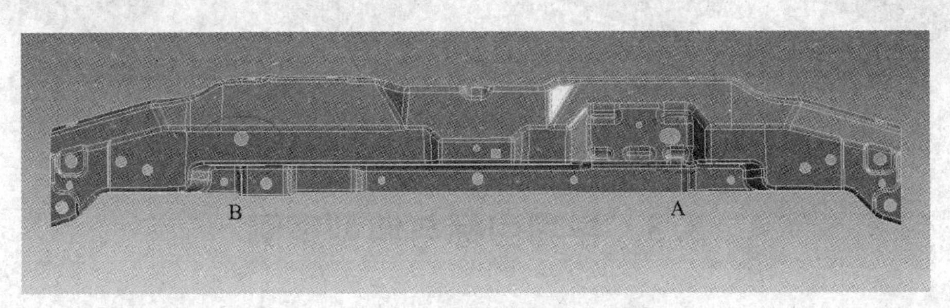

图3-4　与分析无关的微小特征

(2) 分析无关的结构。分析无关的结构根据建模的需要采用不同的方式处理。一是与关注区域分析结果无关且不影响有限元建模精度，这部分结构可以直接删掉。二是该部分结构影响结构内部力的传递，或者对于分析结果有影响，可以考虑利用其他建模方式代替。例如弹簧，当弹簧不是结构的风险点，就可以删掉弹簧几何模型，用弹簧单元直接代替；对于需要传递载荷轴承，可以直接利用圆环代替，如果还需要考虑轴承偏心的影响，建模方式就会比较复杂；对于频率很高的电机，在频率计算时利用质量单元代替(如图3-5所示)。

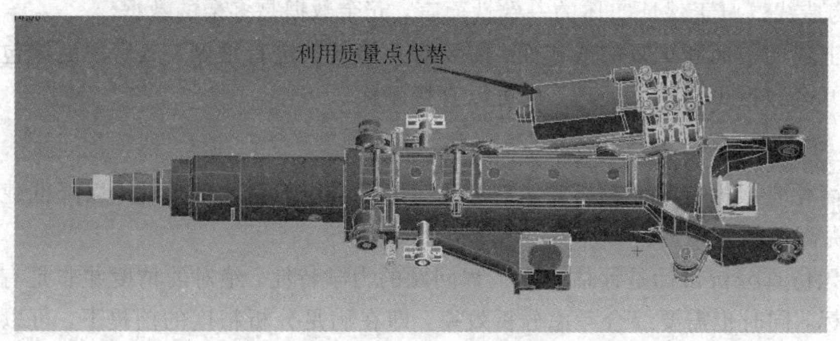

图 3-5　与分析结果无关的特征的处理方法

3.4.5　中面技术

中面技术是一种构建板壳类机构有限元模型的高效方法。对钣金类结构采用体网格建模时，模型的计算成本会非常高，若采用板壳单元分析，则模型计算效率大幅提高。此外，板壳模型在修改变更时非常方便，可以直接更新单元的板属性。中面技术在汽车结构分析和船舶结构分析中具有广泛应用。

例如，如图 3-6 所示的结构，采用两种方式建立分析模型，计算效率差异巨大。图 3-6(a)中体单元模型，包括 44 523 个节点、22 253 个单元，系统求解时间为 3.01 s；而图 3-6(b)中板单元，包括 2117 个节点、1992 个单元，系统求解时间为 0.45 s。

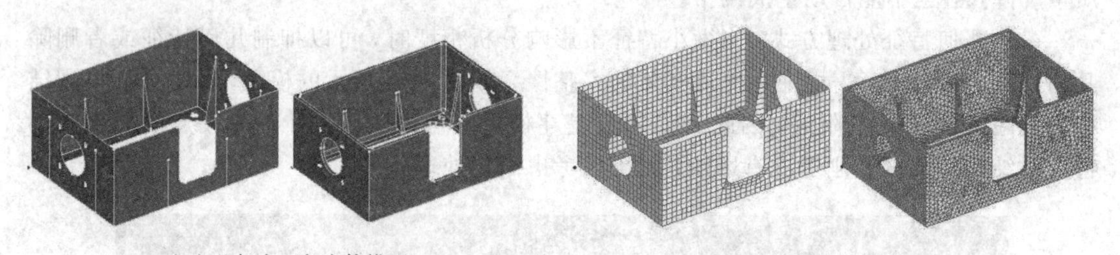

（a）几何中面与实体模型　　（b）网格模型

图 3-6　中面模型与板单元模型

3.5　学习目标与典型案例

3.5.1　学习目标

有限元中几何造型技术一般有独立建模和对几何模型局部处理两部分。

1. 第一阶段目标

(1) 了解几何建模基本方法。

(2) 了解有限元中几何模型的建立方式。

(2) 能够基于有限元软件建立一维、二维和三维模型。

(3) 能够运用布尔运算处理基本三维模型。

(4) 了解中面技术。

2. 第二阶段目标

(1) 了解基本实体建模内核及其主要特点。

(2) 基本能够建立相对复杂的几何模型。

(3) 能够添加曲面缝合面体为实体模型。

(4) 能够对几何模型的局部特征进行处理，以保证建模效率，如删除特征、断开/合并曲线、断开/合并曲面等。

(5) 能够抽取简单几何模型的中面。

3.5.2　典型案例介绍

典型的有限元前处理软件包括几何造型、几何模型简化与清理和几何模型修改与调整等功能。下面主要介绍几何建模、几何清理和抽中面等三个案例。

1. 简单几何体建模

基于仿真软件的几何建模模块，建立简单几何体。了解基于草图到实体模型的基本过程。

(1) 学习目标。

学习基于草图的建模方法。

(2) 问题简介。

如图 3-7(a)所示，模型厚度为 15 mm。

(3) 建模步骤。

直接打开 SCDM 或者从 Static Structural 中的 Geometry 中进入建模环境；以 xy 平面为工作平面；绘制 Ø60、Ø90 和 Ø100 圆，然后绘制构造线，定位 Ø12 的圆心；绘制 3 个 Ø12 圆和 3 个 R12 圆；Create Rounded Corner 命令建立 R15 圆弧；Trim away 命令删除无关的线段，构造草图如图 3-7(b)所示；Pull，高度为 15 mm；建立模型如图 3-7(c)所示。

(4) 分析结果。

建立几何模型如图 3-7(c)所示。

(5) 进阶练习。

建立如图 3-7(d)所示的进阶练习模型。

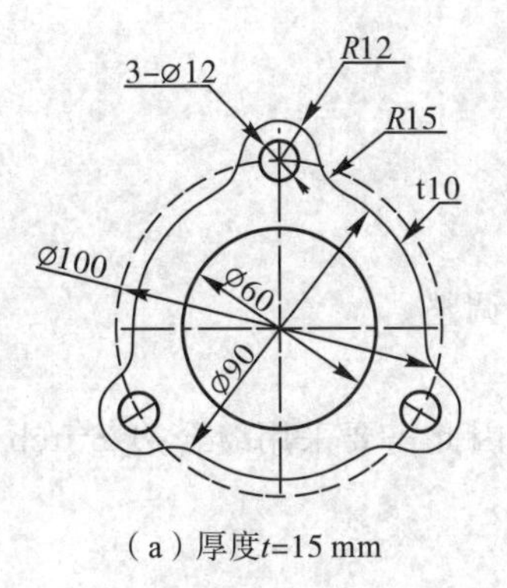

(a) 厚度t=15 mm

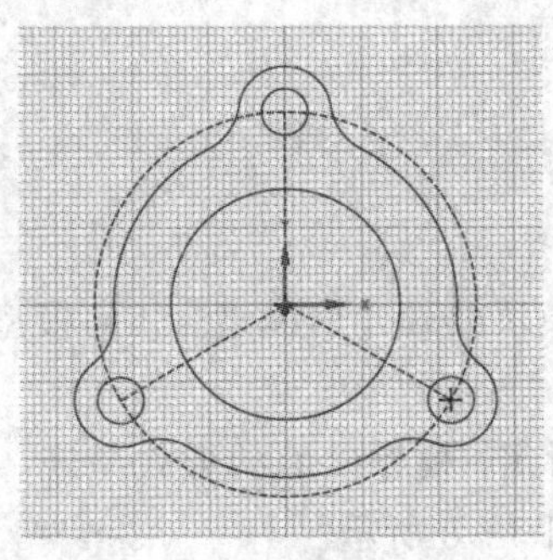
(b) 草图

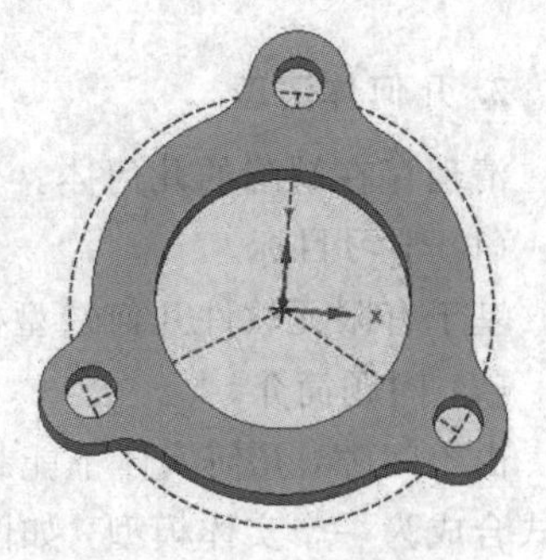
(c) 三维模型

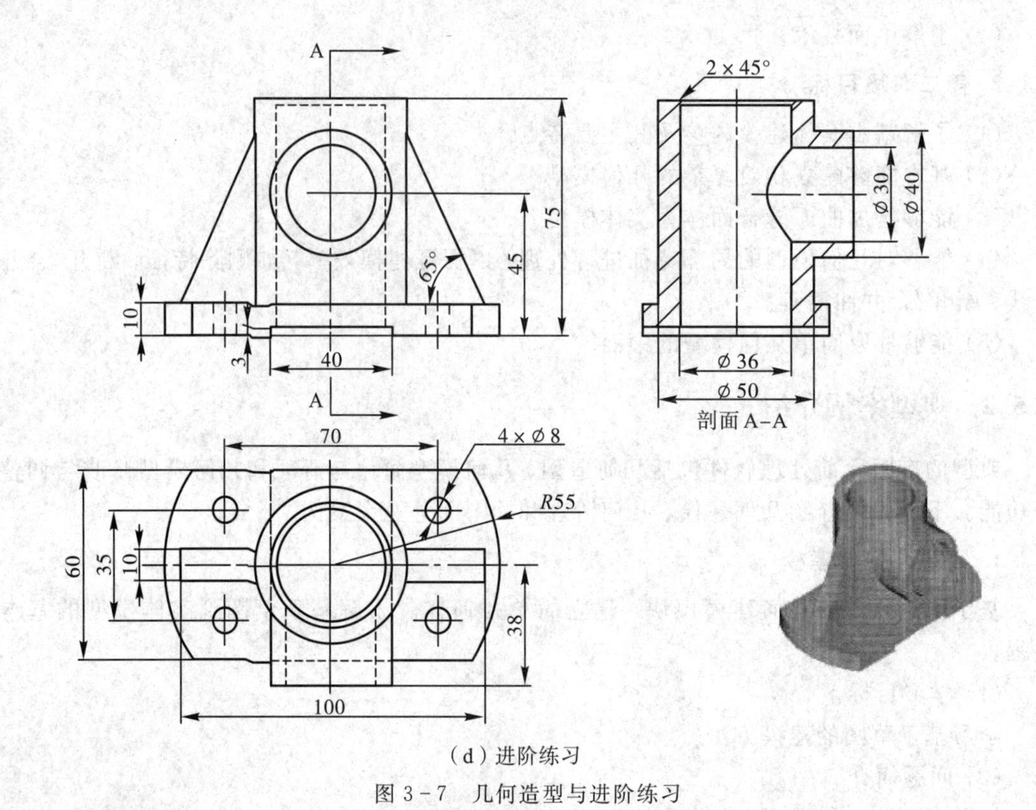

(d) 进阶练习

图 3-7　几何造型与进阶练习

(6) 点评分析。

有限元前处理软件建模逻辑基本一致。SpaceClaim 对于有限元建模可以进行比较好的支持；但存在的一个问题是 WorkBench 更倾向于基于几何模型建立有限元模型，因此在网格环节和几何处理环节有些割裂。

建模过程

操作视频

2. 几何体清理

清理存在缺陷的几何体。

(1) 学习目标。

基于有限元软件几何造型模块处理几何模型：几何模型调整。

(2) 问题简介。

由于间隙，几何实体不能封闭，模型以面的形式呈现。因此需要采用缝合边 Stitch 的形式合成为一个实体模型，如图 3-8 所示。

(3) 建模步骤。

选择 Static Structural 模块；导入几何体，观察几何体的基本特征(模型由六个面构成)；返回 Static Structural 模块，进入 Geometry 模块 SpaceClaim；选择 Repair 模块中 Stitch 命令，设置缝合容差 0.3 mm 缝合模型(大于间隙的距离)；重新进入 Model 模块 Mechanical，观察几何模型变为一个实体；分网。

(4) 分析结果。

通过 Stitch 命令，面体模型缝合为一个实体。

(5) 进阶练习。

建立载荷和约束，分析模型，并查看结果；学习处理几何模型的其他命令，如 Fix curves、Adjust 等命令。

(6) 点评分析。

几何体修补是有限元几何建模的关键功能。Stitch 功能的基本原则是检测模型边的间隙，模型的间隙通过容差控制。命令的内部处理方式是补充一个小面，然后缝合几何模型。

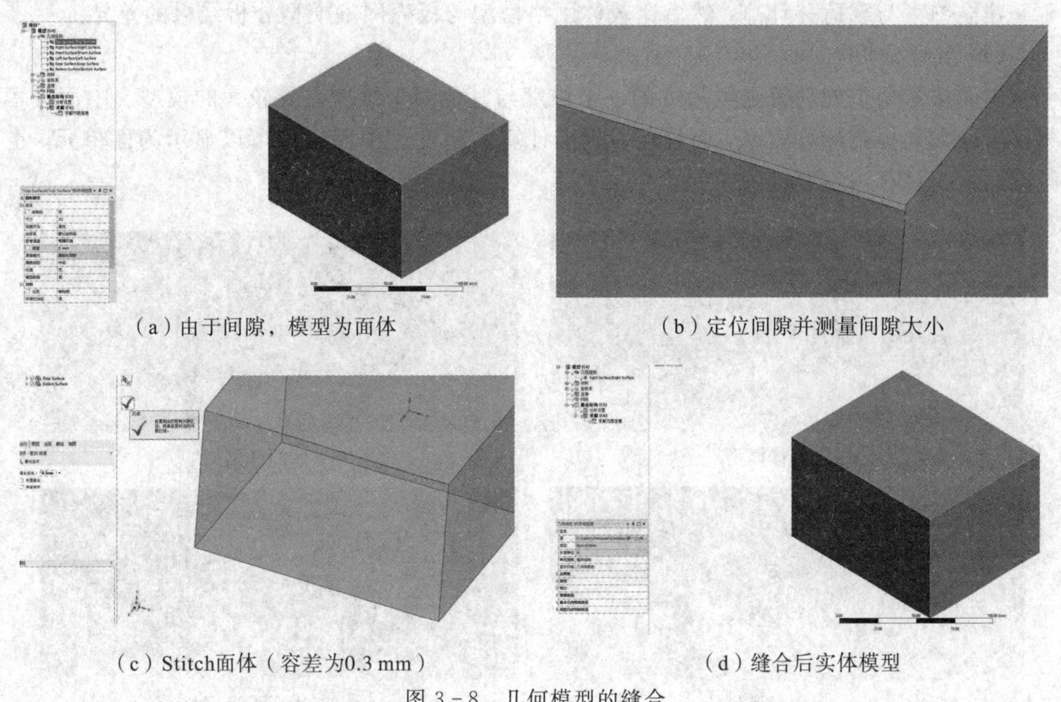

(a) 由于间隙，模型为面体　(b) 定位间隙并测量间隙大小

(c) Stitch面体（容差为0.3 mm）　(d) 缝合后实体模型

图 3-8　几何模型的缝合

建模过程

操作视频

3. 中面模型

板壳模型是有限元分析中的重要内容，在钣金产品设计时，3D 模型往往有厚度，因此需要把 3D 几何模型调整为曲面模型。

(1) 学习目标。

了解模型抽中面简化模型的方法。

(2) 问题简介。

抽取厚度为 2.5 mm 钣金模型的中面，建立中面模型如图 3-9 所示。

(3) 建模步骤。

选择 Static Structural 模块；导入几何体，观察几何体的基本特征(厚度方向与其他两个维度的尺度相差较大)；返回 Static Structural 模块，进入 Geometry 模块 SpaceClaim，选择 Prepare 模块中 Midsurface 命令；重新进入 Model 模块 Mechanical，观察几何模型变为一个曲面，曲面的厚度为 2.5 mm；分网。

(4) 分析结果。

四面体网格模型与四边形板壳网格模型如图 3-9(b)、(d)所示。

(5) 进阶练习。

建立约束与载荷并计算，然后比较体网格模型与板壳网格模型分析结果的差异。

(6) 点评分析。

中面技术用于处理钣金类尺寸的一个维度与其他两个维度差异较大的模型。中面技术不仅可以大幅提高计算效率，而且可以提高计算的精度。中面模型可以显示为面单元，也可以显示为具有一定厚度的单元。

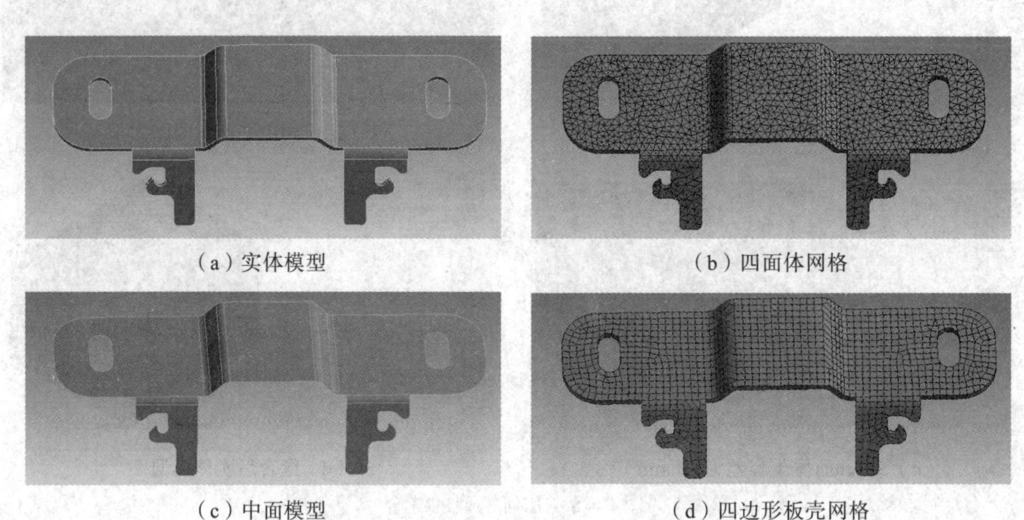

(a) 实体模型　(b) 四面体网格

(c) 中面模型　(d) 四边形板壳网格

图 3-9　中面模型

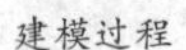

建模过程　操作视频

第4章　材　　料

本章导读

材料是结构的物理组成部分，材料特性决定了结构的基本力学特性。材料特性在有限元中以材料本构方程的形式出现，表达形式为应力和应变曲线。线弹性材料是一种理想材料假设，认为应力和应变为线性函数关系。而非线性则是材料的一般特征，以金属材料为代表的塑性材料和以橡胶为代表的超弹性材料是两种应用广泛的非线性材料。

学习重点

(1) 线弹性材料及其参数。

(2) 材料拉伸试验、标准和拉伸曲线。

(3) 真实应力应变曲线与工程应力应变曲线的区别。

(4) 典型非线性材料。

思维导图

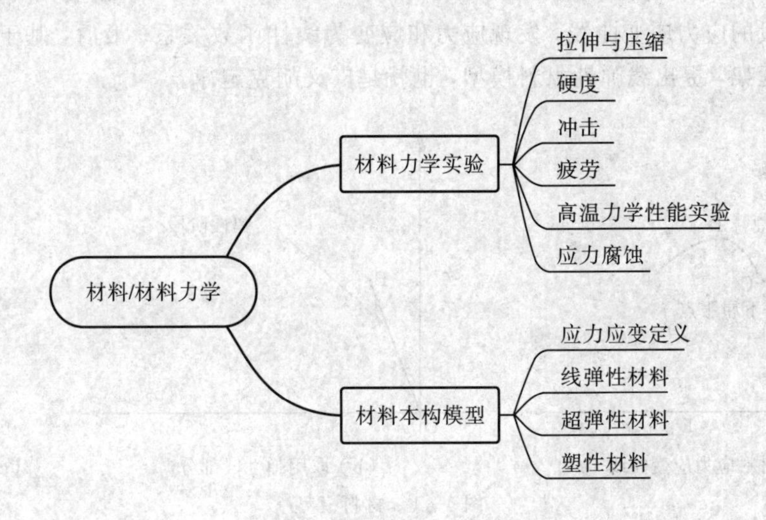

4.1　材料与材料模型

材料是物质世界的基本构成要素，为人类生存和发展提供了必要的物质基础。材料的种类多种多样，典型的有金属材料、非金属材料和高分子材料等。结构材料以材料的力学性能为基础，构建满足人类各种需求的结构，如建筑、飞机、轮船等。材料的力学性能是指材料的宏观力学性能，如弹性、塑性、硬度、抗冲击性能等。

材料力学性能指标与材料的化学组成、晶体点阵、晶粒大小、加工方式、外力特性(静力、动力、冲击力等)、温度等一系列材料本身和材料的加工历史有关。随着对材料性能的深入研究，针对不同的需求，研究者给出了一系列材料性能指标，这些力学性能指标通常需要按照有关标准规定的方法和程序，用相应的试验设备和仪器测出。

材料的力学性能应用在有限元中就是材料模型，称为本构方程(Constitutive Equation)或者物理方程，该方程是描述连续介质变形的参量与描述内力的参量联系起来的一组关系式。在有限元中使用的材料模型，材料的变形参量为应变，内力参量为应力，材料的本构方程就是应力应变函数关系，是实际材料应力应变曲线的理论近似。建立本构关系时，为保证理论的正确性，须遵循一定的公理，即本构公理。例如，纯力学物质的本构公理有确定性公理(物体中的物质点在时刻 t 的应力状态由物体中各物质点的运动历史唯一确定)、局部作用公理(物体中的物质点的应力状态与离开该物质点有限距离的其他物质点的运动无关)和客观性公理(物质的力学性质与观察者无关)三种。

为满足不同的建模分析需求，人们提出了各种材料模型，应用最多的是针对金属材料的线弹性材料和塑性材料，针对高分子材料和橡胶的黏弹性和超弹性材料模型。根据应力应变之间的函数关系，分为线弹性材料模型和非线性材料模型。

材料模型从本质上讲是对材料抵抗变形能力的数学描述。图 4-1 给出了典型材料模型的提出过程。首先，基于试验过程，获取材料在载荷作用下的变形规律，基于弹性力学中应力分析框架，变换为应力和应变曲线；然后，根据分析需求(如强度计算)，关注材料弹性变形阶段的应力应变曲线，发现应力和应变为线性函数关系；最后，基于连续介质力学理论分析框架，提出线弹性材料模型，也就是广义胡克定律。

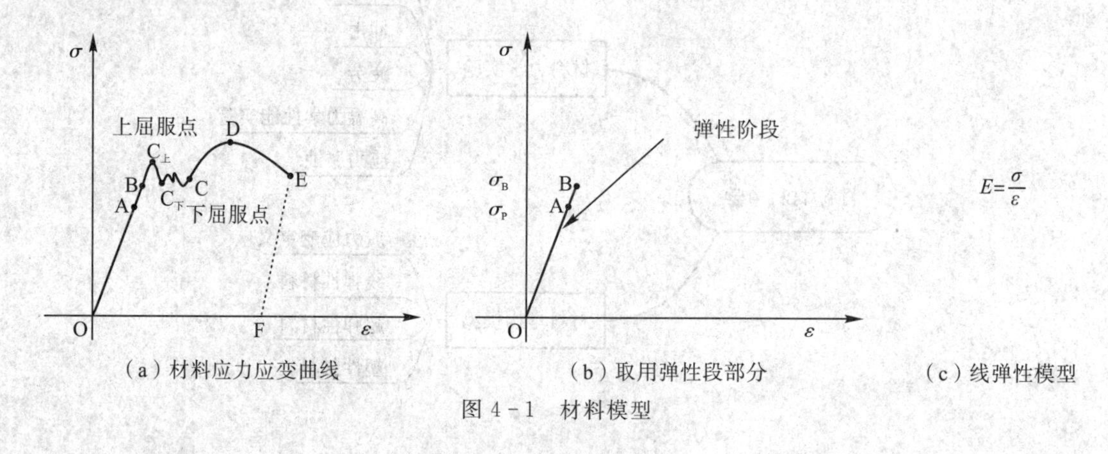

(a) 材料应力应变曲线　(b) 取用弹性段部分　(c) 线弹性模型

图 4-1　材料模型

对材料模型深入研究，大幅度拓展了有限元应用的领域，使材料研究、结构力学性能、多物理场耦合仿真等成为有限元的重点应用领域，也使得有限元技术成为探索物理世界的一个有力工具。

4.2　材料力学性能试验

常用的材料力学性能测试主要包括：拉伸与压缩试验、扭转试验、弯曲试验、冲击试验、疲劳性能试验等。此外，还有应用于环境下力学性能测试的应力腐蚀试验、高低温力学性能试验等。

4.2.1　拉伸与压缩试验

拉伸试验是指在承受轴向拉伸载荷下测定材料特性的试验方法。利用拉伸试验得到的数据可以确定材料的弹性模量、泊松比、伸长率、断面收缩率、抗拉强度、屈服强度和其他拉伸性能指标。

金属拉伸试验国家标准主要包括：《金属材料 拉伸试验第 1 部分：室温试验方法》(GB/T228.1—2010)、《金属材料 拉伸试验第 2 部分：高温试验方法》(GB/T228.2—2015)、《金属材料 单轴拉伸蠕变试验方法》(GB/T2039—2012)、《金属材料 弹性模量和泊松比试验方法》(GB/T22315—2008)等。

典型拉伸试验过程：试样制备，原始横截面积测定，原始标距标记，实验设备准备，设定试验力零点，试样夹持，加载测试，试验数据处理，生成测试报告等。

压缩试验是拉伸试验的反向加载，压缩试验是测定材料在轴向静压力作用下的力学性能的试验，是材料机械性能试验的基本方法之一。试样破坏时的最大压缩载荷除以试样的横截面积，称为压缩强度极限或抗压强度。压缩试验主要适用于脆性材料，如铸铁、轴承合金和建筑材料等。对于塑性材料，难以测出压缩强度极限，主要是塑性材料在压应力状态下可以实现较大变形。与拉伸试验相似，压缩试验可以得到压缩曲线。

图 4-2 为典型塑性材料低碳钢和脆性材料铸铁的拉伸与压缩曲线。

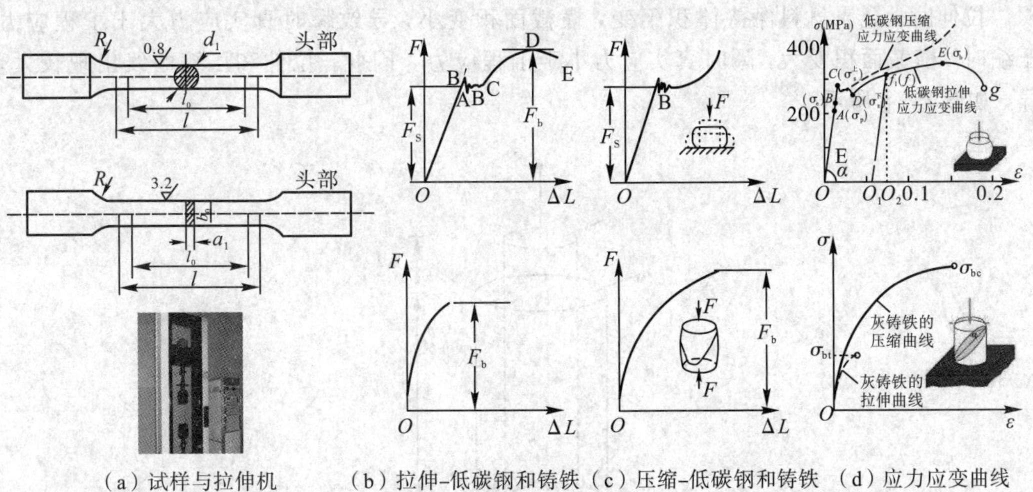

(a) 试样与拉伸机　　(b) 拉伸-低碳钢和铸铁 (c) 压缩-低碳钢和铸铁 (d) 应力应变曲线

图 4-2　材料拉伸曲线

图 4-3 给出了典型金属材料的拉伸曲线，从图中可以得到材料的基本力学性能参数。需要注意的是，拉伸曲线的弹性部分的斜率不一定代表弹性模量，在最佳条件下(高分辨率、双侧平均引伸计、试样同轴度好等)弹性部分的斜率与弹性模量值才会非常接近。

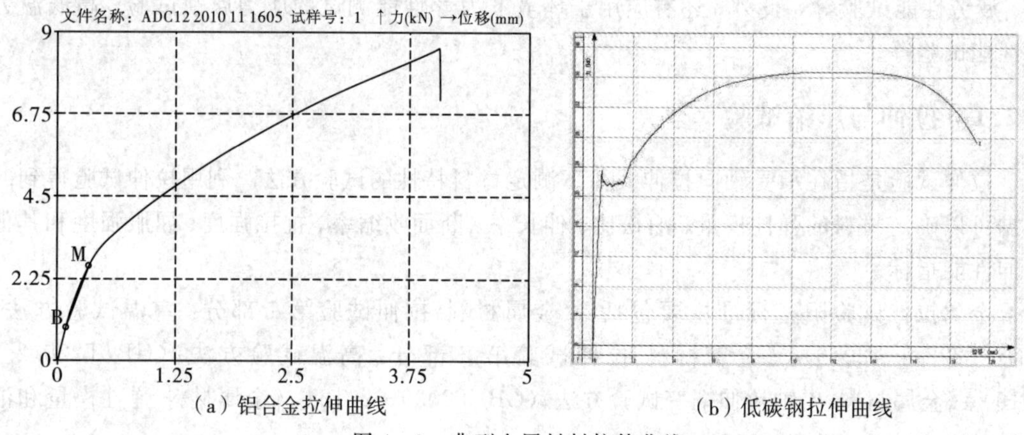

（a）铝合金拉伸曲线　　（b）低碳钢拉伸曲线

图 4-3　典型金属材料拉伸曲线

4.2.2　应力应变曲线

工程应力应变曲线是材料拉伸试验测试后得到的材料曲线。y 轴为工程应力 $\sigma_{en}=F/A_0$，x 轴为工程应变 $\varepsilon_{en}=\Delta l/l_0$。典型的塑性材料应力-应变曲线包括四个阶段：弹性、屈服、塑性强化和缩颈断裂。

从图 4-2 的应力和应变曲线中可以发现：相同材料的拉伸和压缩过程的应力应变曲线存在差异，在弹性阶段和初始屈服阶段，两者基本吻合，而在塑性强化阶段之后，两者产生较大不同。差异源于工程应力和工程应变基于初始构型计算，即初始的长度和截面积。拉伸时，金属材料保持体积不变，横截面积变小，导致瞬时真实应力大于工程应力；压缩时，横截面积变大，瞬时真实应力小于工程应力。因此，拉伸和压缩曲线出现较大差异，如图 4-4 所示。

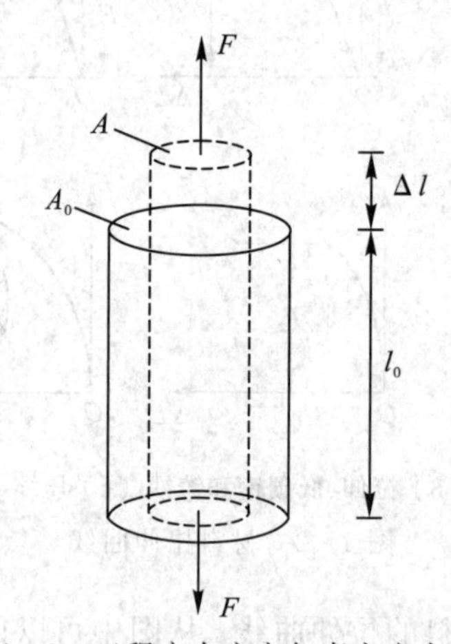

4-4　工程应力应变与真实应力应变

真实应力 σ_{tr} 和真实应变 ε_{tr} 与工程应力 σ_{en} 和工程应变 ε_{en} 的换算式如下：

$$\sigma_{tr}=\frac{F}{A}$$

$$\varepsilon_{tr}=\ln\left(\frac{l}{l_0}\right)$$

$$\sigma_{tr}=\sigma_{en}(1+\varepsilon_{en})$$

$$\varepsilon_{tr}=\ln(1+\varepsilon_{en})$$

经过换算后，材料的拉伸和压缩应力应变曲线理论上保持一致。需要注意的是，材料进入缩颈阶段后，材料变形不是均匀变形，而是局部变形，因此，缩颈阶段后的数据也需要进行相应调整，才能够正确建立材料应力与应变的关系。

在非线性分析中，往往基于当前构型计算应力，因此需要使用真实应力和真实应变曲线，而非工程应力应变曲线，工程应力应变曲线和真实应力应变曲线如图 4－5 所示。

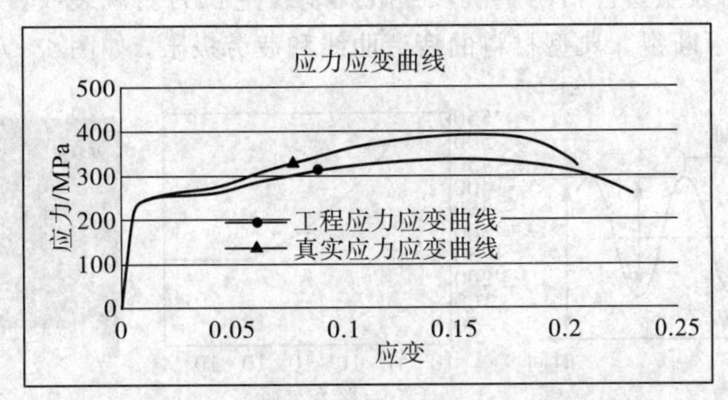

图 4－5　工程应力应变曲线和真实应力应变曲线

4.2.3　其他力学性能与测试

除拉伸试验之外，结构分析中常用的力学参数有：硬度、冲击特性、疲劳特性、高温材料特性和应力腐蚀特性等。

实际上，上述每个材料力学性能参数都涉及有限元分析的一个应用领域。正是由于对这些材料力学特性的深入研究，使得有限元技术成为一个强大的力学分析工具。

1. 扭转、弯曲、剪切试验

(1) 扭转、弯曲和剪切试验是测定材料力学性能的基本试验。

(2) 扭转试验测定材料的抵抗扭转变形的能力。

(3) 弯曲试验测定材料承受弯曲载荷时的力学特性。

(4) 剪切试验测定材料抵抗剪切力的能力。

2. 硬度

硬度用来表征固体材料抵抗局部变形的能力，反映材料的软硬程度。硬度是材料弹性、塑性、强度和韧性的综合指标。硬度测试方法有压入法和划痕法，根据加载力的方式分为静态力和动态力测试法。布氏硬度、洛氏硬度、维氏硬度和显微硬度为静态力测试硬度，肖氏硬度、里氏硬度和锤击布氏硬度为动态力测试硬度。

3. 冲击

冲击试验是利用能量守恒原理，将具有一定形状和尺寸的带有 V 型或 U 型缺口的试样，在冲击载荷作用下冲断，以测定其吸收能量的一种试验方法。材料抵抗冲击载荷的能力称为材料的抗冲击性能。冲击载荷是指以较高的速度施加到零件上的载荷，相对于静载荷而言，冲击载荷加载速度远大于静载荷，冲击载荷引起的应力和变形程度要远大于静载荷。冲击试验对材料的缺陷很敏感，能灵敏地反映出材料的宏观缺陷和显微组织的微小变化。

4. 疲劳

疲劳是指材料、零件和构件在循环加载下，在某点或某些点产生局部的永久性损伤，并在一定循环载荷后形成裂纹、或使裂纹进一步扩展直到完全断裂的现象，疲劳试验如图4-6所示。疲劳本质上是交变载荷的作用下的结构中裂纹的形成和扩展(稳定扩展和失稳扩展)过程。疲劳断裂主要包括三个阶段：微观裂纹生长为宏观裂纹、宏观裂纹增大至临界长度和峰值载荷下断裂。典型材料的疲劳曲线和疲劳极限，如图4-7所示。

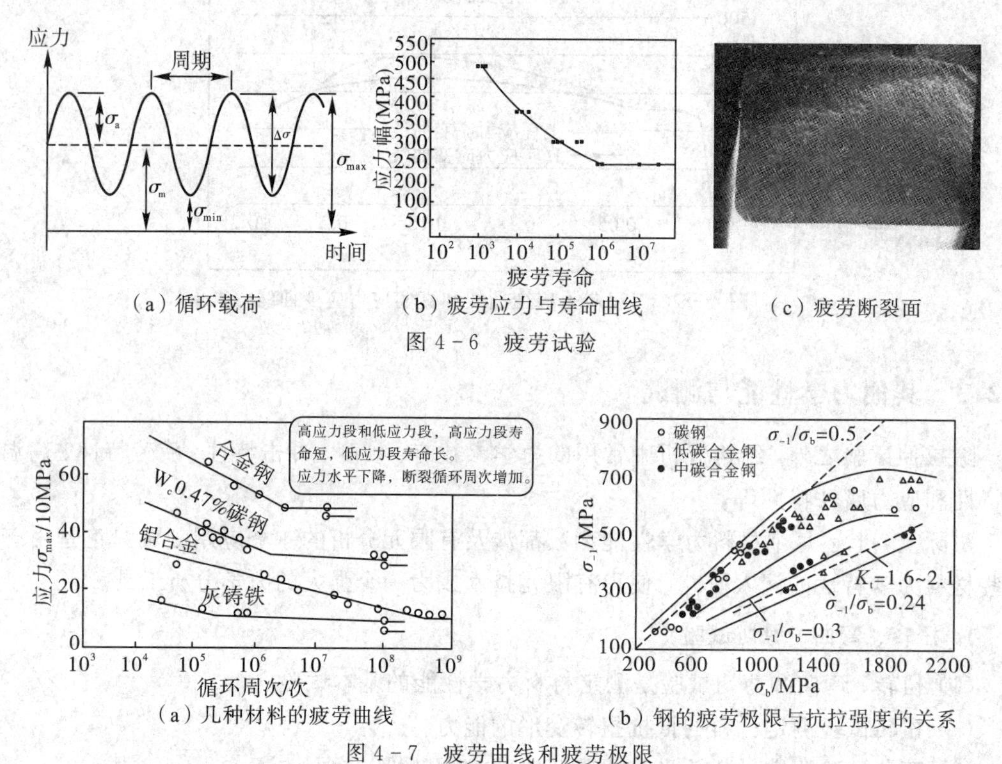

(a) 循环载荷　(b) 疲劳应力与寿命曲线　(c) 疲劳断裂面

图4-6　疲劳试验

(a) 几种材料的疲劳曲线　(b) 钢的疲劳极限与抗拉强度的关系

图4-7　疲劳曲线和疲劳极限

疲劳一般分为高周疲劳和低周疲劳。高周疲劳(高循环疲劳)作用于零件、构件的应力水平较低，破坏循环次数一般高于$10^4\sim10^5$，弹簧、传动轴等的疲劳属此类。低周疲劳(低循环疲劳)作用于零件、构件的应力水平较高，破坏循环次数一般低于$10^4\sim10^5$的疲劳，如压力容器、燃气轮机零件等的疲劳。

实践表明，疲劳寿命分散性较大，因此需要基于统计分析方法，研究零件在既定应力循环下的存活率(即可靠度)问题。具有存活率p(如95%、99%、99.9%)的疲劳寿命N_p的含义是：总体中有p的个体的疲劳寿命大于N_p，而破坏概率等于(1-p)。常规疲劳试验得到的S-N曲线是p=50%的曲线。对应于各存活率p的S-N曲线称为p-S-N曲线。

5. 高温力学性能测试

金属材料在高温下的力学性能与室温下的力学性能有很大不同，高温下影响因素更复杂。金属材料的高温力学性能主要包括高温蠕变、松弛、高温疲劳、高温短时拉伸性能和高温硬度等。

6. 应力腐蚀

应力腐蚀是指材料、机械零件或者构件在静应力(主要是拉应力)和腐蚀的共同作用下产生的失效现象，应力腐蚀断裂如图4-8所示。

(1) 应力腐蚀产生的条件。敏感的金属材料，特定的腐蚀介质和足够大的应力。

(2) 应力腐蚀的特征。典型的滞后破坏，裂纹为晶间型、穿晶型和混合型，裂纹扩散速度比均匀腐蚀快，低应力脆性断裂。

应力腐蚀的断裂过程与材料、介质、应力有关，短则几分钟，长则可达数年。

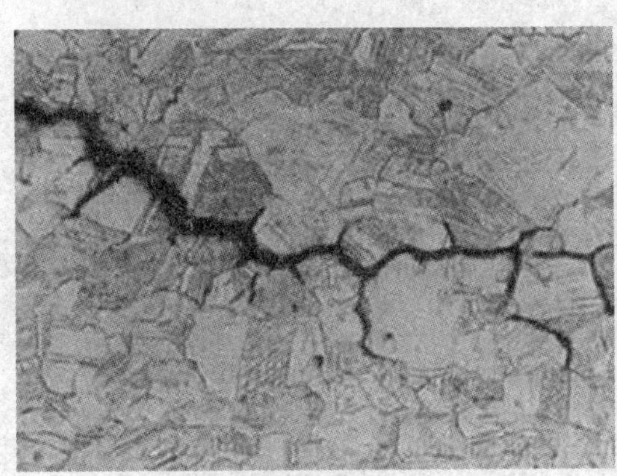

(a) 沿晶断裂

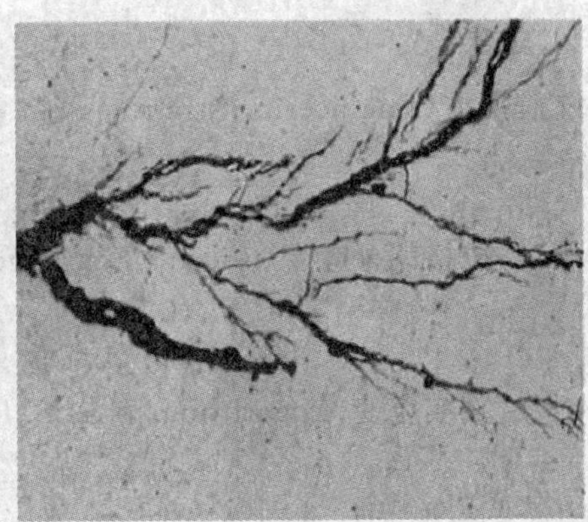

(b) 穿晶断裂

图4-8　应力腐蚀断裂

4.3　材料模型

有限元中有丰富的材料模型用来描述各类材料的力学性能。材料模型的丰富程度，在一定程度上代表了有限元软件处理问题的范围和能力。Abaqus因为其UMAT子程序具有强大的功能，而受到大量学者的青睐；Ls-dyna中材料模型支持各种非线性分析，也是复杂问题研究时的优选软件。

4.3.1　应力应变

在结构有限元中，材料模型描述了应力和应变之间的函数关系。小变形时，应力和应变基于变形前构型描述。但是，在大变形问题中，应力应变定义发生显著变化。在此不准备过多引入复杂的概念和符号，而是简单介绍一下基本内容，如果需要深入了解的话，可以参考连续介质力学理论中大变形分析中应力应变的严格定义。

结构有限元中，一般分为小位移小变形问题、大位移(转动)小变形问题和大位移大变形问题等三类。

1. 应力定义

工程应力(engineering stress)：

$$\sigma=\frac{F}{A_0}$$

柯西应力(Cauchy stress)：

$$\tau=\frac{F}{A}$$

第二类 P－K 应力(2nd Piola－Kirchhoff stress)：

$$S=\frac{F}{A_0}\frac{l_0}{l}$$

基尔霍夫应力(Kirchhoff stress)：

$$J\tau=\frac{F}{A_0}\frac{l}{l_0}$$

2. 应变定义

工程应变(Engineering strain)：

$$e_0=\frac{l-l_0}{l_0}$$

格林-拉格朗日应变(Green－Lagrange strain)：

$$\varepsilon=\frac{1}{2}\frac{l^2-l_0^2}{l_0^2}$$

对数/真实应变(Logarithmic strain，Hencky strain，Jaumann strain)：

$$e=\ln\left(\frac{l}{l_0}\right)$$

3. 应力应变选用

材料模型根据不同的分析架构，选用不同的应力和应变描述建立本构方程。

线弹性材料模型，在小变形小位移分析时

$$\sigma=Ce$$

式中，σ 为工程应力，e 为工程应变。

在大位移小变形分析中

$$S=C\varepsilon$$

式中，S 为第二类 P－K 应力，ε 为格林-拉格朗日应变。

4.3.2 线弹性材料模型

线弹性材料用来描述材料拉伸曲线中的弹性段，由于弹性段的应力和应变为线性函数关系，因此称为线弹性材料模型。根据是否考虑各向同性和温度的影响，线弹性材料模型又分为各向同性线弹性材料模型、各向异性线弹性材料模型和依赖于温度的线弹性模型。

由于线弹性材料需要满足小应变的要求，因此，线弹性材料模型一般应用于小位移小应变静力学或者大位移小应变运动学分析。

1. 各向同性线弹性材料

各向同性线弹性材料模型中，本构关系矩阵 $\boldsymbol{C}$，基于弹性模型 E 和泊松比 ν 定义。弹性模量、泊松比、剪切模量三个参数之间存在函数依赖关系$G=\frac{E}{2(1+\nu)}$。

2. 各向异性线弹性材料

各向异性线弹性材料模型用于描述材料不同方向具有不同的应力应变关系，即各方向的弹性模量和泊松比不完全相同。

3. 依赖于温度的线弹性材料

材料的弹性模量依赖于温度，随温度的变化而变化。在各向同性和各向异性线弹性材料模型中均可考虑温度的影响。

4.3.3 超弹性材料模型

超弹性是一种非线性材料模型。非线性材料模型是指材料应力与应变的非线性函数关系，表现在应力应变曲线上是一条高阶曲线。超弹性材料模型用于描述如橡胶的超弹性材料。

常见模型是基于应变能函数的唯象材料模型，如Mooney-Rivlin模型、Yeoh模型等。

Mooney-Rivlin模型可以模拟大部分橡胶材料的力学行为。Mooney-Rivlin模型有多种表达形式，有二参数、三参数、五参数和九参数的Mooney-Rivlin模型。二参数Mooney-Rivlin模型表达式为

$$W=C_{10}(I_1-3)+C_{01}(I_2-3)$$

式中，C_{10}、C_{01}为橡胶的Mooney-Rivlin材料参数，一般可通过材料拉伸、双向拉伸、剪切等试验数据拟合得到。

需要说明的是：材料实验数据越详细，拟合材料参数越准确；拟合参数所用数据的范围最好与分析模型的变形范围相匹配。例如实验数据的变形范围是0到500%，而仿真模型中材料的变形范围不超过50%，此时，用于拟合材料参数的实验数据控制在100%以内比较准确。

4.3.4 塑性材料模型

1. 基本概念

塑性材料模型需要考虑材料拉伸曲线中塑性材料屈服、应变强化以及加载和卸载规律等现象，因此塑性材料本构模型远比线弹性材料模型复杂。

在弹塑性理论中有三个准则：屈服准则、硬化/强化准则和流动准则。

(1) 屈服准则。屈服准则描述材料内一点达到塑性状态时应力分量间应具备的数量关系，用来定义初始屈服面和后继屈服面的大小和形状。常用的屈服准则主要有Von Mises屈服准则、Hill屈服准则和广义Hill屈服准则。金属材料本构建模中Von Mises屈服准则应用最为广泛。

(2) 强化准则。强化准则用于描述后继屈服面在应力空间的演化规律。强化准则主要有等向强化、随动强化和混和强化。等向强化也称各向同性强化，是指加载过程中后继屈服曲面在应力空间中做形状相似的均匀膨胀，并且中心位置保持不变。随动强化也称运动强化，是指后继屈服面的大小和形状不变，但中心位置发生刚性位移。混合强化是指综合

考虑等向强化和随动强化，如图 4－9 所示。

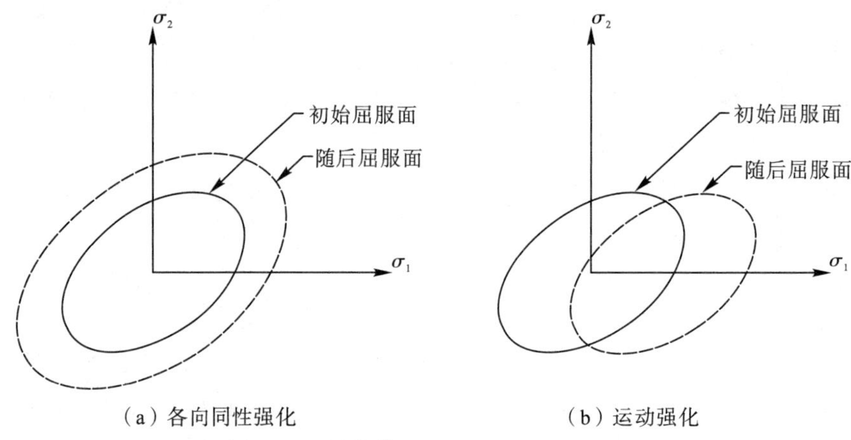

（a）各向同性强化　　（b）运动强化

图 4－9　强化模型-Ansys theory manual

（3）流动准则。流动准则是在加载时产生的塑性应变增量的方向，即确定各塑性应变增量分量之间的比例关系。流动准则主要有相关流动法则和非相关流动法则。

2. 塑性材料模型

在有限元分析中，常见的塑性材料模型有双线性等向强化材料模型、多线性等向强化材料模型、双线性随动强化材料模型、多线性随动强化材料模型和各向异性强化材料模型。典型的塑性材料模型如图 4－10 所示。

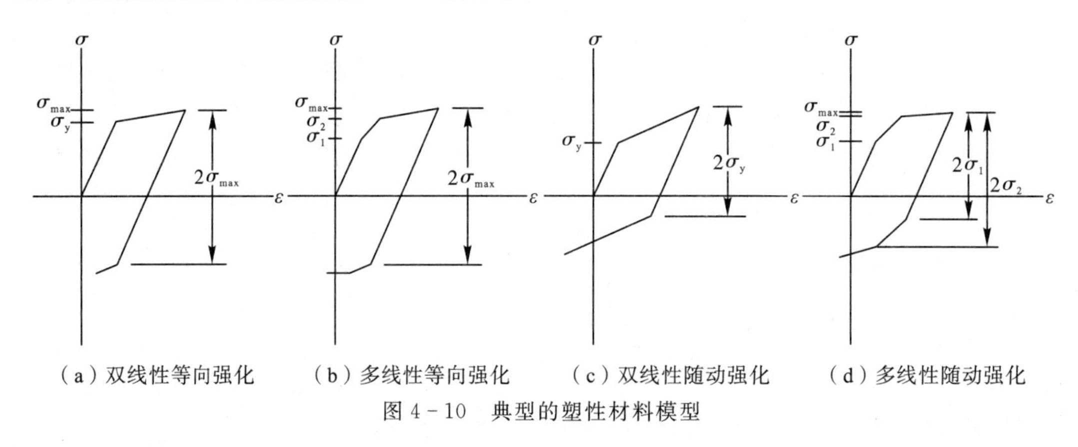

（a）双线性等向强化　（b）多线性等向强化　（c）双线性随动强化　（d）多线性随动强化

图 4－10　典型的塑性材料模型

双线性随动强化材料模型使用双斜率曲线（弹性斜率和塑性斜率双线性曲线近似应力应变曲线）、Von Mises 屈服准则和随动强化模型描述材料特性。双线性随动强化材料模型，可以再现鲍辛格效应，可以用于大多数金属材料的本构建模。材料模型中输入参数为屈服应力和切线模量。

双线性等向强化材料模型使用双斜率曲线（弹性斜率和塑性斜率双线性曲线近似应力应变曲线）、Von Mises 屈服准则和等向强化模型描述材料特性，广泛应用于金属材料的本构建模。材料模型中输入参数为屈服应力和切线模量。

多线性是指采用折线方式模拟材料拉伸曲线。双线性和多线性材料模型如图 4－11 所示。

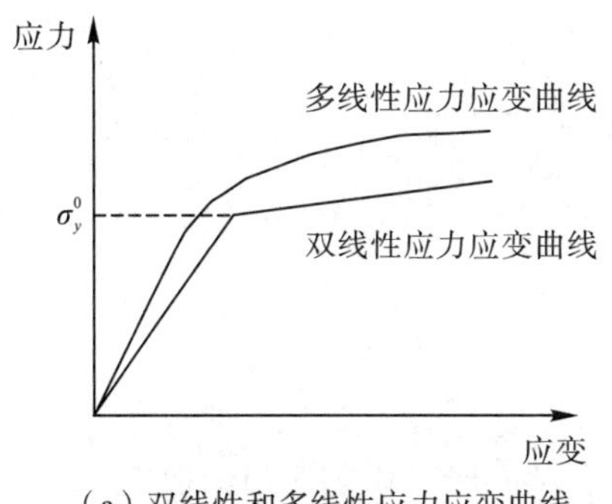

（a）双线性和多线性应力应变曲线

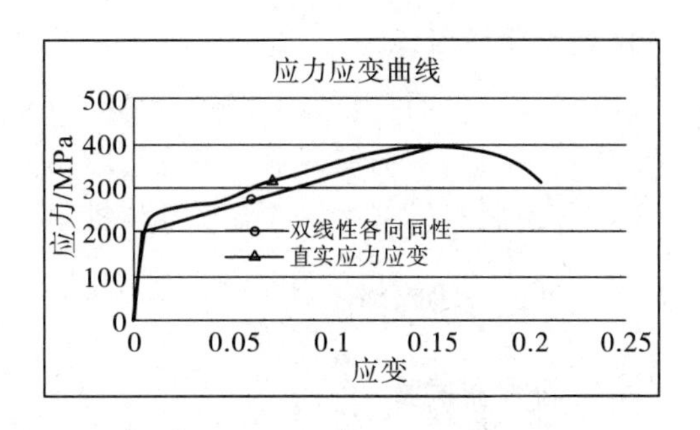

（b）材料拉伸曲线与双线性材料模型近似

图 4-11　双线性和多线性材料模型

4.3.5　唯象材料模型与考虑物理机理的模型

唯象理论(Phenomenology)是指物理学中解释物理现象时，不用其内在原因，而是用概括试验事实而得到的物理规律。唯象理论是试验现象的概括和提炼，没有深入解释的作用。唯象理论对物理现象有描述与预言功能，但没有解释功能。如材料模型中的线弹性模型，仅仅是对于物理现象的函数表达。

除了唯象模型之外，还有一类从材料的细观尺度上的内在机理出发，描述材料的力学性能，如晶体塑性理论。晶体塑性理论从晶体材料的位错出发，分析材料在宏观载荷作用下的晶体结构的变形和演化过程。

4.4　学习目标与典型案例

4.4.1　学习目标

1. 第一阶段目标

（1）了解材料应力应变曲线和典型材料力学性能参数。

（2）了解脆性材料和塑性材料强度计算及许用应力计算依据。

（3）基本了解材料典型力学性能测试试验。

（4）熟练使用线弹性材料模型，能够建立并修改材料模型参数。

（5）了解基本金属材料的弹性力学参数，如 E、ν、G 等。

（6）了解选用不同材料对于结构的刚度和强度的影响规律。

2. 第二阶段目标

（1）能够建模仿真拉、压、弯、扭典型试验过程的弹性变形过程。

（2）理解从材料拉伸试验曲线到材料模型的建模逻辑。

（3）了解材料疲劳、冲击现象及其与静力学计算的区别。

（4）了解塑性材料的力学特征和基本材料模型。

（5）能够基于典型数据建立双线性材料模型，理解材料非线性的含义。

3. 高级阶段目标

(1) 了解典型的材料力学性能参数间相互联系。

(2) 了解材料本构模型基本理论与应用。

(3) 了解材料模型中的唯象模型与机理模型等。

4.4.2 典型案例介绍

1. 材料拉伸试验

基于国家标准建立几何模型,并进行有限元分析,对比计算数据与理论数据。

(1) 学习目标。

拉伸试验是基本的材料力学性能试验。了解材料拉伸试件的基本结构,基于仿真模型计算弹性阶段的应力、应变和变形。

(2) 问题简介。

拉伸试件几何模型如图 4-12 所示,结构一端固定,另一端施加轴向力 $F_n=1000$ N。所选材料为钢,弹性模量为 210 GPa,泊松比为 0.3,密度为 7.85×10^3 kg/m^3。

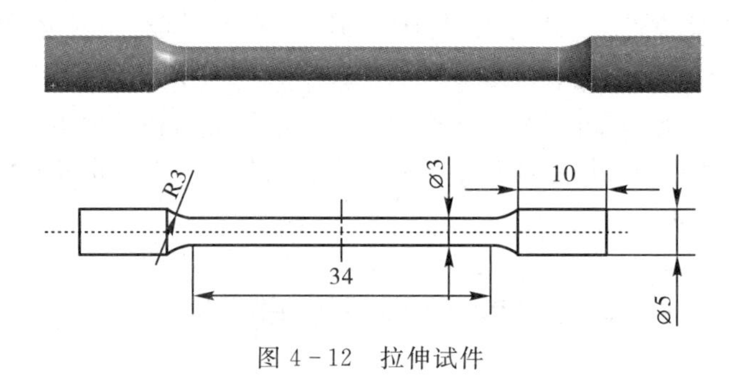

图 4-12 拉伸试件

(3) 建模步骤。

选择 Static Strucral 模块;导入几何体;设置单位制;新建材料为钢,设置弹性模量为 210 GPa,泊松比为 0.3,密度为 7.85×10^3 kg/m^3;零件材料设置为钢;分网为六面体网格;选中约束区域施加固定支撑;选中载荷区域,施加 $F_n=1000$ N;设置输出数据:等效应力、轴向应力和位移;求解;后处理查看结果数据。

(4) 分析结果。

最大等效应力为 150.32 MPa,标距内应力为 141.47 MPa。标距内伸长量为 0.023 mm。标距内理论应力为 141.47 MPa,理论伸长量为 0.0229 mm,分析结果如图 4-13 所示。

(5) 进阶练习。

新建材料为铝,查看变形量和应力的变化;研究材料密度对于分析结果的影响。

(6) 点评分析。

理论上轴向应力并不等于等效应力,在单向应力状态时,单向应力与等效应力相等。

最大应力区域出现在截面的粗细过渡区域,可以发现该处的最大应力增大。为什么直径变大应力也增大呢?这主要是因为应力集中导致的截面上应力分布不均所致。

准确取数据的区域应该远离应力突变区域,即取样点应当距离尺寸突变处 1~2 个直径的距离。

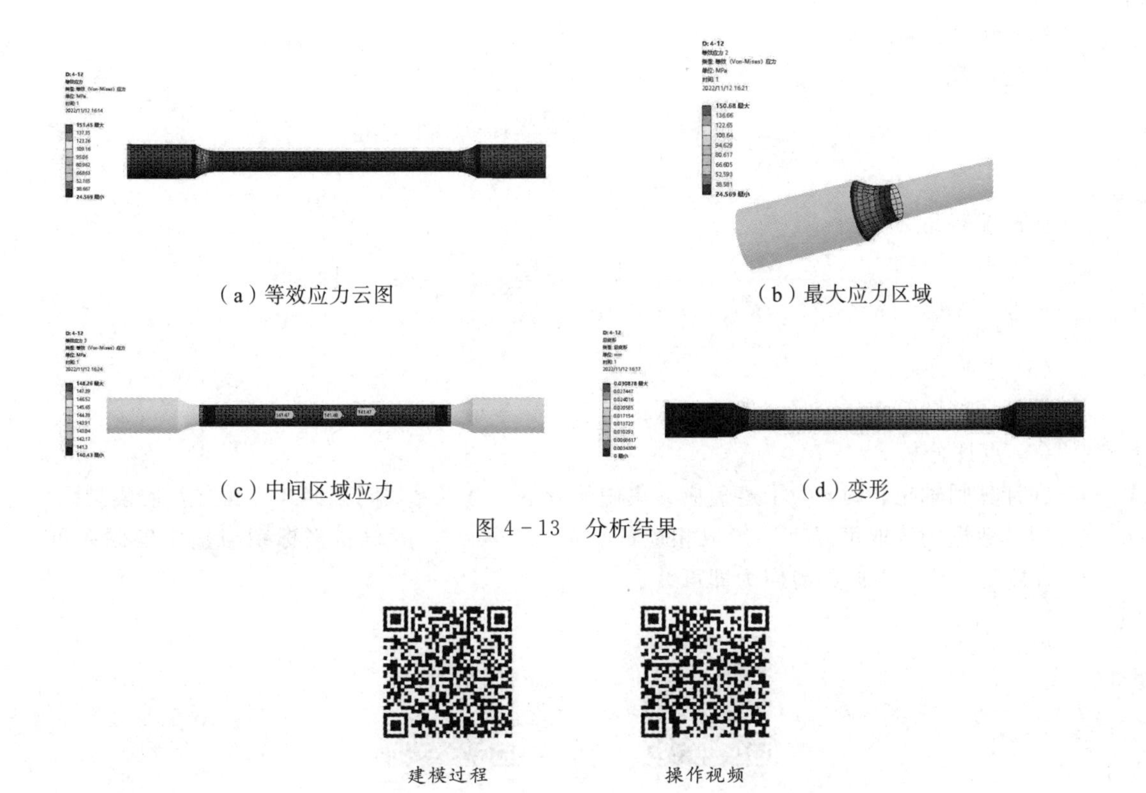

（a）等效应力云图　　（b）最大应力区域

（c）中间区域应力　　（d）变形

图 4－13　分析结果

建模过程　　操作视频

2. 圆柱扭转分析

（1）学习目标。

圆柱扭转分析，研究圆柱剪应力与剪切变形，并与理论数据进行对比。

（2）问题简介。

圆柱一端固定，一端施加扭矩 50 N·m，边界条件如图 4－14 所示。材料为钢，弹性模量为 200 GPa，泊松比为 0.3，密度为 7.85×10^3 kg/m^3。

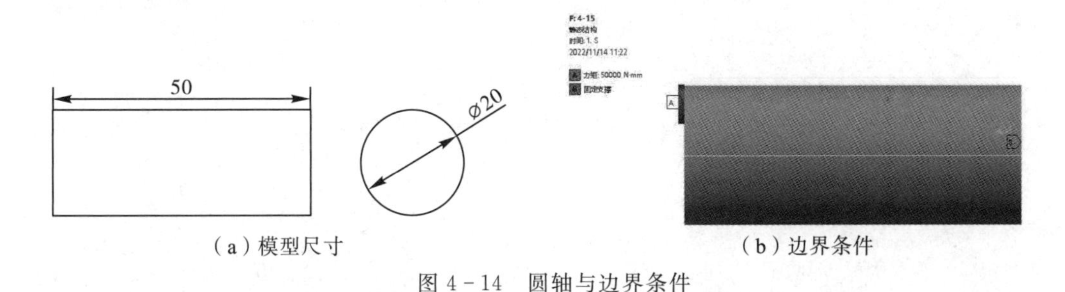

（a）模型尺寸　　（b）边界条件

图 4－14　圆轴与边界条件

（3）建模步骤。

选择 Static Strucral 模块；导入几何体；设置单位制；新建材料为钢，弹性模量为 200 GPa，泊松比为 0.3，密度 7.85×10^3 kg/m^3；零件材料设置为钢；分网为六面体网格；选中约束区域施加固定支撑；选中载荷区域，施加轴向力矩 50 N·m；设置输出数据(等效应力、最大剪应力和位移)；求解；后处理查看结果数据。

(4) 分析结果。

理论计算结果为

$$\tau_{\max}=\frac{T}{W_t}=\frac{T}{\frac{\pi D^3}{16}}=\frac{50\ 000}{\frac{\pi\times 20^3}{16}}\approx 31.83\ \text{MPa}$$

截面偏转角为

$$\varphi=\frac{TL}{GI_p}\times\frac{180^\circ}{\pi}=\frac{50\ 000\times 50}{7.69\times 10^4\times\frac{\pi D^4}{32}}\times\frac{180^\circ}{\pi}\approx 0.118\ 58^\circ$$

(5) 进阶练习。

分析薄壁圆筒扭转，并与理论数据进行对比。

(6) 点评分析。

在计算圆轴扭转时，为了避免应力集中的影响，也需要如同拉伸式样建立几何模型。

扭转数据的读取可以直接读取相应的剪应力，因为一般材料坐标系与整体坐标系重合，直接读取相应方向的剪应力即可。

建模过程

操作视频

第 5 章　单元与分网技术

本章导读

单元(Element)是有限元模型计算域的基本构成。一方面网格在物理上组成了求解域，另一方面单元上的插值近似函数是逼近整体场函数的基础。网格技术主要包括单元技术和网格划分技术。单元技术的核心环节是构造插值函数，而网格划分的自动化和智能化程度是所有前处理软件追求的目标。由于接触是通过网格面进行判断的，因此接触也是一种网格技术。

学习重点

(1) 插值函数与形函数。

(2) 典型单元类型。

(3) 典型网格划分方法及网格质量。

(4) 基于几何模型的分网技术。

思维导图

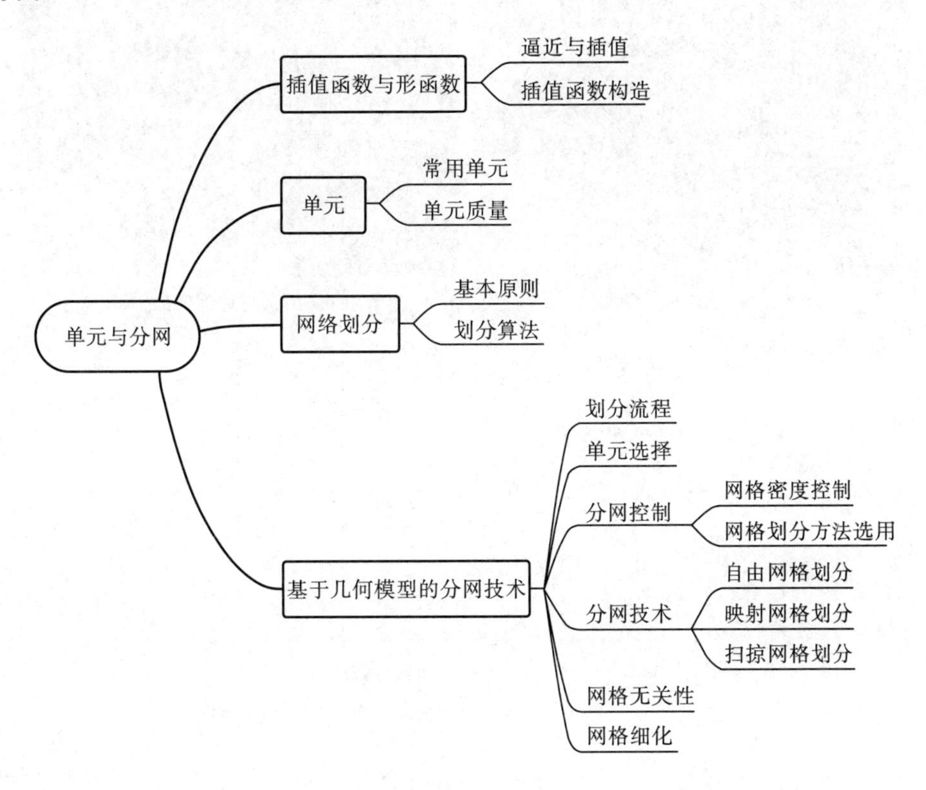

5.1 单元概论

有限元分析的目标是计算问题域上诸如位移、应力、应变等场函数。单元是具有一定形状的简单几何体，而网格往往被认为是离散后单元的集合。在建模过程中，单元扮演着两个角色：一是求解域的基本组成部分；二是在单元上构建插值函数以逼近整体位移场函数(体现了复杂问题简单化的思路)。

采用单元离散计算域时，内部的单元与单元相连，覆盖整个计算域，如图 5-1(a)所示。边界上用单元边逼近边界曲线，由于是以直代曲，因此在边界上存在一定的近似误差。随着单元尺寸的减小，计算域边界的离散精度会相应提高，如图 5-1(b)所示。因此，当单元尺寸无穷小时，单元理论上可以模拟任何计算域。

场函数是计算域上待求的函数，一般认为是空间坐标的函数，例如在几何上，一维问题的场函数就是一条曲线。当求解域比较复杂时，对于整个区域采用低阶插值函数逼近时，真实值与近似值误差较大。但是，当单元尺度远小于整体求解域时，场函数与插值函数之间的误差相应变小。单元小到无穷小时，插值函数可以理想逼近场函数。因此，当单元节点处函数值计算得到之后，整个场函数就可以通过插值近似得到，如图 5-1(c)所示。

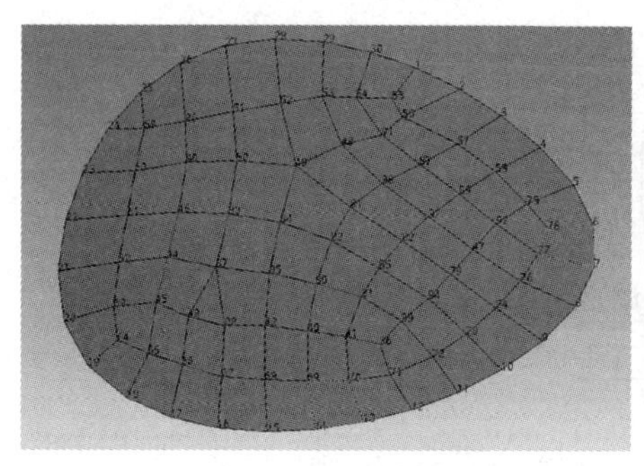

(a) 单元构成计算域

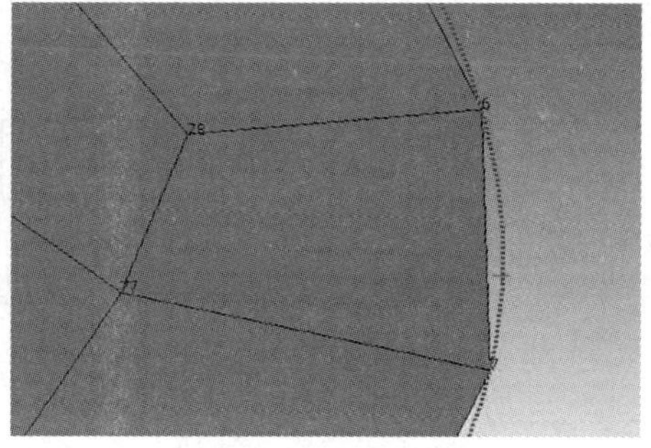

(b) 单元直边逼近曲线

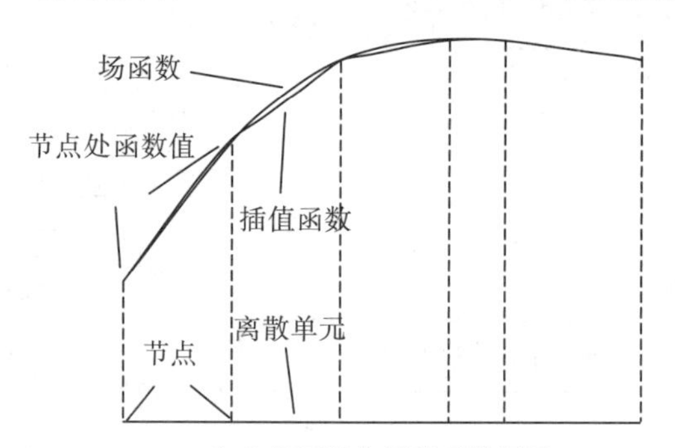

(c) 场函数与插值函数逼近

图 5-1 单元：计算域离散和场函数逼近

在有限元技术发展过程中，形成了多种多样的单元。根据几何维度单元可分为 0D、1D、2D 和 3D 单元，如图 5-2 所示。0D 意味着忽略单元的几何尺度，如质量单元。一维杆单元 CROD，由 2 个节点构成(单元 1 由节点 1 和 2 构成)。二维三角形单元由 3 个节点构成，一般3个节点满足右手法则。三维四面体单元由10个节点构成，10个节点意味着二阶单元。结构分析中，为了连接不同单元，出现了刚性单元，如RBE1和RBE2等。

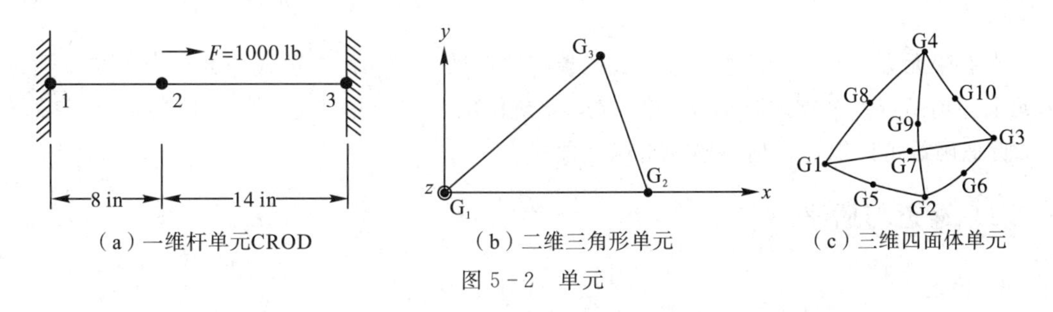

(a) 一维杆单元CROD　(b) 二维三角形单元　(c) 三维四面体单元

图5-2 单元

有限元分析的精度与单元具有直接关系。一般意义上讲，单元阶次越高，应力计算的精度越高，这主要与应力是位移的一阶导数有关。单元的阶次即插值函数的阶次，单元的阶次取决于单元的形状和节点布置。单元上节点的个数决定了多项式插值函数的阶次，例如三角形单元由3个节点构成，单元上的插值函数仅可以包括3个未知数，对于二维问题的位移插值函数就是$u=a+bx+cy$，因为坐标的最高阶次为1，所以被称为线性单元。四边形单元有4个节点，构造的位移插值函数可以是$u=a+bx+cy+dxy$，被称为拟线性单元。由于xy项的存在，四边形单元的插值精度高于三角形单元。对于三维10节点四面体单元而言，10个节点可以确定10个未知数，即为二阶单元。

单元技术的另外一个内容是分网技术。分网技术主要包括两种方法，一是直接建立网格模型，二是对于几何体进行离散获取网格。如果先有几何体，分网软件采用映射算法，剖分得到六面体网格，就是基于几何体剖分网格的方式，如图5-3(a)所示。对四边形网格直接扫掠得到六面体网格(如图5-3(b)所示)是一种直接建网方法。直接建网方法往往适用于简单模型，通用的技术是对几何体进行剖分。

前处理软件的核心功能之一是对复杂几何体的网格离散。主流的前处理软件有Hypermesh、Ansa等专门的网格处理软件和主流求解器自带的前处理软件Ansys、Femap、NXsimcenter、MSC、Abaqus CAE等。虽然各前处理软件的界面各不相同，但是基本网格划分算法大致相同。随着网格技术的日趋完善，有限元软件中网格划分工作将会变得越来越自动化和智能化。

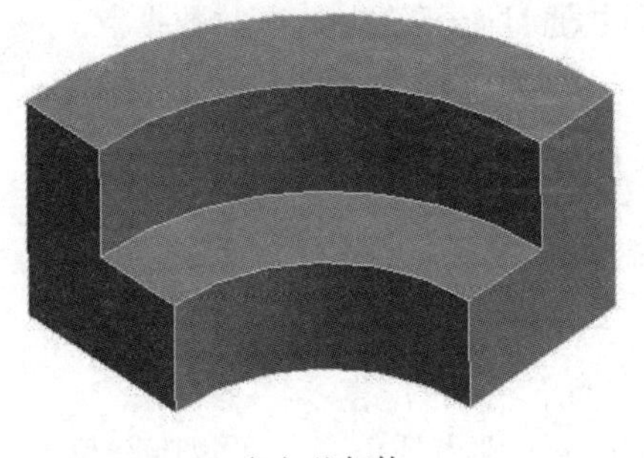

(a) 几何体

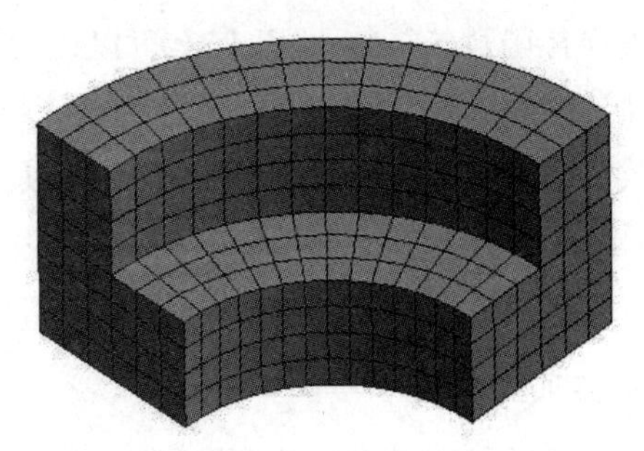

(b) 扫掠网格

图5-3 几何体与扫掠网格

5.2 单元插值函数与形函数

在有限元方法中，单元的位移模式或者位移函数一般采用多项式作为近似函数以逼近单元上的场函数。多项式近似函数具有运算简便的特点，并且随多项式阶数或者项数增多，近似函数可以逼近任何一段光滑函数曲线。

5.2.1 逼近与插值

1. 逼近

用简单函数 $p(x)$近似代替函数 $f(x)$是数值计算的基本内容之一。近似代替又称逼近。其中，$f(x)$是被逼近函数，$p(x)$是逼近函数，$f(x)-p(x)$是逼近的误差。

逼近时，基于 $f(x)$上有限个点处的函数值构建简单函数，进而估算出函数 $f(x)$在其他点处的近似值。构建简单函数主要有两种方法，即插值与拟合，如图 5-4 所示。构建简单函数通过有限个点的函数值时，被称为插值，不一定全部通过时，称为拟合。在有限元计算中常采用插值，有些无网格方法中采用拟合方式建立逼近函数。

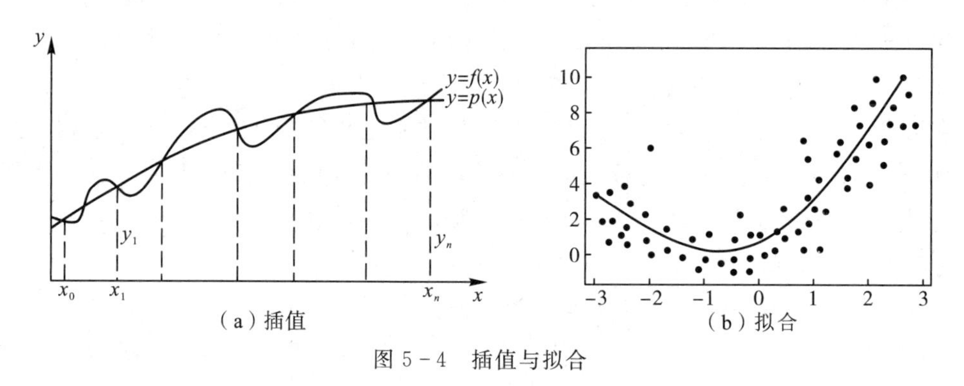

(a) 插值 (b) 拟合

图 5-4 插值与拟合

2. 插值

插值是离散函数逼近的重要方法，插值通过函数 $f(x)$在有限个点处的取值状况，估算出函数在其他点处的近似值。插值可以认为是在离散数据的基础上构建插值连续函数，以逼近被代替函数 $f(x)$。在几何上可以认为逼近函数通过全部给定的离散数据点。

插值问题的数学描述为：已知函数 $f(x)$在$[a\quad b]$上 $n+1$ 个互异点 x_0，x_1，…，x_n 处的函数值和导数值，构造简易函数 $p(x)$使其满足插值条件

$$p(x_i)=f(x_i)\quad (i=0,1,\cdots,n)$$

式中，x_0，x_1，…，x_n 为插值节点。

3. 多项式插值

在一般插值问题中，若选取 $p(x)$为 n 次多项式类，则由插值条件可以唯一确定一个 n 次插值多项式。从几何角度可以理解为：已知平面上 $n+1$ 个不同点，要寻找一条 n 次多项式曲线通过这些点，如图 5-4(a)所示。插值多项式的两种常见表达形式，一是拉格朗日

插值多项式，二是牛顿插值多项式。想深入了解相关内容的读者可以参考数值分析相关教材。

4. 拟合与粒子法

与插值类似的是拟合，拟合通过最小化逼近函数与插值函数的误差，构建拟合曲线。插值与拟合在几何上的不同之处在于，插值通过离散点，而拟合曲线不一定通过离散点。在一些无网格方法或者例子法中，拟合通常用于构造近似函数。市面上的粒子法软件主要有 Lsdyna-SPH、Altair-nanoFluidX(流体)和 Abaqus-SPH 等。

5.2.2　单元位移模式和插值函数构造

在二维或者三维连续体离散为有限单元的集合时，通常选用简单规则的几何形状以便于计算，如图 5-5 所示。常用的二维单元有三角形和四边形，三维单元有四面体、五面体和六面体。同样形状的几何形状可以有不同的节点数，例如，三角形单元中可以有 3 个节点，也可以有 6 个节点。

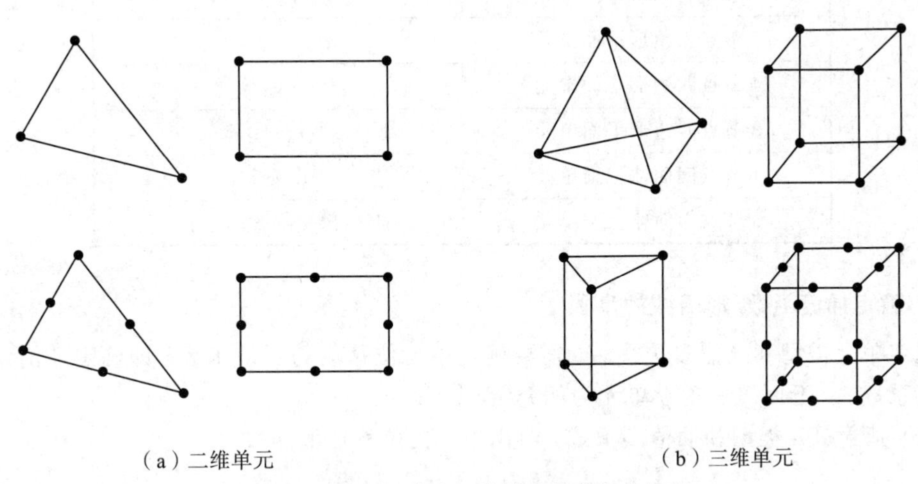

(a) 二维单元　　(b) 三维单元

图 5-5　常用二维和三维单元的形状与节点

1. 插值条件

在单元上构建位移场的插值函数时，位移场在节点处需要满足插值条件，即

$$p(x_i)=u_i \quad (i=0, 1, \cdots, n)$$

式中，u_i 为节点处的位移。

2. 单元位移模式

单元位移模式是单元上构造的位移场函数的插值函数。在有限元中，插值函数 $p(x_i)$ 为多项式插值函数。多项式可以为一阶或者高阶，在多项式中存在待定系数，需要通过插值条件确定。例如，对于二维三角形单元，当采用一阶多项式插值函数时，位移场函数 u 和 v 可以表示为

$$u=\beta_1+\beta_2 x+\beta_3 y$$
$$v=\beta_4+\beta_5 x+\beta_6 y$$

$$u=\varphi\beta=[1\quad x\quad y]\begin{bmatrix}\beta_1\\\beta_2\\\beta_3\end{bmatrix}$$

式中，φ 称为位移模式，β 为待定系数。

插值多项式的选择有如下规则：

(1) 待定系数 β 由节点处场函数确定，待定系数的个数与单元的节点个数相同。

(2) 选取多项式时，常数项和坐标的一次项必须完备，位移模式中的常数项和一次项反映了单元刚体位移和常应变特性，当划分单元数目趋于无穷时，单元缩小趋于一点，此时单元应变应趋于常应变。

(3) 多项式选取应由低阶到高阶，尽量选取完全多项式以提高单元的精度。

常见单元的位移模式如表 5-1 所示。

表 5-1 不同形式单元的位移模式/插值多项式

单元形式	位移模式
3 节点三角形平面单元	$1x\ y$
6 节点三角形平面单元	$1x\ y\ x^2\ xy\ y^2$
4 节点四边形平面单元	$1x\ y\ xy$
8 节点四边形平面单元	$1x\ y\ x^2\ xy\ y^2\ x^2y\ xy^2$
4 节点四面体三维单元	$1x\ y\ z$
8 节点六面体三维单元	$1x\ y\ z\ xy\ yz\ zx\ xyz$

3. 确定插值函数/形函数的步骤

选定单元类型和插值多项式后，需要确定单元位移场的插值函数，即确定插值函数中的待定系数 β。下面以三角形单元为例介绍。

(1) 基于单元类型和插值多项式，给出单元内位移插值函数。

$$u=\beta_1+\beta_2x+\beta_3y=\varphi\beta=[1\quad x\quad y]\begin{bmatrix}\beta_1\\\beta_2\\\beta_3\end{bmatrix}$$

(2) 根据 3 个节点处的插值条件建立方程。

$$u_1=\beta_1+\beta_2x_1+\beta_3y_1$$
$$u_2=\beta_1+\beta_2x_2+\beta_3y_2$$
$$u_3=\beta_1+\beta_2x_3+\beta_3y_3$$

$$u^e=\begin{bmatrix}u_1\\u_2\\u_3\end{bmatrix}=\begin{bmatrix}1&x_1&y_1\\1&x_2&y_2\\1&x_3&y_3\end{bmatrix}\begin{bmatrix}\beta_1\\\beta_2\\\beta_3\end{bmatrix}=A\beta$$

$$\beta=\boldsymbol{A}^{-1}u^e$$

$$u=\varphi\boldsymbol{A}^{-1}u^e=\boldsymbol{N}\boldsymbol{u}^e=[N_1\quad N_2\quad N_3]\begin{bmatrix}u_1\\u_2\\u_3\end{bmatrix}$$

其中，$\boldsymbol{N}=[N_1 \quad N_2 \quad N_3]$为单元插值函数矩阵，也称为形函数。

具体推导过程可以参考相关有限元理论教材。

5.3　典型结构单元

基于多项式计算插值函数时，计算过程较为麻烦，并且有可能遇到 **A** 矩阵求逆可能不存在的情况，因此在有限元中经常采用广义拉格朗日插值函数法和变节点插值函数法构造单元插值函数。除了拉格朗日单元之外，还有其他单元，如 Hermite 单元、Serendipity 单元等。

需要注意的是，理论上讲多项式插值函数的精度取决于完全多项式的阶次。4 节点四边形单元的插值精度高于 3 节点三角形单元，但是要低于二阶的 6 节点三角形单元。CAE 工程师倾向于四边形单元或者六面体单元，在于这些单元兼顾了计算精度和计算效率。

不同求解器支持的网格类型可以在软件的技术文档中查阅。

5.3.1　常用单元及插值函数

1. 单元阶次

单元阶次是指多项式插值单元的插值多项式的最高阶次。

2. 一维单元

对于具有 n 个节点的一维拉格朗日单元，单元内的场函数为

$$\phi = \sum_{i=1}^{n} N_i \phi_i$$

$$N_i(x) = l_i^{(n-1)}(x) = \prod_{j=1,\ j\neq i}^{n} \frac{x - x_j}{x_i - x_j}$$

式中，$N_i(x)$为插值函数，$l_i^{(n-1)}(x)$中上标是拉格朗日多项式的次数，n 是节点的个数。

插值函数 $N_i(x)$满足

$$N_i(x_j) = \delta_{ij}$$

$$\sum_{i=1}^{n} N_i = 1$$

式中，δ_{ij}为 Kronecker delta 函数，即当 $i=j$ 时，$\delta=1$，当 $i\neq j$ 时，$\delta=0$。

拉格朗日单元插值函数也可以采用无量纲的局部坐标表达，具体表达可以参考有限元相关教材。

3. 二维三角形单元

三角形单元可以采用总体笛卡尔坐标构造插值函数，也可以采用无量纲的局部自然坐标构造，但是更为普遍的是用局部自然坐标的方式构造插值函数，如图 5-6(a)所示。

三角形内任意一点 P 的位置可以利用面积进行表示。三角形内任一点 P 与 3 个角点相连形成 3 个子三角形 ΔPjm、ΔPmi 和 ΔPij，面积分别为 A_i、A_j 和 A_m，与总体面积的比值分别为 $L_i=A_i/A$、$L_j=A_j/A$ 和 $L_m=A_m/A$。P 点位置用三个比值表达为 $P(L_i, L_j, L_m)$。

通过面积坐标与直角坐标的转换关系可以得到插值函数与面积坐标的关系，对于线性

三角形单元，插值函数为

$$N_i = L_i(i,\ j,\ k)$$

即 3 个节点的位移插值函数就是相应的面积坐标。

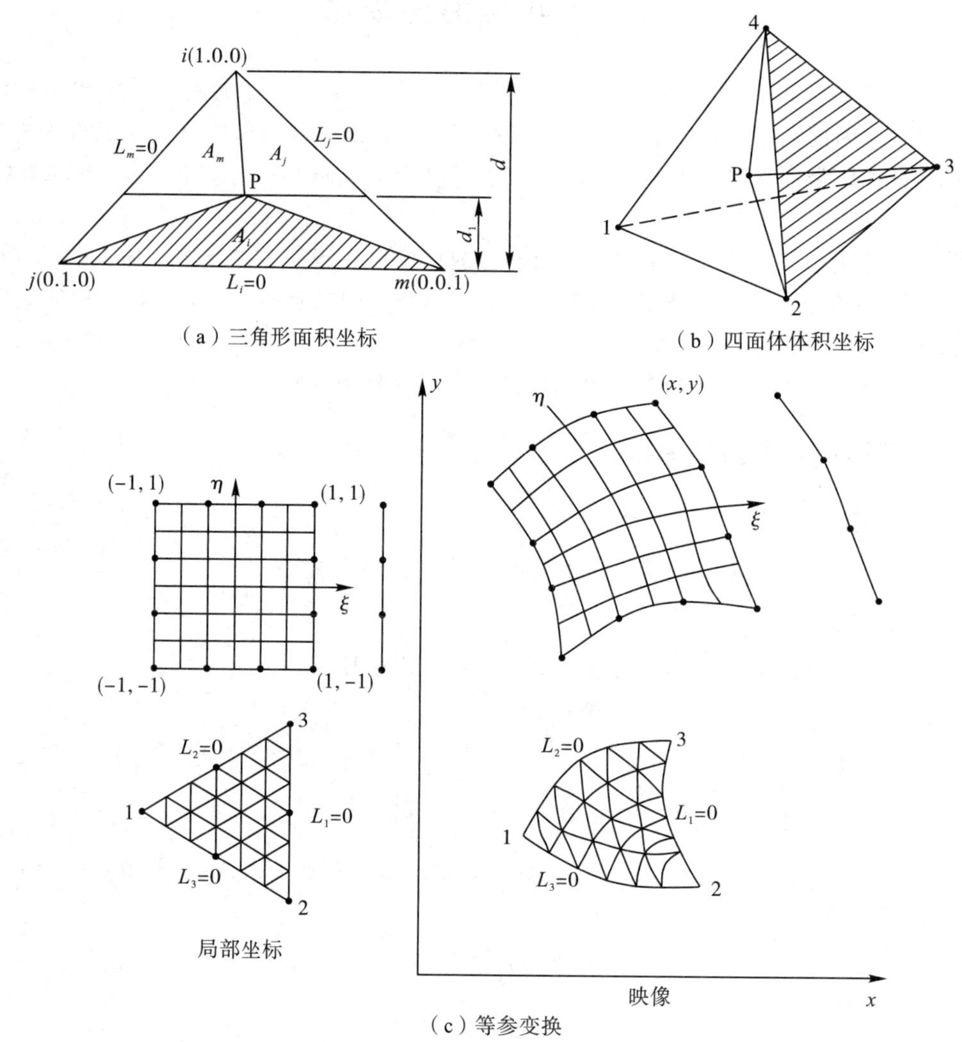

（a）三角形面积坐标

（b）四面体体积坐标

（c）等参变换

图 5－6　面积坐标、体积坐标和等参变换

4. 三维四面体单元

三维四面体单元与二维的三角形单元类似，同样四面体单元可以通过引入体积坐标构造插值函数，如图 5－6(b)所示。

5. 二维四边形单元

通常四边形单元比三角形单元更为方便有效，基本方法是将一维自然坐标内的拉格朗日单元进行推广。

6. 三维六面体单元

三维六面体单元计算效率和精度比较均衡的单元，六面体单元的构造方法与四边形单元类似。

7. 等参单元

采用等参变换的单元称为等参单元，如图 5-6(c)所示。其基本思想是先在具有规则形状的单元上构造位移插值函数，然后把这个具有规则形状的坐标变换映射为一个形状复杂的单元，因此等参单元也被称为映射单元。

在有限元的网格划分中常用的一些单元，如三角形、矩形、六面体单元等，都是形状很规则的单元。对于形状规则的连续体，用这些单元来离散可以获得比较好的结果。但是，对于一些几何形状比较复杂的连续体，再用这些单元离散就比较困难了。在单元内积分计算时，规则单元采用整体坐标进行积分运算比较容易，但是当几何形状不规则时，会使运算处理很麻烦。

等参单元的基本出发点是通过一一对应的坐标变换，把形状不规则的单元转变成形状规则的单元。这样，一方面可以用不规则单元离散几何形状复杂的连续体；另一方面不规则单元内的积分可以通过映射在规则单元内完成，从而使计算过程变得规范化。

由于等参变换的采用使等参单元的刚度、质量、阻尼、荷载等矩阵的计算可以在规则单元内完成，因此简化了程序的复杂程度，使等参元成为有限元法中应用最为广泛的单元形式。

5.3.2　其他单元

1. 质量单元

质量单元是 0 维单元，用一个节点代表质心或者质量矩阵，如图 5-7(a)所示。

2. 刚性单元

刚性单元也称 R-type Element，用于对一个或者多个节点施加多点约束，主要包括 RBE1、RBE2 和 RBE3 等，如图 5-7(b)所示。应用最普遍的是 RBE2，用于连接一个独立的节点和多个依赖节点。RBE3 基于一系列节点的加权运动定义参考节点的运动。

刚性单元是一种单元，也是一种节点间的约束，在第 6 章中详细介绍。

3. 轴对称单元

轴对称单元是一种实体单元，它是用平面的方式模拟轴对称实体，如图 5-7(c)所示。

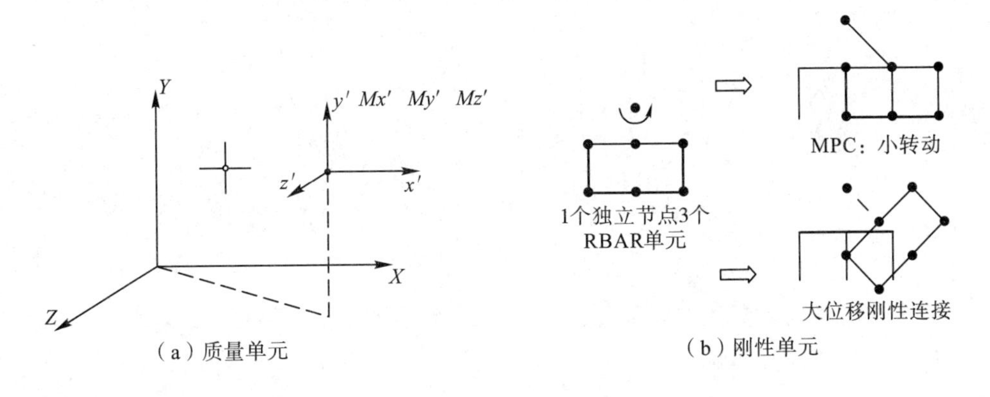

(a) 质量单元　　(b) 刚性单元

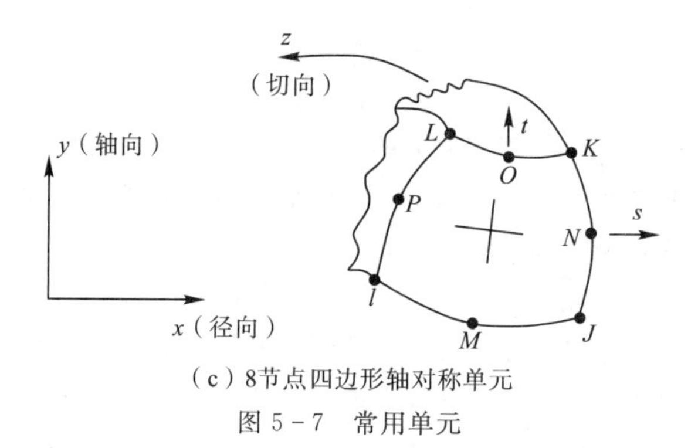

（c）8节点四边形轴对称单元

图 5－7 常用单元

5.3.3 单元质量

单元质量是指网格的形状精度。理论上讲，高质量单元应接近于正则单元(正三角形、正四边形、正四面体、正六面体等)。

常用的单元质量评价指标有：单元角边长比(Aspect Ratio)、单元对边边长比(Taper)、内部夹角(Internal Angle)、偏斜度(Skew)、翘曲(Warping)、四面体坍塌(Tet collapse)和雅可比(Jacobian)等，如图 5－8 所示。

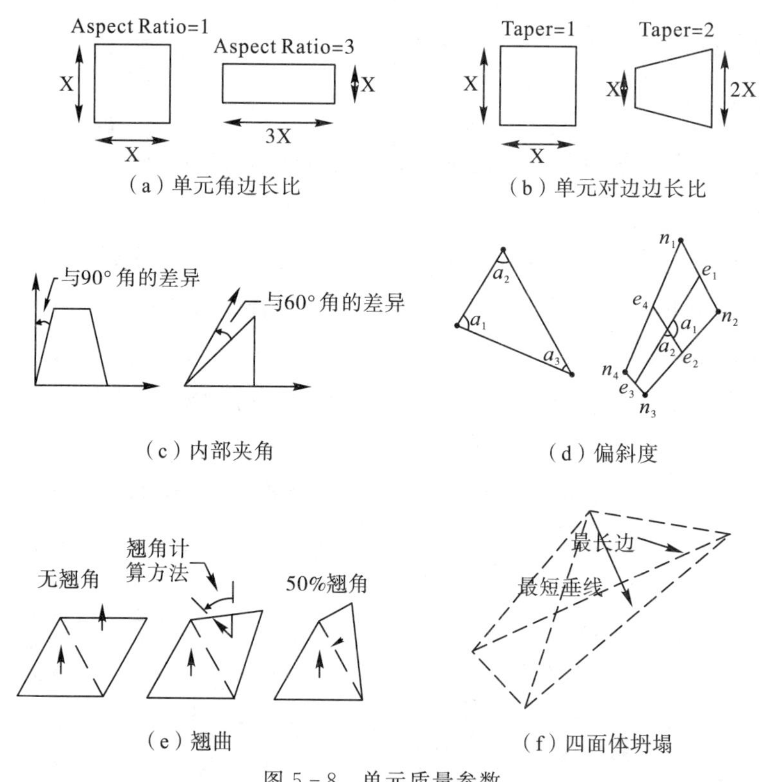

（a）单元角边长比 （b）单元对边边长比

（c）内部夹角 （d）偏斜度

（e）翘曲 （f）四面体坍塌

图 5－8 单元质量参数

一般这些网格质量参数在有限元前处理中都有介绍，单元质量的限值对求解器计算精度和网格划分算法都有影响。

5.4　网格划分技术基础

网格划分是指计算域离散为网格的过程。网格划分技术是有限元前处理中的重要组成部分，是有限元工业软件技术能力的综合体现。网格划分技术主要包括有限元划分的基本原则和主要的网格划分算法。

5.4.1　有限元划分的基本原则

1. 精确的实体边界和几何特征

有限元网格划分算法应能描述实体模型的边界和几何特征，因此要求网格划分软件具有良好的实体模型特征识别能力和边界拟合能力。

2. 网格数量权衡

网格数量影响计算精度和计算规模。通常需要用户根据分析目标控制网格数量。

3. 网格质量控制

网格质量包括单一网格质量和整体网格质量。对于一个网格，高质量单元应接近于正则单元(正三角形、正四边形、正四面体、正六面体等)。对于整体网格，需要保证合理的网格密度，即局部区域网格密度和各区域间网格疏密过渡。

4. 单元阶次合理

单元阶次越高，计算精度相应提高，但是高阶单元节点个数增多，导致计算规模增加，因此需要综合考虑精度和效率权衡单元阶次。在应力分析中，为了保证计算应力的精度，通常建议选用二阶单元，这主要是源于应力是位移的一阶导数的考虑。

5. 自动可靠高效网格生成算法

网格划分算法应当尽量自动化，减少人工参与。但是目前网格仍然是前处理建模工作的主要部分。随着分网技术的发展，很多软件突出几何模型在建模中的主导作用，从而可以减少建模工程师的网格工作强度，提高建模效率。

5.4.2　主要的网格划分算法

1. 映射法

映射法是最早采用的网格生成方法，其核心思想是：通过适当的映射函数将待剖分物理域映射到参数空间中形成规则参数域，对规则参数域进行网格剖分；将参数域的网格反向映射回物理空间，从而得到网格。映射法的基本思想与等参变换相类似。

2. 节点连元法

节点连元法是一种利用离散点生成网格的方法，主要包括两个步骤：一是节点生成，在物体边界和有效区域内按照网格密度均匀布点；二是单元生成，根据一定的规则，把节点连成单元。

3. 基于栅格法

基于栅格法也叫空间分解法，其基本步骤是：首先，用栅格覆盖目标域，去除完全落在目标域之外的栅格，保留完全或者部分落在目标域内的栅格；然后，调整与边界相交的栅格，使其更加逼近边界；最后，根据需要对内部和边界栅格进行网格剖分，形成有限元网格。

4. 几何分解法

几何分解法在产生节点的同时也确定节点间的连接关系。常用的几何分解法有递归法、迭代法和子域移去法。其中，迭代法的典型代表算法是全自动网格生成方法，即推进波前法(Advancing Front Technique，AFT)，其广泛应用于有限元前处理软件。

图 5-9 所示为主要的六面体划分算法。

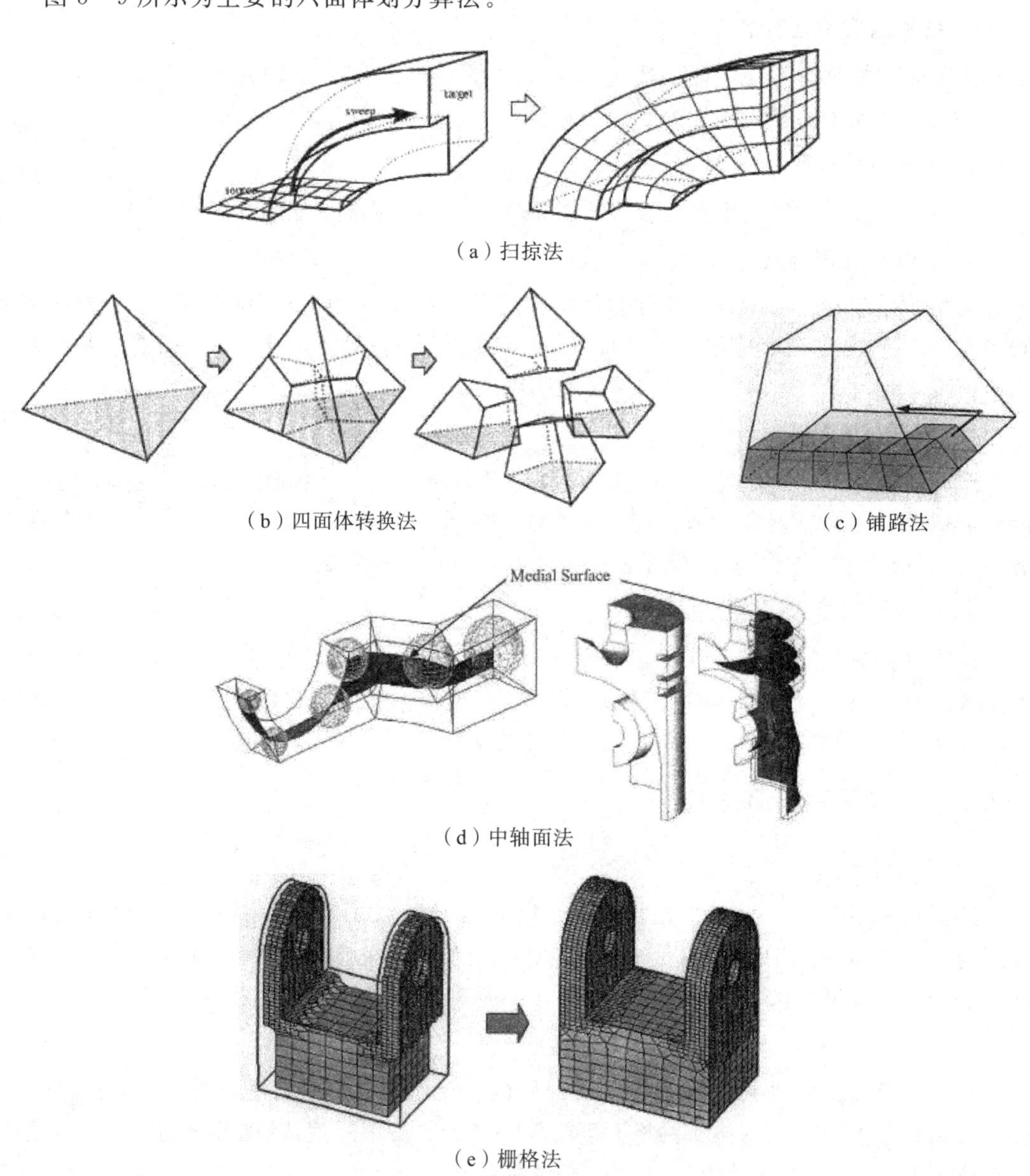

(a) 扫掠法

(b) 四面体转换法

(c) 铺路法

(d) 中轴面法

(e) 栅格法

图 5-9 六面体划分算法

5.5　基于几何模型的分网技术

有限元软件中主要有两种建立网格模型的方法：一是直接建立网格模型，如扫掠网格、拉伸网格等；二是对几何模型进行网格划分。主流软件都支持这两种生成网格的方法，其中基于几何模型的网格划分技术是工程问题建模的主要方法。

典型的网格划分策略是：首先布置曲线上的网格硬点；然后由曲线上的网格点向曲面内部铺设单元，如典型的逐层铺设法和规则的映射网格划分方法；最后由曲面单元生成实体单元。目前，板壳单元中的四边形、三角形网格和体单元中的四面体单元自动生成技术都非常成熟，而六面体单元的生成技术还有待进一步完善。

5.5.1　划分网格基本流程

工业软件提供了强大的网格自动划分功能，分网的基本逻辑是在几何要素上布置网格硬点，然后基于硬点生成网格。基于几何体划分网格的分网流程如图 5-10 所示，具体如下。

(1) 几何清理：对于几何模型进行处理，如抑制微小几何特征、短边合并等，在保证能够自动分网的同时，提高网格质量。

(2) 网格控制：控制几何特征上的网格分布，如控制整体网格尺寸、局部网格大小等。

(3) 网格划分：软件自动划分网格。

(4) 网格修正：根据分析需求调整局部网格质量。

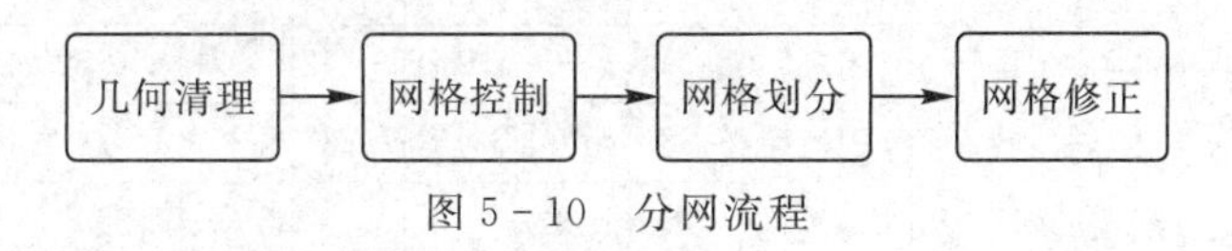

图 5-10　分网流程

一般软件支持二维的三角形与四边形网格和三维四面体网格自动生成，如果需要划分六面体网格，则需要对几何模型进行一定的预处理，以满足六面体网格自动划分的要求。

对于三维几何模型，如果几何模型质量较差，可能导致网格难以自动生成，往往需要先划分表面网格然后再生成四面体网格。划分表面网格时，一般需要控制表面网格的质量，利于自动生成四面体网格。

针对不同的几何模型，分网流程稍有不同，但是基本逻辑大致相同，下面以实体网格划分为例进行介绍。

(1) 线处理：在需要的地方断开或合并曲线。

(2) 面处理：生成曲面上的辅助线和网格硬点。

(3) 特征处理：抑制或删除不需要的特征。

(4) 网格大小：设置合理的网格大小，如有需要设置特定曲面上的网格大小。

(5) 为几何体指定单元类型和材料类型。

(6) 分网。

5.5.2 单元类型和形状的选择

根据具体问题分析需求，选用合适的网格。选择单元时需要考虑结构的几何特点，选用相应的一维单元、二维单元或者三维单元。网格划分时，优先选择四边形或者六面体单元，如图 5－11 所示。当选择三角形或者四面体单元时，一般需要二阶单元。

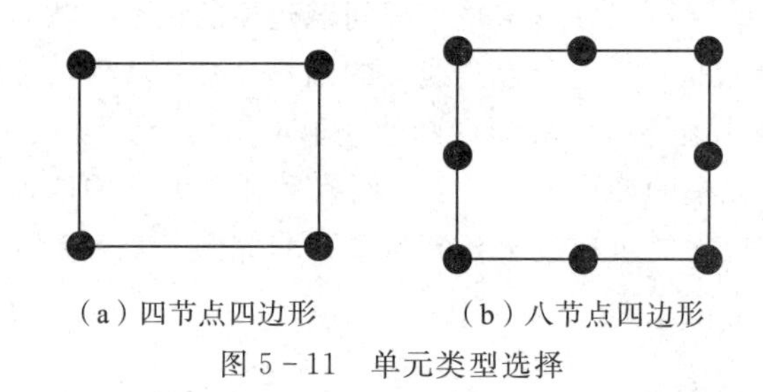

（a）四节点四边形　　（b）八节点四边形

图 5－11　单元类型选择

图 5－12 为悬臂梁位移计算。当载荷为弯矩 M 时，问题的理论解 $\nu_{max}=7.164\times10^{-3}$ cm；当载荷为切向力 P 时，问题的理论解 $\nu_{max}=7.422\times10^{-3}$ cm。从图中可以发现，分析精度与单元阶次相关，二阶的 6 节点三角形（T6）和二阶的 8 节点四边形（Q8）计算精度高于 4 节点四边形（Q4）单元和 3 节点三角形（T3）单元。

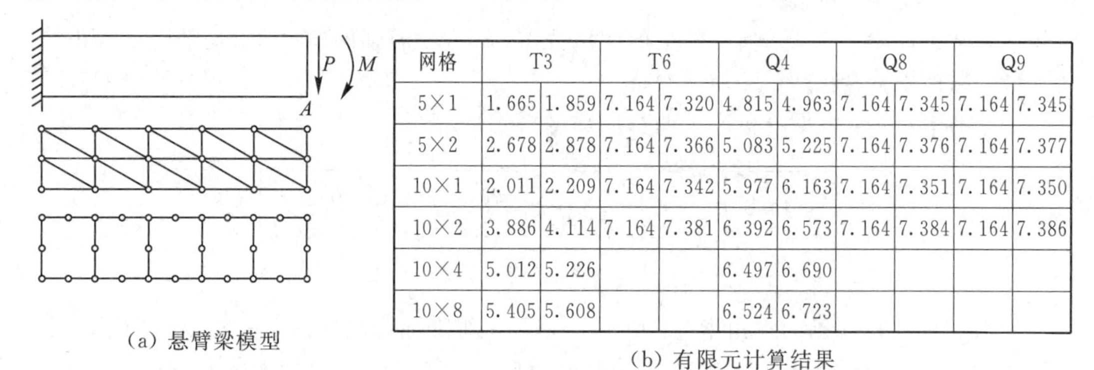

网格	T3		T6		Q4		Q8		Q9	
5×1	1.665	1.859	7.164	7.320	4.815	4.963	7.164	7.345	7.164	7.345
5×2	2.678	2.878	7.164	7.366	5.083	5.225	7.164	7.376	7.164	7.377
10×1	2.011	2.209	7.164	7.342	5.977	6.163	7.164	7.351	7.164	7.350
10×2	3.886	4.114	7.164	7.381	6.392	6.573	7.164	7.384	7.164	7.386
10×4	5.012	5.226			6.497	6.690				
10×8	5.405	5.608			6.524	6.723				

（a）悬臂梁模型　　（b）有限元计算结果

图 5－12　悬臂梁应力分析精度与单元类型（王勖成，有限元法）

5.5.3 网格密度

网格划分时，需要注意合理的网格密度。虽然理论上讲网格密度越高，计算精度会提高，但是计算耗时会随之上升。合理的网格密度不仅可以保证计算精度而且还可以提高计算效率。一般的规则是在应力梯度较大的区域布置较多的网格，而在应力变化平缓的区域适当减少网格数量。

5.5.4 分网控制

分网控制的目的是为划分网格做参数方面的准备工作，设定分网流程中的各关键环节中涉及的一些基本参数。具体网格控制内容包括：网格密度、网格属性和网格划分方法。网格密度控制包括曲线上网格点的密度控制和几何特征内部网格密度控制。网格属性设置，即设置网格类型，例如 4 节点四面体或者 10 节点四面体单元。分网控制一方面可以设置全局参数控制分网过程，也可以通过设置局部网格参数提高网格质量。

1. 密度控制：线上网格控制

设置曲线上网格大小的方式主要有两种，即单元数目和单元大小。曲线上的网格硬点/节点如图 5-13 所示。

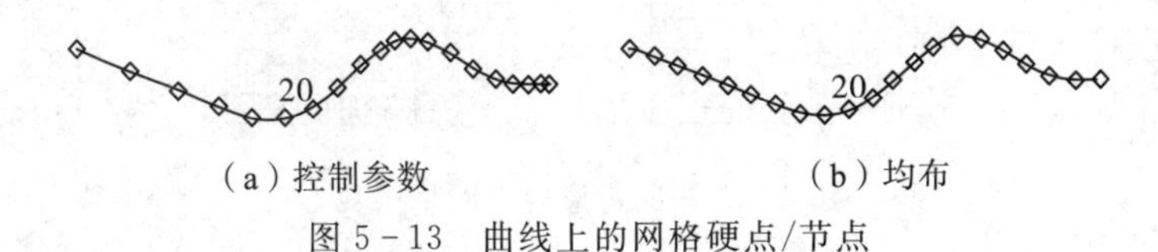

（a）控制参数　（b）均布

图 5-13　曲线上的网格硬点/节点

2. 密度控制：面上网格控制

曲面上分网主要通过以下几个参数控制曲面上的分布密度。

（1）单元大小：用单元大小控制曲面上的网格密度，单元越小，网格密度越大。

（2）最大角度/公差：该角度定义为边界上单元边与该单元边起始点处曲线的切向之间的夹角，如图 5-14(a)和(b)所示。该角度公差越小说明单元边越逼近几何边界。如果对于边界逼近程度要求较高，则可以设置为 15°或更低。

（3）曲率控制：指曲线上单元边对应角度，用于控制曲线上的网格密度，一般角度越小，单元越细密，如图 5-14(c)和(d)所示。

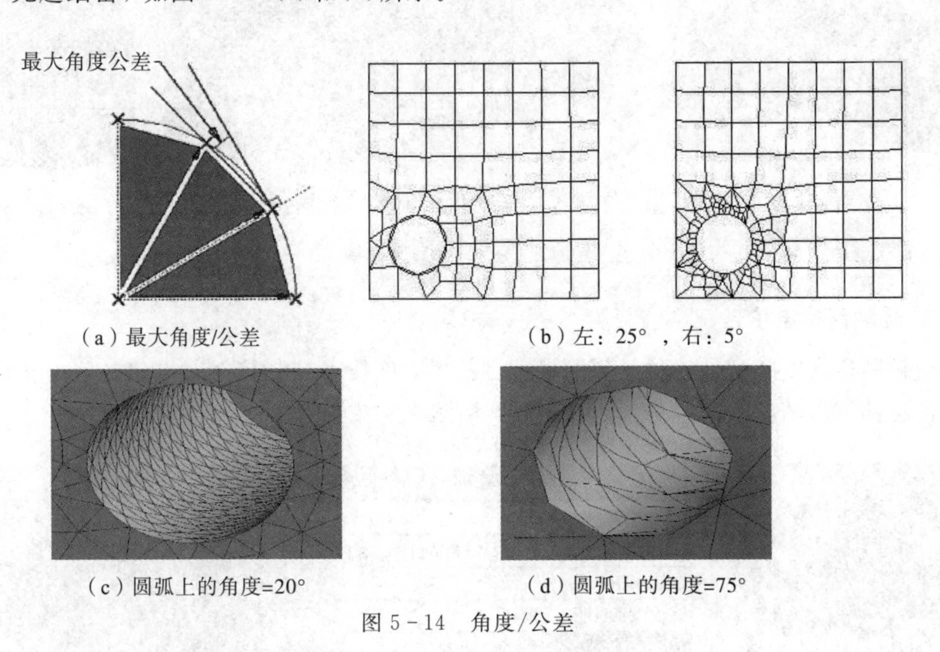

（a）最大角度/公差　（b）左：25°，右：5°

（c）圆弧上的角度=20°　（d）圆弧上的角度=75°

图 5-14　角度/公差

（4）小特征上的单元数：用于控制小特征(如小曲面)上单元个数。如果定义的单元数目过少，则网格模型不能准确地描述小特征；如果单元数目过多，则造成模型中不同区域的网格尺度差距增大。

（5）映射网格：根据几何特点，设置映射划分方法。

(6) 增长因子：定义了从曲面边缘到曲面内部的网格大小的变化方式。

(7) 四边形边界层数：控制曲线边界处的四边形网格层数，如图 5-15 所示。

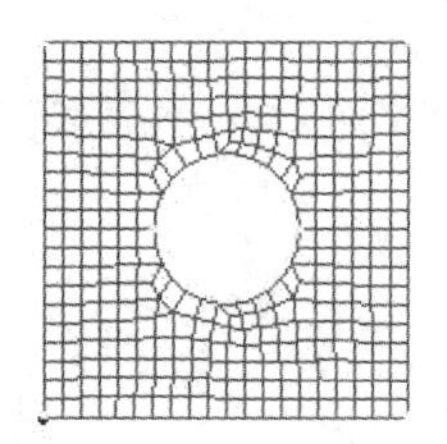
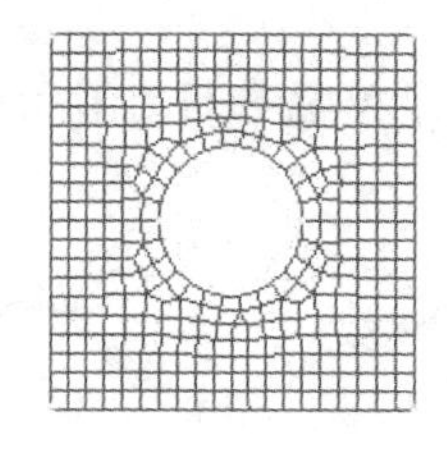
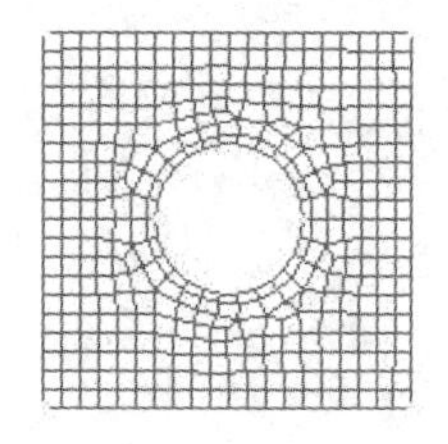
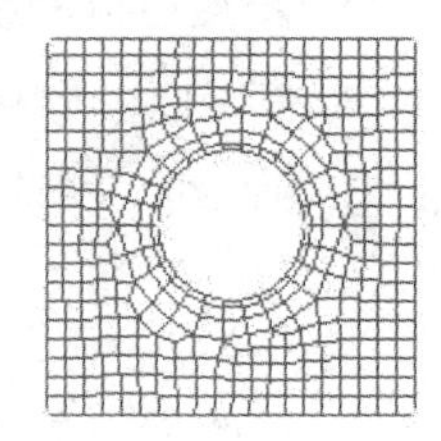

图 5-15　四边形规则网格层数

3. 密度控制：体上网格控制

实体网格生成过程是从表面网格向实体内部生长网格，直至完全离散为网格。实体上的节点布置方法基本上与曲面上的网格节点布置方法基本一致。

4. 网格划分方法

针对不同几何体类型，设置不同的网格划分方法，例如 Ansys 中的六面体为主、扫掠、多区域网格等，如图 5-16 所示。

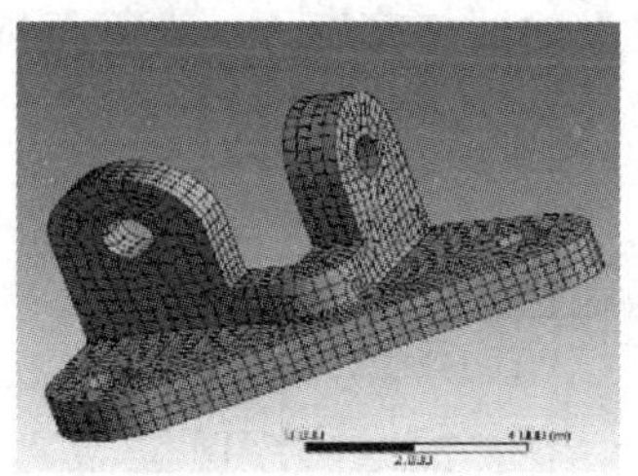

(a) 六面体为主

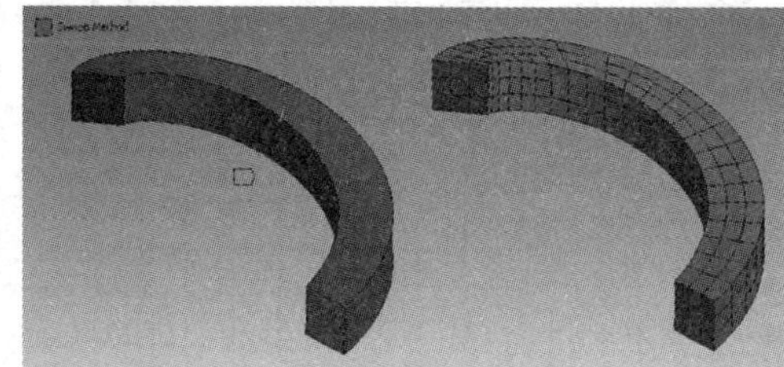

(b) 扫掠网格：六面体

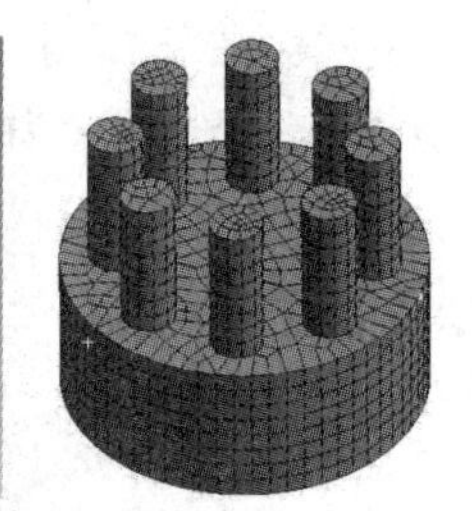

(c) 多区域：六面体

图 5-16　网格划分方法

5. 接触网格密度匹配

接触网格密度匹配是一种局部网格控制技术，该技术控制接触对网格的尺寸大小，以提高接触计算的精度和接触分析的收敛性，如图 5-17 所示。

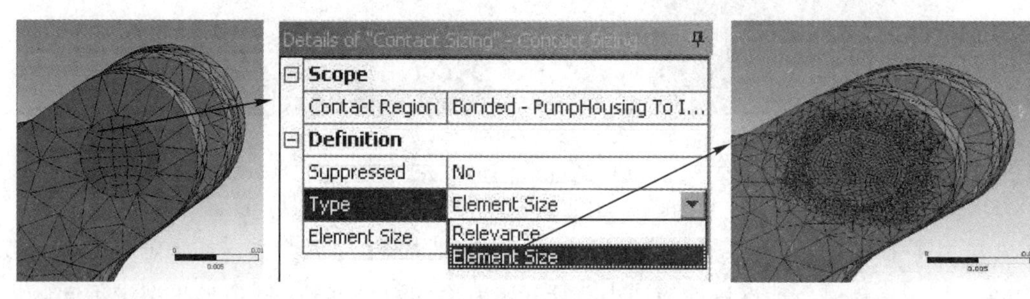

(a) 接触对网格大小差异过大　(b) 控制接触对网格尺寸大小　(c) 接触对网格细化

图 5-17　接触对网格密度控制

6. 捏合

捏合(Pinch)用于通过捏合小特征的方式去除局部小特征，如图 5－18 所示。

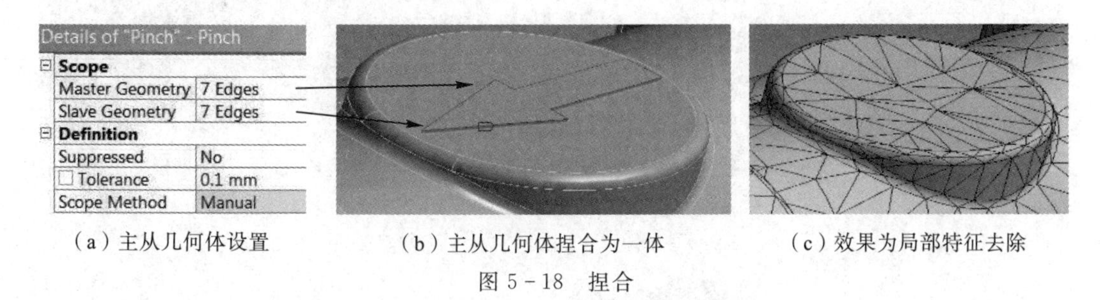

（a）主从几何体设置　　（b）主从几何体捏合为一体　　（c）效果为局部特征去除

图 5－18　捏合

捏合功能在一些软件中可以采用特征移除或者特征抑制的方式体现，如图 5－19 所示。

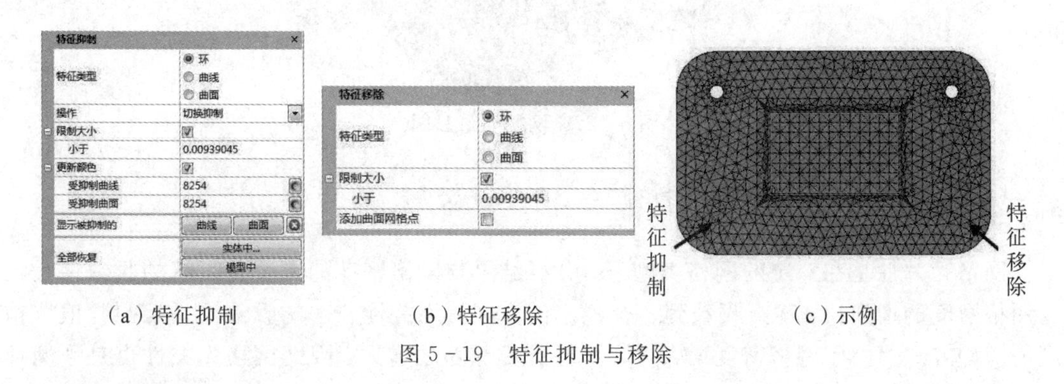

（a）特征抑制　　（b）特征移除　　（c）示例

图 5－19　特征抑制与移除

7. 问题网格定位

当几何体不能正确生成网格时，一般软件可以自动定位导致出现问题的局部几何特征。通过调整局部几何特征，实现网格的自动生成，如图 5－20 所示。

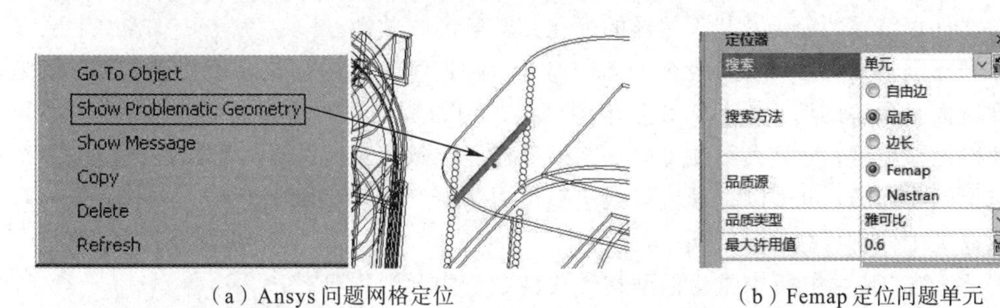

（a）Ansys 问题网格定位　　（b）Femap 定位问题单元

图 5－20　问题网格定位

8. 网格质量显示

一般有限元前处理软件支持单元质量的显示，如网格质量柱形图、网格质量云图等，如图 5－21 和图 5－22 所示。

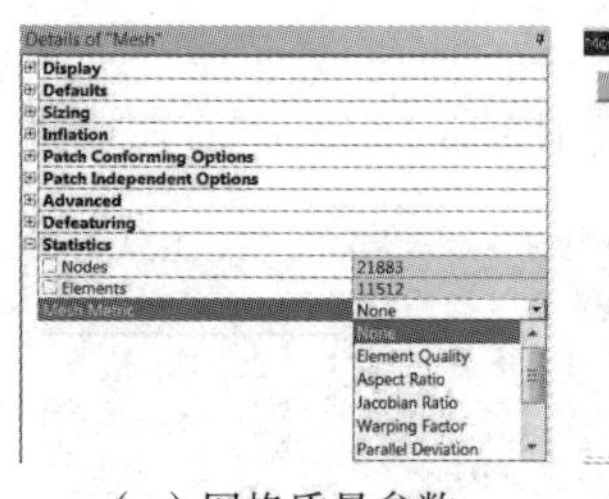

(a) 网格质量参数

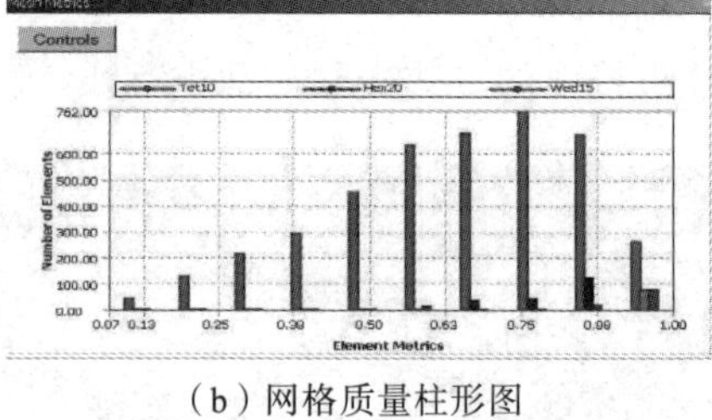

(b) 网格质量柱形图

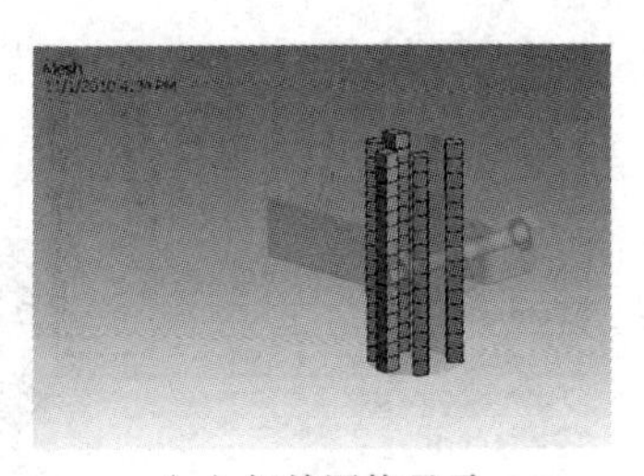

(c) 相关网格显示

图 5-21　网格质量显示

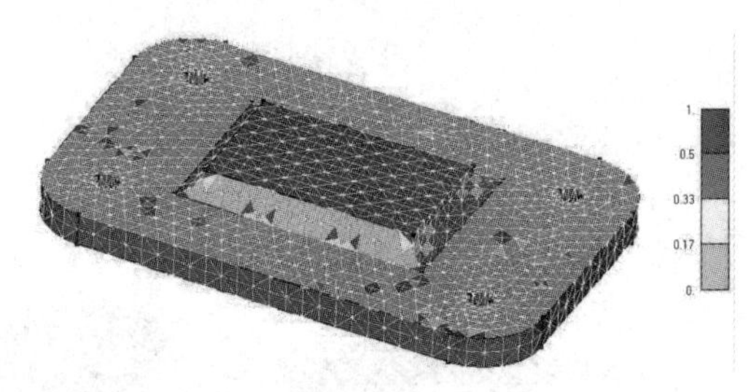

图 5-22　网格质量云图

5.5.5　网格无关性与解的收敛性

网格无关性是在一定的网格类型下，分析结果与网格密度的无关性。解的收敛性是随着网格密度的增加，解逐渐收敛到一个稳定值。网格无关性和解的收敛性是控制数值解精度的一种方式。由于网格密度增大，计算耗费资源随之增大，因此网格无关性也是平衡计算精度和计算效率的一种方法。需要注意的是，在一些问题中，网格无关性不仅与网格密度和网格质量有关，而且与选用的计算精度评估参数也有关。例如，在一些问题中，随网格密度提升，计算的局部应力的值会一直变化，这可能与分析问题的局部应力集中有关。

网格无关性测试的基本流程是：首先基于粗糙网格完成求解；然后细化网格再求解；最后对比计算结果的差异，基于差异的变化判断解的收敛性。

在判断网格无关性时，一般至少比较连续三种连续变化的网格密度得到的解，解随网格密度增大呈现解的渐近特性，并且不同网格得到的解之间的差异也变得越来越小，当差异将变得足够小时，分析人员便可以认为模型已经收敛。对比的参数可以是模型中一个或多个点上的物理场，也可以是某些域或边界上对某个物理场的积分数值。一般而言，对比的参数取决于分析目标。

因此，结构应力分析中常用的网格无关性分析的原则主要有：

(1) 位移值和应力值不随网格加密而发生显著变化，即位移变化范围小于5%，应力变化范围5%～10%。

(2) 网格无关性分析针对的最大应力区域需完整覆盖两个单元以上。

(3) 网格无关性分析的区域与分析目标有关，可以仅对关注区域或者危险区域进行网格无关性分析。

5.5.6　网格细化

网格细化主要包括全局网格细化、局部网格细化和自适应网格细化等方法。

1. 全局网格细化

减小单元尺寸是最简单的网格细化策略，其本质是减小整个建模域的单元尺寸。该方法简单，并且随着自动化分网技术和计算能力提升而得到广泛应用。但是减小网格尺寸对于局部远小于单元尺寸的微小特征而言，意义并不是很明显。

2. 自适应网格细化

自适应网格细化方法基于误差估计细化误差较大区域的网格。软件在兼顾整个模型误差的同时，会在局部误差更显著的区域使用较小的单元。

3. 手动局部细化网格

对仿真分析工程师来说，手动调整网格是根据特定问题的物理场手动创建一系列不同的有限元网格，并根据分析内容判断出哪些位置需要更精细的单元。手动网格划分方法对分析工程师的要求最高，需要对有限元法和求解的物理场有深刻的理解并具有丰富的实践经验。然而，只要运用得当，该方法可以节省大量的时间和资源。

5.5.7　典型分网技术

1. 自由网格划分

自由网格划分是自动化程度最高的网格划分技术之一，在面上可以自动生成三角形或四边形网格，在体上可以自动生成四面体网格，如图 5 - 23(a)所示。Ansys 支持智能尺寸控制技术，自动控制网格的大小和疏密分布、人工设置网格的大小、疏密分布和分网算法等。

对于复杂几何模型而言，这种分网方法省时省力，缺点是单元数量大，计算效率降低。同时，对于三维复杂几何模型只能生成四面体单元。分析时，为了应力计算精度，需采用二阶四面体单元(十节点四面体单元)。

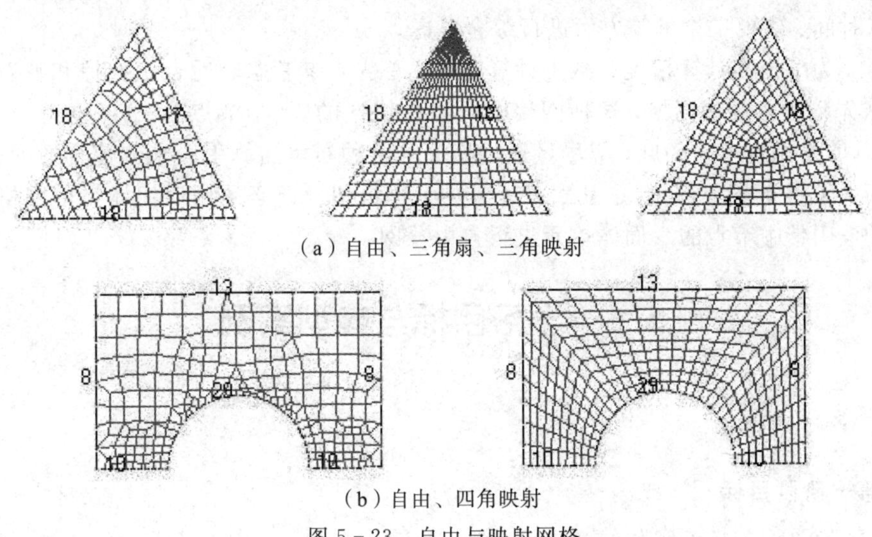

(a) 自由、三角扇、三角映射

(b) 自由、四角映射

图 5 - 23　自由与映射网格

2. 映射网格划分

映射网格划分是对规则模型的一种网格划分方法，如图 5-23(b)所示，映射网格要求面或体的形状遵循一定的规则。

面体划分四边形映射网格时须满足：

(1) 此面必须由 3 条或 4 条线围成；

(2) 在对边上必须有相等的单元划分数；

(3) 如果此面由 3 条线围成，则三条边上的单元划分数必须相等且必须是偶数。

实体划分六面体单元映射网格时，必须满足 4 个条件：

(1) 它必须是砖形(六面体)、楔形体(五面体)或四面体形；

(2) 在对面和侧边上所定义的单元划分数必须相等；

(3) 如果体是棱柱形或四面体形，则在三角形面上的单元划分数必须是偶数；

(4) 相对棱边上划分的单元数必须相等，但不同方向的对应边可以不相等。

对于复杂三维几何模型，需要利用布尔运算功能将其切割成一系列四、五或六面体，然后对这些切割好的体进行映射网格划分。

面的三角形映射网格划分往往可以为体的自由网格划分服务，使体的自由网格划分满足一些特定的要求，如体的某个狭长面的短边方向上要求一定要有一定层数的单元，某些位置的节点必须在一条直线上等。

3. 扫掠网格划分

对于由面经过拖拉、旋转、偏移等方式生成的复杂三维实体而言，可先在原始面上生成壳单元形式的面网格，然后在生成体的同时自动形成三维实体网格；对于三维复杂实体，如果其在某个方向上的拓扑形式保持一致，则可用扫掠网格划分功能来划分网格。

复杂几何体不能满足扫掠网格生成条件，需要切割几何体进行预处理。

4. 混合网格划分

混合网格划分即在几何模型上，根据各部位的特点，分别采用自由、映射、扫掠等多种网格划分方式，以形成综合效果较好的有限元网格模型。混合网格划分方式要在计算精度、计算时间、建模工作量等方面进行综合考虑。

通常，为了提高计算精度和减少计算时间，首先，应考虑对适合于扫掠和映射网格划分的区域先划分六面体网格，这种网格既可以是线性的(无中节点)，也可以是二次的(有中节点)，如果无合适的区域，应尽量通过切分等多种布尔运算手段来创建合适的区域(尤其是对所关心的区域或部位)。其次，对实在无法再切分而必须用四面体自由网格划分的区域，可采用带中节点的六面体单元进行自由分网。

5.6 学习目标与典型案例

5.6.1 学习目标

1. 第一阶段目标

(1) 了解单元与插值函数的基本概念。

(2) 了解结构分析中主要的单元：三角形单元、四边形单元、四面体单元和六面体单元。

(3) 了解网格划分的基本内容：网格大小和基本分网流程。

(4) 能够划分简单几何体六面体网格。

(5) 能够完成包括面网格和体网格的网格建模。

2. 第二阶段目标

(1) 熟悉网格划分基本流程和关键细节，如网格硬点控制、由面网格到体网格的方法。

(2) 了解单元形函数、单元精度、网格质量与分析精度的内在关联。

(3) 熟悉质量单元、梁/柱单元、刚性单元等常用结构分析用单元类型。

(4) 能够独立划分复杂的几何模型(1D/2D/3D)。

(5) 了解网格质量的常用判定参数，并能够控制网格质量。

(5) 能够完成中等难度的六面体划分，并能够控制网格细节。

3. 高级阶段目标

基于不同建模要求，选用合适的网格，并能够准确控制单元质量，为有限元分析提供高质量的网格模型。

5.6.2　典型案例介绍

1. 阶梯轴分网

(1) 学习目标。

采用多种方法生成阶梯轴网格，主要包括四面体、六面体、六面体为主等。

(2) 问题简介。

几何模型为阶梯轴，采用多种方式生成有限元网格，如图 5-24 所示。

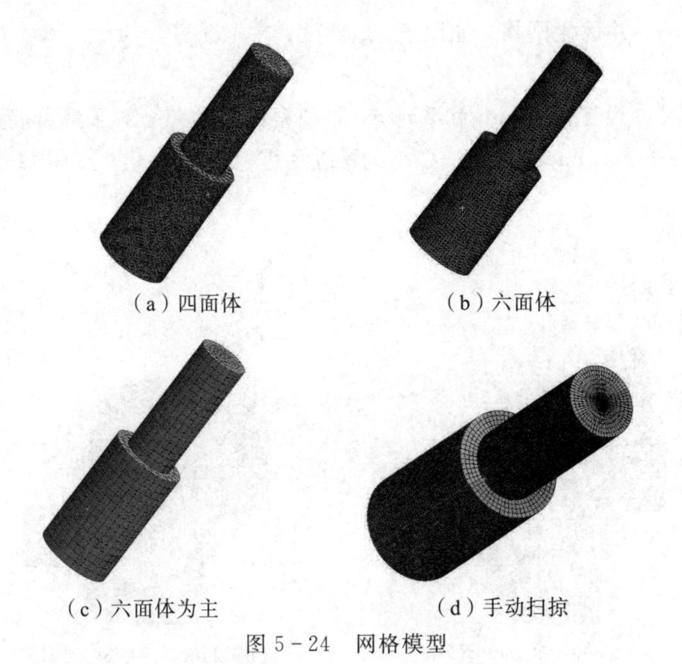

(a) 四面体　(b) 六面体

(c) 六面体为主　(d) 手动扫掠

图 5-24　网格模型

(3) 建模步骤。

选择 Static strucral 模块；导入几何体；设置单位制；零件设置材料为钢；分网，六面体网格；设置网格大小为 2 mm；选择不同方法分网；在几何处理模块中分割几何体；采用扫掠方法生成扫掠网格。

(4) 分析结果。

不同分网结果如图 5-24 所示。

(5) 进阶练习。

采用一端固定，一端施加扭矩，比较不同网格的计算结果。

(6) 点评分析。

一般而言，六面体网格的计算效率和精度高于四面体网格，但是自动六面体分网的限制较多，因此对于复杂几何模型，要想获得高效的六面体网格，往往意味着需要大量的时间。

建模过程

操作视频

2. 连接件分网

(1) 学习目标。

掌握网格整体尺寸设置、局部尺寸设置和局部网格优化方法。

(2) 问题简介。

对连接件分网，并优化网格，如图 5-25 所示。

(3) 建模步骤。

将模型网格尺寸设置为 5 mm 和 2 mm，并观察网格质量；对于局部特征进行面网格划分，使用 Face meshing、Face sizing、Pinch 等指令进行网格优化；使用 Hex dominant 进行六面体网格划分。

(4) 分析结果。

网格划分结果如图 5-25 所示。

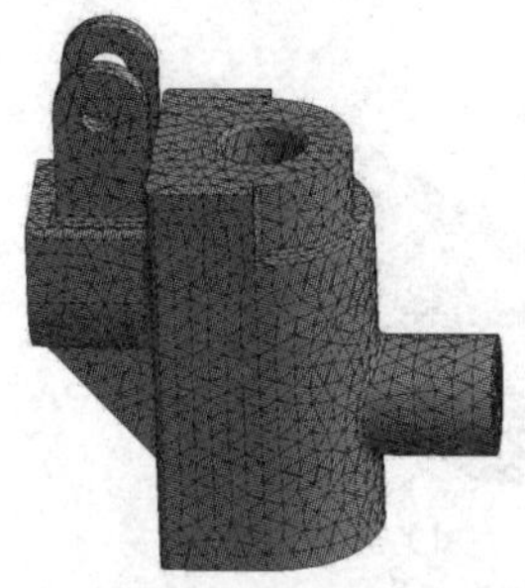
(a) 5 mm：28 890个网格

(b) 2 mm：94 780个网格

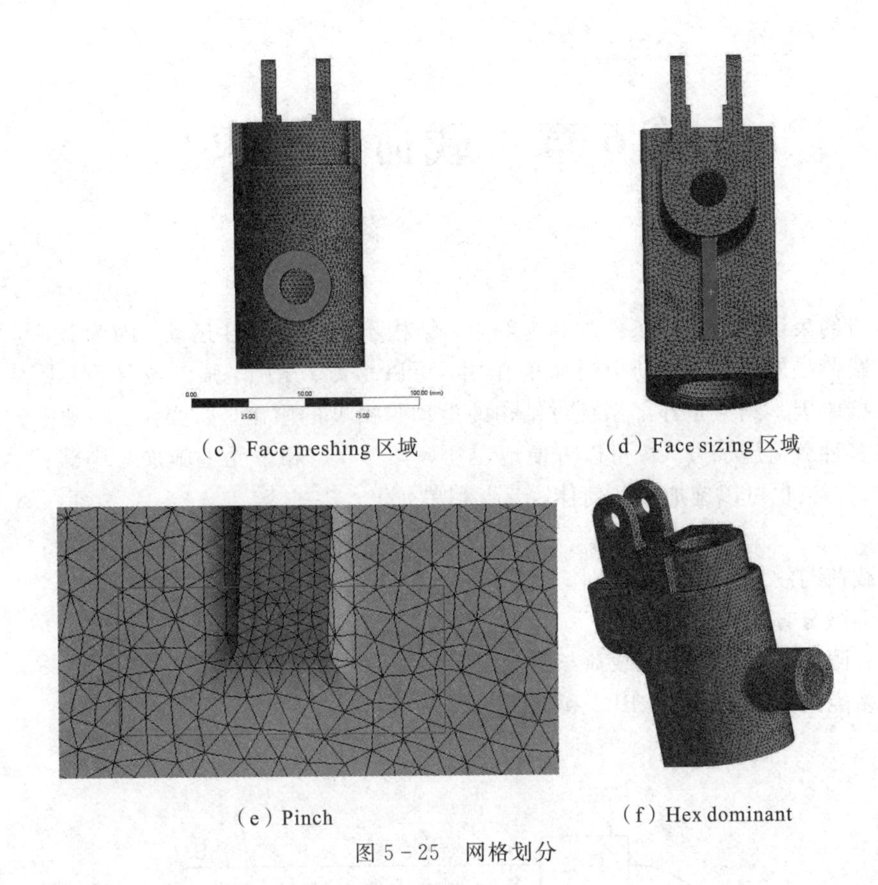

(c) Face meshing 区域　(d) Face sizing 区域

(e) Pinch　(f) Hex dominant

图 5 - 25　网格划分

(5) 进阶练习。

对于模型一端固定，一个区域施加载荷，观察不同网格模型计算结果的差异和计算时间。

(6) 点评分析。

网格质量对于分析结果有较大的影响，但是相较于错误的力学建模而言，网格差异导致的偏差又是可以控制的。网格尺寸直接影响网格数量和计算效率，因此在满足精度要求的前提下，尽量选用少的网格。

建模过程

操作视频

第 6 章 载荷与约束

本章导读

载荷与约束统称为边界条件。因为约束，结构不能发生刚性运动；因为载荷，结构发生变形。载荷是外部系统对研究对象的作用，可以是力、压强、强制位移等，是结构发生变形的直接原因。约束是外部系统对结构的运动自由度的限制，如位移、转动等。有限元软件支持多种载荷施加方式，可以方便地在几何体、节点和单元上施加集中载荷、分布载荷。同样，约束也可以施加在几何体、节点和单元上。

学习重点

(1) 载荷与约束概念及其区别。

(2) 偏微分方程与边界条件。

(3) 有限元软件中典型的载荷与约束及其施加方式。

(4) 多点约束、RBE1、RBE2 和 RBE3。

思维导图

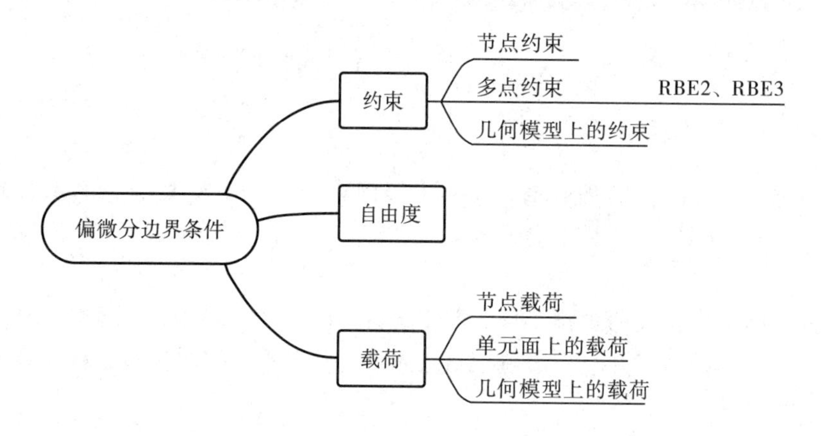

6.1 载荷与约束概论

载荷与约束是外部系统对于研究对象的作用。例如，大雪对房屋屋顶的压力，风对大桥的流体作用，地面对房屋的约束。这些外部的作用可以统一采用一个概念表达，即力。作用形式的差别产生了载荷与约束。一般认为载荷是力，而约束为运动自由度。

载荷与约束统称为边界条件。载荷是外部系统对研究对象的作用，可以是力、压强、强制位移等。约束是外部系统对结构刚体运动的自由度的限制，如位移和转动约束。载荷与约束的区别可以利用静力学有限元中的刚度位移矩阵方程进行说明。在无外力作用时，结构处于平衡状态。无约束时，结构受到力之后，结构产生刚性位移。结构的约束在于消除结构的刚性运动。受到载荷的作用，约束的结构会发生变形。

有限元软件支持多种载荷施加方式，可以方便地在几何体、节点和单元上施加集中载荷、分布载荷，为有效地模拟实际载荷工况提供了保证。同样，约束可以施加于节点和单元上，同样也可以施加在几何体上，并且约束的数目必须足以限制结构 x，y，z 方向的平移和旋转自由度。有限元方法是基于网格的数值计算，因此无论是载荷还是约束，在解算的时候都会体现在刚度位移矩阵方程中，也就是体现在一个节点的某个自由度的方程中。

为了提高软件的易用性，有限元软件更倾向于在几何模型上施加边界条件，一方面可以突出对于模型直接测试和评估的理念，另一方面也与基于主模型设计(MBD)的理念更吻合。将载荷和约束定义在几何体上，也是因为建模过程中网格调整相对比较频繁，如果定义在网格上，网格发生调整，相应的载荷和约束也要重新定义。

6.2 偏微分方程与边界条件

客观世界的物理量 u 随时间和空间位置而变化，表达为时间坐标 t 和空间坐标 (x_1, x_2, x_3) 的函数 $u(x_1, x_2, x_3)$。物理量 u 的变化规律表现为它关于时间和空间坐标的各阶变化率之间的关系式，即函数 u 关于 t 与 (x_1, x_2, x_3) 的各阶偏导数之间的等式，这种包含未知函数及其偏导数的等式称为偏微分方程。偏微分方程是同一类现象的共同规律的表示式，具有无穷解(通解)；对于具体的物理问题，需要根据初始条件和边界条件，才能得到方程的确定解(特解)。

边界条件是指在求解区域边界上变量 u 及其导数随时间和位置的变化规律。初始条件是指过程发生的初始状态，也就是 u 及其对时间各阶导数在初始时刻 $t=0$ 时的值。

对于静力学问题，边界条件不随时间发生变化，不需要初始条件。边界条件包括力边界条件和几何边界条件。弹性力学分析中，待求变量为位移，几何边界条件也称为第一类边界条件(Dirichlet boundary)，力边界条件称为第二类边界条件 (Neumann boundary)。通常结构有限元软件称第一类边界条件为约束，第二类边界条件为载荷。

1. 力边界条件

弹性体在边界上单位面积上的力为 T_x，T_y，T_z，在边界 S_σ 上已知单位面积上作用的力为 $\bar{T}_x$，$\bar{T}_y$，$\bar{T}_z$，根据平衡条件：

$$T_x=\bar{T}_x \quad T_y=\bar{T}_y \quad T_z=\bar{T}_z$$

边界外法线余弦为 n_x，n_y，n_z，则边界上的内力为

$$T_x=n_x\sigma_x+n_y\tau_{yx}+n_z\tau_{zx}$$
$$T_y=n_x\tau_{xy}+n_y\sigma_y+n_z\tau_{zy}$$
$$T_z=n_x\tau_{xz}+n_y\tau_{yz}+n_z\sigma_z$$

因此，边界条件的矩阵形式为

$$\boldsymbol{T}=\bar{\boldsymbol{T}}=\boldsymbol{n}\boldsymbol{\sigma}$$

2. 几何边界条件

在边界 S_u 上已知位移为 $\bar{u}$，$\bar{v}$，$\bar{w}$，根据平衡条件

$$u=\bar{u} \quad v=\bar{v} \quad w=\bar{w}$$

矩阵形式为

$$\boldsymbol{u}=\bar{\boldsymbol{u}}$$

对于一维问题，还需要包括三个转动的自由度。

3. 有限元中边界条件的处理

(1) 力边界条件。

在基于虚功原理或者变分法的弹性力学有限元中，力边界条件直接体现在方程中，是自然满足的，无须做额外处理。

(2) 几何边界条件。

几何边界条件也叫作位移边界条件。几何边界条件通常需要在整体刚度矩阵中采用划零置一法或者置大数法处理。几何边界条件施加从根本上讲是对刚度位移矩阵方程进行调整，因此无论是基于节点或者单元的约束，还是基于几何体的约束，最终都会转化为节点约束，最后以节点所在的行与列矩阵系数修正的方式实现。

具体矩阵处理方法在 7.2.2 小节中进行介绍。

6.3 约　　束

约束是弹性力学中几何边界条件或者位移边界条件。在三维空间中，位移边界条件包括三个平动自由度和三个转动自由度。

在有限元中，建立约束条件的基本要求是结构不能发生刚性运动，也就是每个节点都不能发生刚性运动。对于边界节点需要通过外部作用约束节点的运动，内部节点通过与边界节点的连接(如共节点)，约束其刚性运动，因此从本质上讲，约束是建立节点间自由度的关联。

节点约束主要包括：节点自由度直接约束，如外界对于模型的固定约束；节点之间的自由度的约束，如多点约束。除了在节点上建立约束外，在几何模型上直接建立约束是一种简捷有效的处理方式。

6.3.1　自由度

在结构有限元中，自由度(Degree Of Freedom，DOF)指的是单元节点各方向上的位移，也是刚度矩阵方程的解。节点自由度有三个基本量：数量、方向和性质，如果说两种单元节点的自由度相同，就是指节点自由度的数量和性质相同。例如六面体单元节点的运动自由度有 3 个，方向是 x、y 和 z 轴，性质是位移。

1. 自由度方向与单元坐标系

自由度的方向是相对于坐标系而言的，在结构分析中，自由度一般包括 x 方向的平动 u、y 方向的平动 v、z 方向的平动 w、绕 x 轴的转动 rx、绕 y 轴的转动 ry、绕 z 轴的转动 rz。在 Ansys 中，对节点施加自由度约束、耦合自由度、约束方程时，是基于节点坐标系处理的。

2. 不同单元的节点自由度

自由度的性质是指其物理意义，也更能反映其本质。同一方向的两个自由度，其性质不一定相同，如壳单元的第 6 个自由度为面内转动自由度 *rz*，是为了方便壳单元刚度阵的转换而引入的假设自由度，没有真正的物理意义，与梁单元的 *rz* 自由度物理意义有本质的不同，所以梁与壳单元不能仅靠节点连接。

在实际工程结构仿真建模时，常遇到多种类型单元的组合模型，如梁＋壳单元、梁＋实体单元，此时就需要考虑各种单元间的连接。当不同类型单元节点的自由度相同时，采用共用节点连接即可；当单元节点的自由度不同时，则需要对自由度进行额外处理。常用的处理方法有约束方程、单元释放自由度、刚性梁、MPC(Multi-Point Constraint)法等。

3. 简单支撑与自由度约束

固定边界条件的本质是边界上节点在各自由度方向的位移值为 0；铰支边界条件的本质是边界上节点在除转动方向的自由度外，其余自由度方向的位移值为 0。

6.3.2　节点约束

单元节点的自由度在某方向有约束(见图 6－1)，是指单元节点在该方向的自由度是存在的，且该方向位移大小为一指定值，单元通过节点能传递该方向对应的力。与约束对应的概念是释放，自由度在某方向释放，即节点在该方向是自由的，单元无法通过节点传递内力。

(a) 节点约束

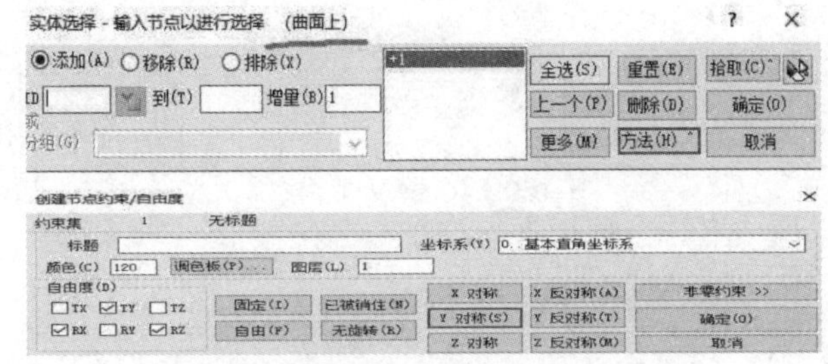

(b) 基于曲面选择节点和节点自由度约束

图 6－1　节点自由度约束

6.3.3　多点约束

多点约束(MPC)用于在不同节点自由度之间施加约束。简单来说，MPC 定义的是一种节点自由度间的耦合或依赖关系，即以一个节点的某几个自由度为标准值，然后令其他指定的节点的某几个自由度与这个标准值建立关系。多点约束常用于模拟一些特定的物理现象，如刚性连接、铰接、滑动等。多点约束也可用于不相容单元(节点自由度不相同)间的载荷传递。从某种意义上说，建立约束即建立两个或多个节点之间的联系，因而也可将 MPC 约束说成是 MPC 单元。

MPC 约束包括刚性约束与柔性约束两种。如 RBAR、RBE1、RBE2 建立的是刚性单元，这些单元局部刚度是无限大；而 RBE3、RSPLINE 单元则是柔性单元，柔性单元只是建立了不同节点的力与力矩的分配关系，也称之为插值单元，其局部刚度为零，不会对系统刚度产生影响。

1. 多点约束数学表达

多点约束也称为约束方程(Constraint Equation)，其数学表达式为

$$\sum_j A_j G_j = 0$$

式中，A_j 为系数值，G_j 为节点 G 在 j 方向的自由度。多点约束具体输入格式需要查阅相关求解器的格式说明。例如在 Nastran 中第一个节点为从属节点，如图 6 - 2 所示。

1	2	3	4	5	6	7	8	9	10
MPC	SID	G1	C1	A1	G2	C2	A2		
		G3	C3	A3	— etc. —				

图 6 - 2 MPC 数据卡片

图 6 - 2 中 MPC 为关键字，SID 为卡片编号，G1 为从节点编号，C1 为从节点自由度，A1 为从节点比例系数，G2 为主节点编号，C2 为主节点自由度，A2 为主节点比例系数。

Nastran 基于线性消除法(Linear Elimination Method)或者拉格朗日乘子法(Lagrange Multiplier Method)计算多点约束方程。

多点约束模型如图 6 - 3(a)所示，约束方程为 $x_3 = 0.5x_1 + 0.5x_2$，基于线性消除法的计算过程如图 6 - 3(b)所示。

K

x_3=0.5*x_1+0.5*x_2

M

k

m m

x_1 x_2

(a) 模型

初始方程：

$$\begin{bmatrix} m & 0 & 0 \\ 0 & m & 0 \\ 0 & 0 & M \end{bmatrix} \begin{Bmatrix} \ddot{x}_1 \\ \ddot{x}_2 \\ \ddot{x}_3 \end{Bmatrix} + \begin{bmatrix} k & -k & 0 \\ -k & k & 0 \\ 0 & 0 & K \end{bmatrix} \begin{Bmatrix} x_1 \\ x_2 \\ x_3 \end{Bmatrix} = \begin{Bmatrix} P_1 \\ P_2 \\ P_3 \end{Bmatrix}$$

约束方程：

$$x_3 = \begin{bmatrix} 0.5 & 0.5 \end{bmatrix} \begin{Bmatrix} x_1 \\ x_2 \end{Bmatrix}$$

线性消除法消除 x_3 后方程：

$$\begin{bmatrix} m+0.25M & 0.25M \\ 0.25M & m+0.25M \end{bmatrix} \begin{Bmatrix} \ddot{x}_1 \\ \ddot{x}_2 \end{Bmatrix} +$$

$$\begin{bmatrix} k+0.25K & -k+0.25K \\ -k+0.25K & k+0.25K \end{bmatrix} \begin{Bmatrix} \ddot{x}_1 \\ \ddot{x}_2 \end{Bmatrix} = \begin{Bmatrix} P_1+0.5\,P_3 \\ P_2+0.5\,P_3 \end{Bmatrix}$$

(b) 基于线性消除法的计算过程

图 6 - 3 多点约束

2. 多点约束主要形式

多点约束的主要功能是传递载荷，同时也会发生一定的变形。在结构有限元中，多点约束通常以单元的形式存在，主要包括 RROD、RBAR、RTRPLT、RBE1、RBE2、RBE3、RSPLINE、RSSCON、MPC 等形式。

（1）RBAR。

RBAR 用于模拟大刚度，或者相对刚度差异巨大的结构对于从属结构的约束。但是，需要注意的是，这些刚性单元会引入局部的刚度过大，甚至能够造成刚度矩阵的对角系数差异过大，导致病态矩阵方程。

（2）RBE2。

RBE2 基于约束方程建立从节点自由度和主节点自由度的耦合关系，而并不是直接参与刚度方程计算，因此可以避免病态矩阵方程的出现，在结构建模中应用最为广泛。

使用 RBE2 单元时，只能指定一个主节点，且主节点的六个自由度被用来参与对从节点的载荷分配或约束，如图 6－4 所示。

RBE2 单元与 RBE1 单元的区别在于 RBE2 的 Independent 只需定义节点，而不必指定自由度，因为它包含节点的 6 个自由度；但 RBE1 的 Independent 需要指定节点自由度。

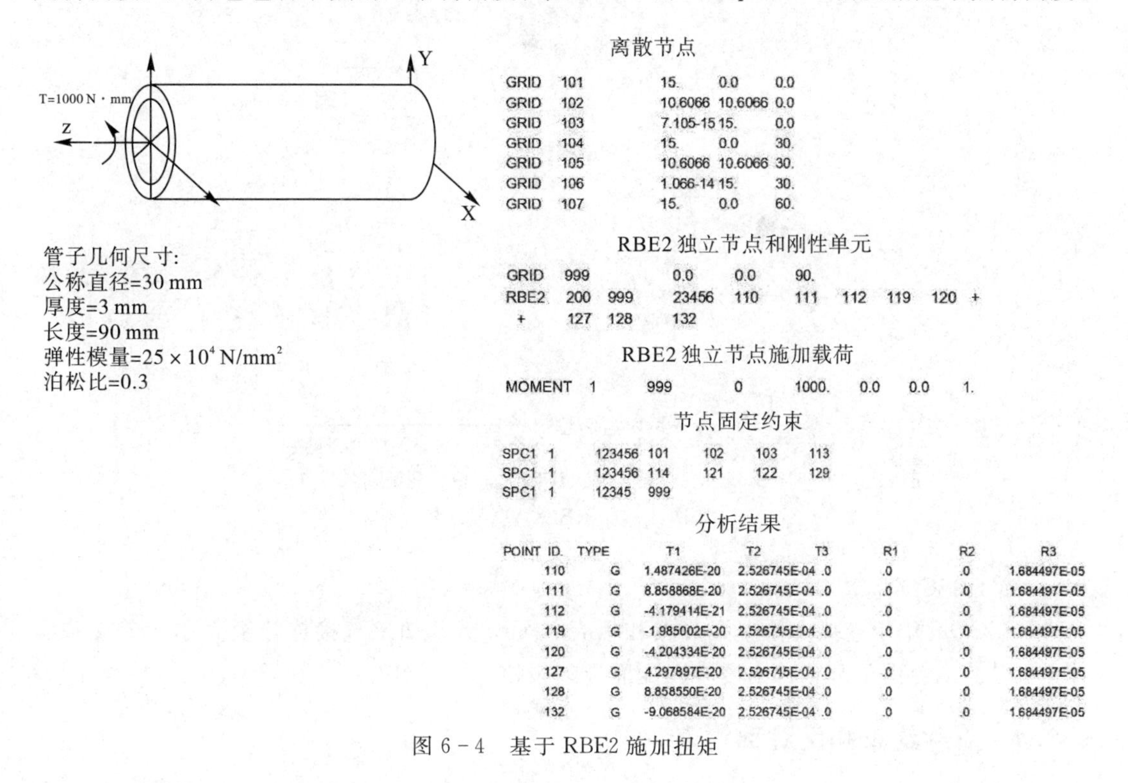

POINT ID.	TYPE	T1	T2	T3	R1	R2	R3
110	G	1.487426E-20	2.526745E-04	.0	.0	.0	1.684497E-05
111	G	8.858868E-20	2.526745E-04	.0	.0	.0	1.684497E-05
112	G	-4.179414E-21	2.526745E-04	.0	.0	.0	1.684497E-05
119	G	-1.985002E-20	2.526745E-04	.0	.0	.0	1.684497E-05
120	G	-4.204334E-20	2.526745E-04	.0	.0	.0	1.684497E-05
127	G	4.297897E-20	2.526745E-04	.0	.0	.0	1.684497E-05
128	G	8.858550E-20	2.526745E-04	.0	.0	.0	1.684497E-05
132	G	-9.068584E-20	2.526745E-04	.0	.0	.0	1.684497E-05

图 6－4　基于 RBE2 施加扭矩

（3）RBE3。

作为一种柔性单元，RBE3 单元在分配载荷（力和力矩）方面是一个强有力的工具。与 RBAR 和 RBE1 单元不同的是，其在计算中不会增加系统的刚度。力和力矩在 RBE3 单元的作用下，通过相应的权值，被从节点分配到主节点上。在实际应用中，RBE3 单元没有 RBE2 单元应用广泛，原因是节点权值难以有效设置。

RBE3 分配载荷的原理与多个螺栓分配载荷的方式基本一样。CG 为中心节点。螺栓面积为权函数 ω_i。一方面螺栓上的力耦合在中心节点 CG 上，同样，CG 节点的力和弯矩，可以基于权函数分配点各个节点上，如图 6－5 所示。

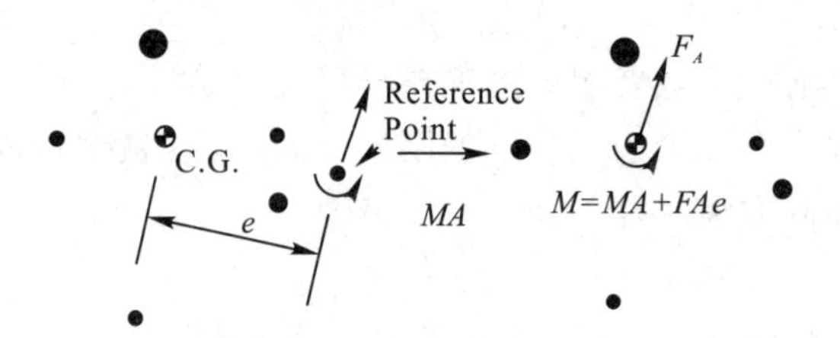

（a）将参考节点载荷（力与力矩）等效移至节点围成面域的中心节点CG

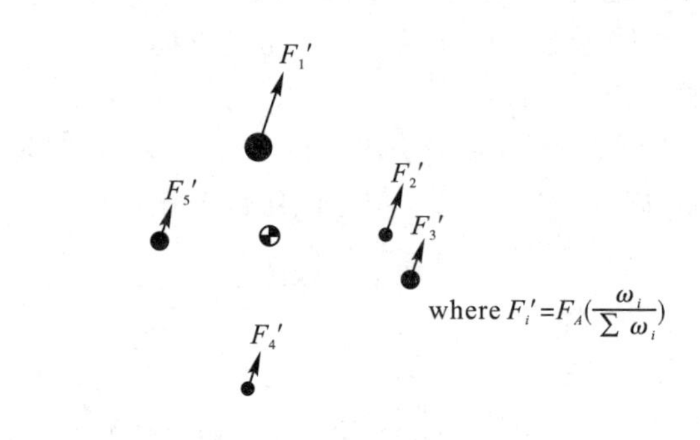

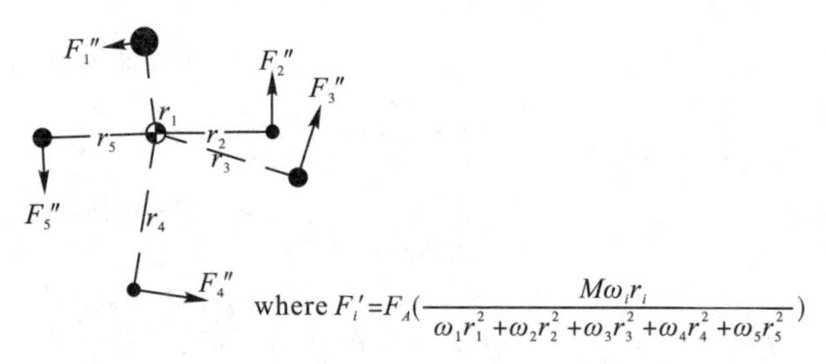

（b）将CG节点的力与力矩按照相应的权值，分配到各节点上

图 6-5 RBE3 基本原理

（4）RSSCON。

RSSCON 用于连接实体单元节点和板壳单元节点。如果直接连接板壳单元节点和实体单元节点，会由于节点自由度不匹配而导致报错。

6.3.4 对称约束和反对称约束

如果结构和载荷都有对称性，可以建立半模型或者四分之一模型，并在对称面上设定对称约束，对称与反对称如图 6-6 所示。对于四分之一模型，还需要在对称面上设置相应节点约束。图中，P 代表力，q 代表载荷集度。

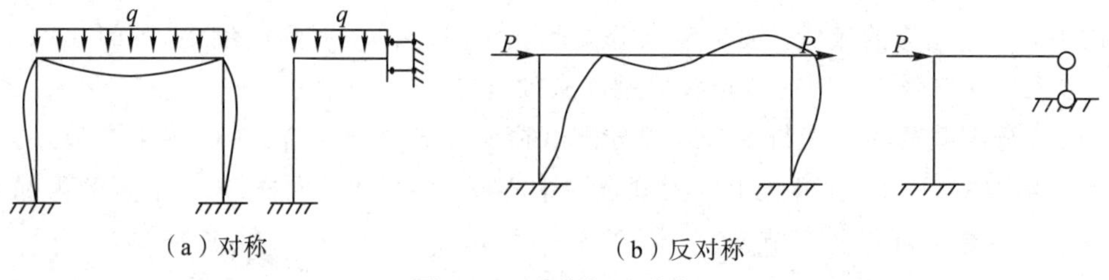

（a）对称 （b）反对称

图 6-6 对称与反对称

结构和载荷都反对称时，也可以利用半模型或者四分之一模型仿真，并在反对称面上设置反对称约束。

对称约束和反对称约束设置自由度的方法如表6-1所示，表中TX、TY、TZ代表x、y、z方向的位移自由度，RX、RY、RZ代表x、y、z方向的转动自由度。

表6-1　对称约束和反对称约束

对称面/反对称面	对称约束	反对称约束
XY	TZ RX RY	TX TY RZ
YZ	TX RY RZ	TY TZ RX
ZX	TY RX RZ	TX TZ RY
XY/YZ	TX TZ RX RY RZ	TX TY TZ RX RZ
YZ/ZX	TX TY RX RY RZ	TX TY TZ RX RY
ZX/XY	TY TZ RX RY RZ	TX TY TZ RY RZ

6.3.5　几何模型上的约束

几何模型上的约束是指定义在几何构成要素上的约束，如图6-7所示。几何模型上定义约束的方法具有物理意义直观、方便理解的特点。在几何模型上定义约束时，工程师不需要过度考虑节点自由度约束的物理含义，例如直接对于悬臂梁上一端固定，对称面约束等。几何模型上的约束可以按照有限元中自由度约束的方式定义约束，例如平面上节点的平动自由度约束。也包括一些力学分析中常用的约束，如对称、反对称、仅压支撑(Compression Only Support)、圆柱支撑(Cylindrical Support)等。

几何模型上约束与节点约束的关系：在几何模型划分网格后，生成求解器输入文件时，定义在点、曲线、曲面、实体上的约束，基于网格与几何模型的关联关系，转换为节点约束。

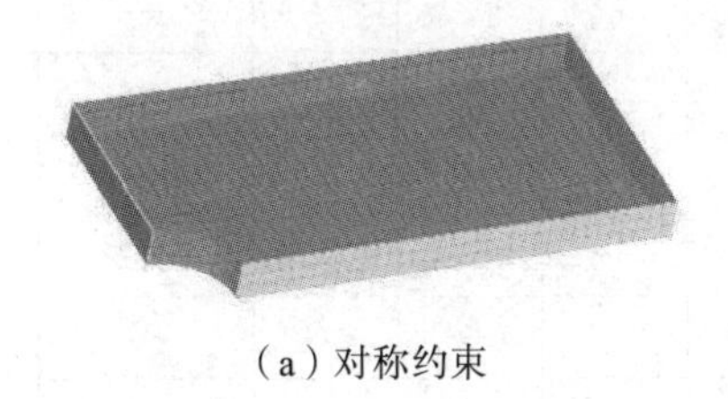

(a) 对称约束

(b) 曲面对称约束

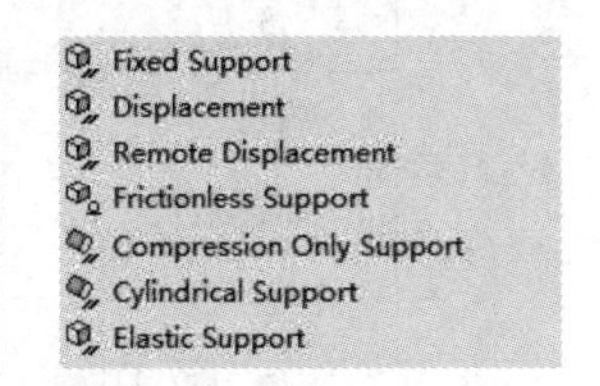

(c) 曲面：Frictionless support

图6-7　几何模型上的约束

6.4　载　　荷

结构分析中，载荷可以分为不随时间变化的静载荷、准静载荷和随时间变化的动载荷。载荷在结构网格离散之后，作用在结构上的载荷也相应离散为单元中心载荷、单元面载荷或节点载荷。

1. 载荷类型

载荷是有限元模型的重要组成部分，一个有限元模型中可以包括多个载荷和约束。分析模型中可以包括多个工况，每个工况中包含的载荷与约束是相互独立的。

线性静力学分析中的静载荷和准静态载荷与时间或者顺序无关，而非线性分析载荷的加载顺序可以通过载荷步长控制。载荷不仅可以依赖于时间，还可以与位移、相位、频率等相关，这种相关性在有限元前处理软件中常常以函数依赖的方式定义。

常用的机械载荷有力、力矩、分布载荷、压力/压强、强制位移、强制旋转、速度、加速度、角加速度、螺栓预紧力等，此外，还有体积载荷、热载荷、流体载荷等，如表 6-2 所示。

表 6-2　常用载荷

载荷		施加位置		类型	函数相关性					
		节点	单元		时间	温度	位移	相位	频率	位置/场
机械载荷	力	√	—	矢量	√	—	√	√	√	√
	力矩	√	—	矢量	√	—	√	√	√	√
	分布载荷	—	√	矢量	√	—	√	√	√	√
	压力/压强	—	√	矢量	√	—	√	√	√	√
	强制位移	√	—	矢量	√	—	√	√	√	—
	强制旋转	√	—	矢量	√	—	√	√	√	—
	速度	√	—	矢量	√	—	—	√	√	—
	角速度	√	—	矢量	√	—	—	√	√	—
	加速度	√	—	矢量	√	—	—	√	√	—
	角加速度	√	—	矢量	√	—	—	√	√	—
	螺栓预紧力	—	√	矢量	/	—	—	—	/	—
体积/环境载荷	重力	—	√	矢量	√	—	—	—	√	—
	离心力	—	√	矢量	√	—	—	—	√	—
	加速度	—	√	矢量	√	—	—	—	√	—
	角加速度	—	√	矢量	√	—	—	—	√	—
	环境温度	√	√	标量	—	—	—	—	/	—
热载荷	温度	—	√	标量	√	—	—	—	/	√
	对流	—	√	标量	√	√	—	—	/	√
	辐射	—	√	标量	√	√	—	—	/	√
	热流束	√	√	标量	√	—	—	—	/	√
	生热	√	√	标量	√	—	—	—	/	√
流体载荷	静压	√	—	矢量	√	—	—	—	√	√
	全压	√	—	矢量	√	—	—	—	√	—

2. 节点载荷

节点载荷是有限元分析中最为直接的加载方式。

(1) 节点力 Force。

节点力以集中力的方式出现，节点力是一种矢量载荷，需要指定载荷的大小和方向，施加的位置为节点。矢量方向可以采用多种形式，如两个节点、矢量坐标(n_1，n_2，n_3)等。

(2) 节点力矩 Moment。

节点力矩为矢量，需要指定载荷的大小和方向，施加的位置为节点。节点力矩在很多时候与刚性单元一起使用。

(3) 节点强制位移和回转角。

节点强制位移和回转角的处理方式与力和力矩的处理方式稍有不同，强制位移和回转角的处理方式与约束的处理方式较为类似，采用单点约束(SPC)的方式处理。

(4) 节点温度。

在热分析中，温度是第一类边界条件，但是在热力耦合分析中，节点温度作为载荷的一种形式。热力耦合分析中，需要定义材料的热膨胀系数，为热变形计算提供材料数据支撑。

(5) 热力耦合分析中的温度载荷。

热力耦合是热力学和结构/固体力学的耦合分析。耦合的方式是温度场计算和应力场计算相互迭代，直至满足收敛要求。热力耦合分析中，节点温度载荷是应力分析时的一种随位置变化的节点载荷。

3. 单元面上压力载荷

在板壳单元、实体单元的三角形或者四边形面上可以定义压力载荷。

4. 体载荷

惯性力作为一种体积力，在弹性问题的变分方程中自动计算，不需额外处理。体载荷可以作为静态载荷定义在整体结构模型上。对于重力，需要定义重力方向和材料的密度。对于离心力，需要定义回转速度、回转加速度和回转中心轴。

(1) 惯性力载荷。

惯性力载荷有重力、刚体运动加速度、回转速度、回转加速度、静态地震载荷。在有限元分析中，重力和惯性力通过定义加速度的方式处理。

(2) 离心力载荷。

离心力载荷通过定义回转速度、加速度和回转轴的方式施加。

5. 几何模型上的载荷

载荷也可以直接定义在几何模型上。与在几何模型上定义约束一样，在几何模型上定义载荷具有物理含义直观明确的特点。图6-8所示为Ansys中的载荷与约束。

Ansys中的Remote Force和Remote Displacement是基于几何模型建立载荷的一种典型应用。Remote Force在Remote Point上施加力；Remote Displacement在Remote Point上施加强制位移。Remote Force或者Remote Displacement包括两个部分：一是连接Remote Point和依赖几何要素之间的多点约束或者刚性单元；二是在Remote Point上施

加载荷。Remote Point 可以认为是刚性单元中的独立节点。

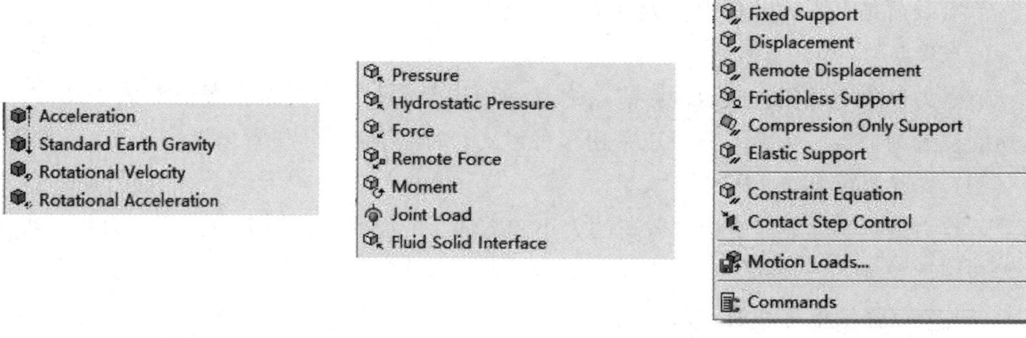

（a）体载荷　　（b）力/力矩/压力　　（c）约束

图 6－8　Ansys 中基于几何体的载荷与约束

6.5　学习目标与典型案例

6.5.1　学习目标

1. 第一阶段目标

（1）了解自由度、约束和载荷的基本概念。

（2）了解基本载荷与约束的物理含义。

（3）掌握基于几何体施加载荷与约束的施加方式。

（4）了解节点和单元上施加载荷与约束的处理方式。

2. 第二阶段目标

（1）了解自由度与约束的含义。

（2）理解约束和载荷在有限元解算过程中的基本处理方式。

（3）了解多点约束及其基本原理。

（4）理解基于几何体的载荷与约束施加的基本原理。

（5）理解不同载荷与约束处理方式对于分析结果的影响。

3. 高级阶段目标

针对复杂模型建立合理的边界条件，并能深入理解不同边界处理技术对于建模的影响。

6.5.2　典型案例介绍

1. 悬臂梁变形计算

当固定端处弯矩相等的前提下，研究两种载荷形式下，悬臂梁自由端的最大变形，其中 $m=Pl$，l 为梁的长度，如图 6－9 所示。

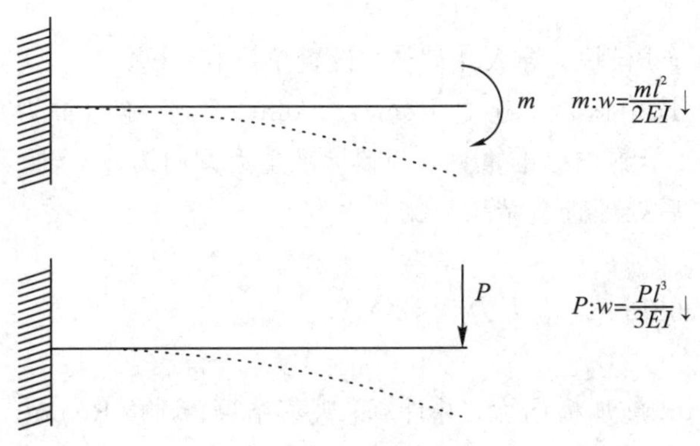

图 6－9　悬臂梁：弯矩和集中力对于变形的影响

2. 千斤顶底座受力分析

对千斤顶底座进行力学仿真分析，要求对千斤顶底座的固定底孔施加远程载荷(Remote Force)，观察底座受力和变形情况。

(1) 学习目标。

理解远程载荷(刚性单元)建模方法及其对仿真结果的影响。

(2) 问题简介。

在模型底面上施加固定约束(Fixed Support)，模型上方加上一个远程受力点(Remote point)(X：0 mm；Y：100 mm；Z：38 mm)，施加重力 500 kg，千斤顶底座模型与分析结果如图 6－10 所示。

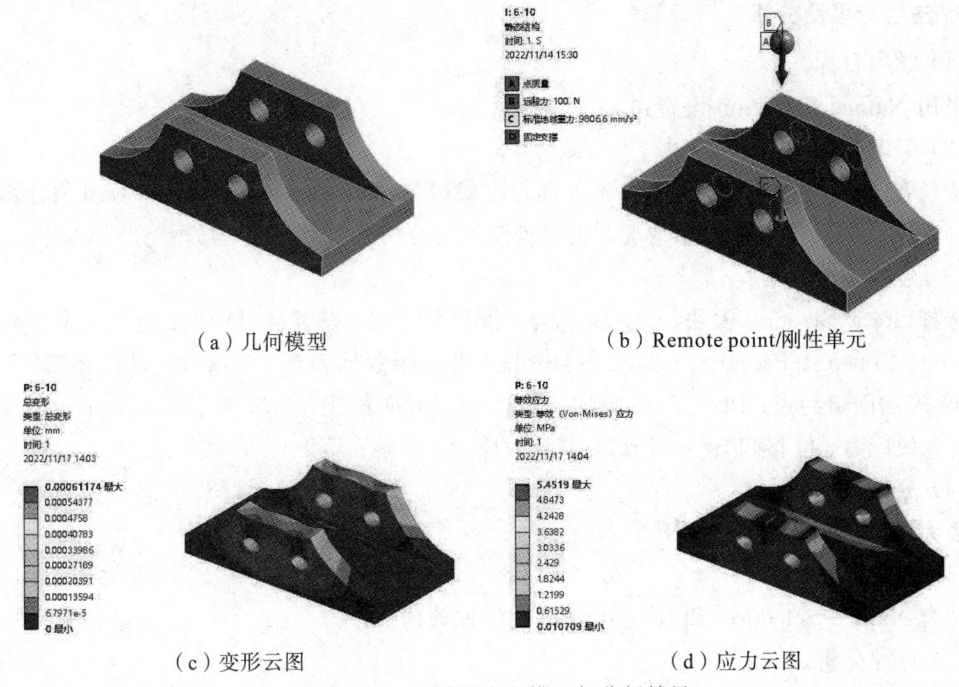

(a) 几何模型　　(b) Remote point/刚性单元

(c) 变形云图　　(d) 应力云图

图 6－10　千斤顶底座模型与分析结果

（3）建模步骤。

选择 Static Strucral 模块；导入几何体；设置单位制；设置材料为钢；分网；选中约束区域施加固定约束；选中区域，建立 Remote Point，然后施加重力 500 kg；在 Remote Point 施加 y 轴-100 N；施加标准重力，调整标准重力方向为$-y$轴；设置输出数据(等效应力和位移)；求解；后处理查看结果数据。

（4）分析结果。

最大位移为 0.0006 mm，应力为 5.45 MPa。

（5）进阶练习。

对于 Remote Point 施加横向力，并计算，观察结果；调整 Remote Point 位置，保持载荷不变，观察位置对于分析结果的影响。

（6）点评分析。

Remote Force 与一般有限元模型中的刚性单元相同。Workbench 中 Mechanical 建模以基于几何模型的建模方式为主，因此提出了 Remote Point 的概念，而不是直接采用刚性单元的方式建模。

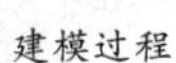

建模过程　　　　操作视频

3. 法兰盘强度分析

（1）学习目标。

采用 Named Selection 设置边界条件。

（2）问题简介。

法兰盘 y 轴方向的两个沉头孔施加固定支撑(Fixed Support)，在另一个沉头孔上施加载荷。观察整体零件应力分布情况，法兰盘模型与分析结果如图 6-11 所示。

（3）建模步骤。

选择 Static Strucral 模块；导入几何体；设置单位制；设置材料为钢；定义三个 Named Selection：Fixture、PressFace 和 StressProbe；并采用数据表对于 Fixture 进行运算；对于 Fixture 施加固定约束；PressFace 施加 x 方向和 z 方向压强：2 MPa 和 1 MPa；设置输出数据：等效应力、位移和 StressProbe 上等效应力；求解；后处理查看结果数据。

（4）分析结果。

最大等效应力为 20.13 MPa。

（5）进阶练习。

结合 Named Selection 和 Remote Point 施加载荷。

（6）点评分析。

在有限元前处理软件中，灵活强大的选择工具可以大幅提高有限元处理模型的效率和精细度。

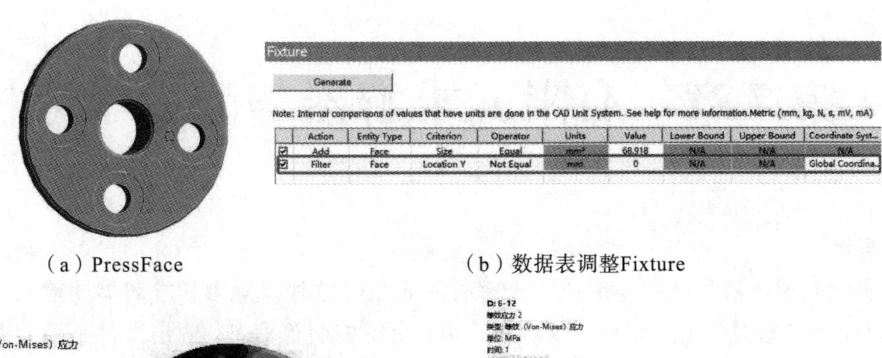

（a）PressFace　　（b）数据表调整Fixture

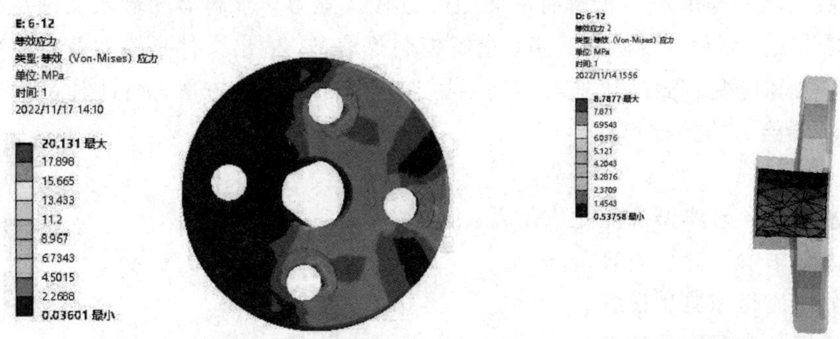

（c）等效应力云图　　（d）StressProbe上的应力云图

图 6 - 11　法兰盘模型与分析结果

建模过程　　操作视频

第 7 章　有限元求解器与静力学分析

本章导读

有限元求解器的功能是形成并求解有限元矩阵方程。静力学求解器的输入文件是有限元模型，主要包括节点、网格、载荷和约束、求解控制等信息，输出文件是模型节点位移和单元、节点上的应力和应变。商品化求解器提供了丰富全面的解决方案，而计算精度和效率往往是评估求解器能力的关键指标。

学习重点

(1) 求解器基本概念与典型商品化求解器。

(2) 典型静力学求解器计算内容。

(3) 静力学分析流程和典型设置。

(4) 装配体建模与典型连接技术。

思维导图

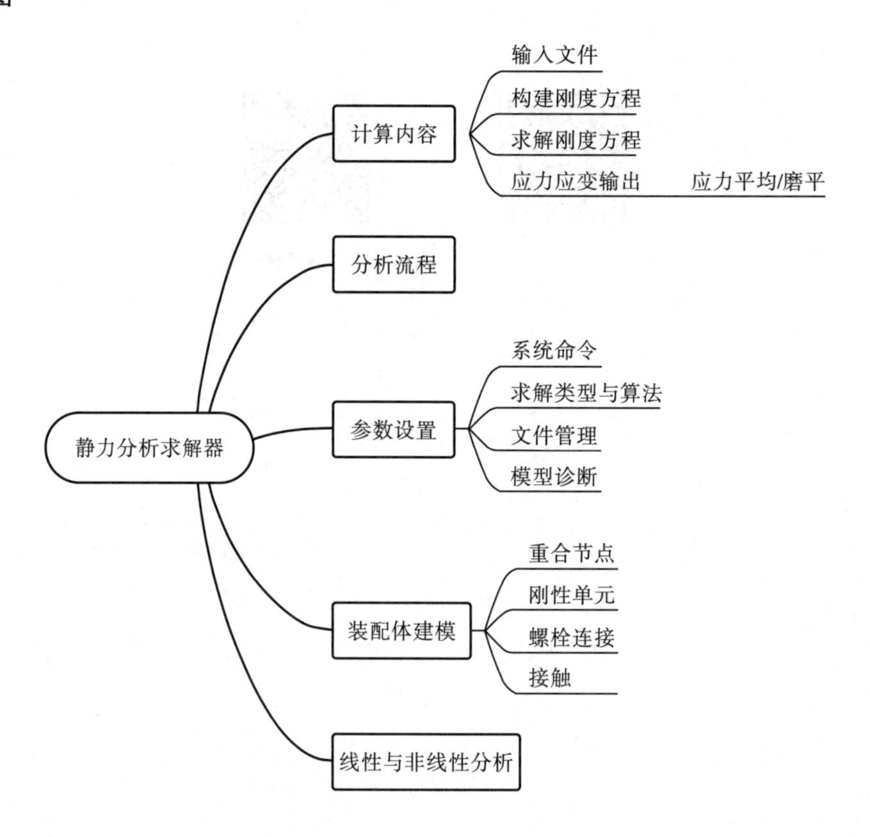

7.1　求解器与静力学分析

有限元系统主要包括前处理、求解器和后处理三个部分。前处理主要是基于图形化界面建立有限元模型并形成求解器输入文件。求解器基于输入模型文件求解刚度位移矩阵方程并输出位移和应力应变等数据。后处理采用图形化手段表达分析结果。其中，求解器是有限元软件的核心构成，并决定了有限元系统计算范围、精度和效率，是有限元理论和方法的集中体现，其作用类似于一个人的大脑或者计算机系统的CPU。

有限元求解器的功能是形成并求解有限元矩阵方程，求解器的输入文件是有限元模型，主要包括节点、网格、载荷和约束、求解控制等信息。典型的求解器类型有结构有限元、流体有限元等。在结构有限元中典型的求解器包括线性静力学分析、瞬态分析、动力学分析(模态分析、频率响应分析、随机响应分析)、屈曲分析、非线性静态/瞬态分析、大变形分析等。其中静力学分析是结构分析的基本内容。

求解器输入文件一般称为输入文件，不同求解器支持的输入文件格式各不相同，但是构成输入文件的基本内容大致相同。通常的输入文件是由关键字(Key Word)和数据项(Field)构成的数据记录，也称为数据卡片或者数据命令行。求解器输出文件主要包括节点位移、节点或者单元应变和应力、节点约束反力等信息。

典型的结构有限元求解器主要有Nastran、Ansys、Abaqus、Adina、Marc等。有的求解器采用分模块的形式，例如Nastran中线性静力学、非线性静力学、动力学等Solver模块，对应不同的分析类型，满足不同的分析要求；也有集成的求解器解决不同分析问题。Abaqus是一个通用的求解器，一个Solver可以解决不同的分析类型，Ansys Mechanical也是如此。

静力学分析是结构分析的基础内容，它是用来分析结构在给定静力载荷作用下的响应(位移、约束反力、应力以及应变等参数)。典型的静力学分析可以分为线性分析和非线性分析。静力学分析流程如图7-1所示，其中单元积分、形成单元刚度位移矩阵方程、组装总体刚度矩阵、求解节点位移、应力应变计算等内容属于经典求解器的内容。

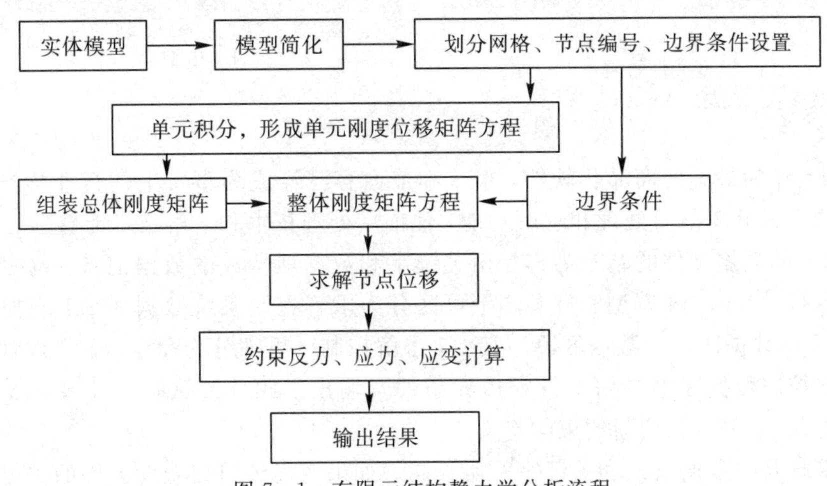

图7-1　有限元结构静力学分析流程

7.2 静力学求解器计算过程

典型求解过程主要包括读入输入文件、方程解算和输出结果文件。方程解算是求解器的核心能力，虽然不同的求解器的计算效率可能稍有不同，但是线性方程组求解算法基本一致。不同求解器的输入和输出文件格式不尽相同，内容基本一致。

7.2.1 输入文件

输入文件一般采用可编辑文本形式。有限元前处理软件可以自动生成求解器输入文件。一般用户无须关注输入文件的细节，如果需要二次开发、简单调整模型参数或者涉及到多软件协同仿真时，就不可避免地需要了解一下求解器的输入文件。下面以 Nastran 为例介绍典型求解器的输入文件，如图 7-2 所示。

系统控制数据区
  Nastran 命令参数
  文件管理
  求解控制
CEND
  输出
求解工况
约束
  BEGIN BULK
  命令参数
  载荷定义
  约束定义
  单元类型定义:PBEAM
  材料定义:MAT1
  节点定义:GRID
  单元定义:CBEAM
ENDDATA

(a) 模型文件解释

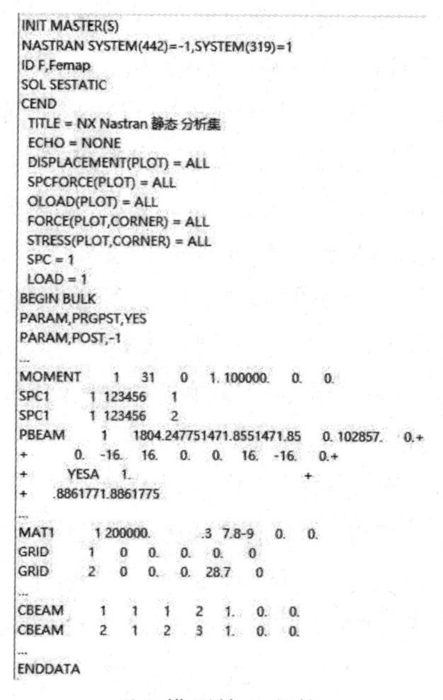

```
INIT MASTER(S)
NASTRAN SYSTEM(442)=-1,SYSTEM(319)=1
ID F,Femap
SOL SESTATIC
CEND
 TITLE = NX Nastran 静态 分析集
 ECHO = NONE
 DISPLACEMENT(PLOT) = ALL
 SPCFORCE(PLOT) = ALL
 OLOAD(PLOT) = ALL
 FORCE(PLOT,CORNER) = ALL
 STRESS(PLOT,CORNER) = ALL
 SPC = 1
 LOAD = 1
BEGIN BULK
PARAM,PRGPST,YES
PARAM,POST,-1
...
MOMENT     1    31     0    1. 100000.    0.    0.
SPC1       1 123456    1
SPC1       1 123456    2
PBEAM      1    1804.247751471.8551471.85   0. 102857.   0.+
+       0.  -16.   16.    0.    0.   16.  -16.    0.+
+      YESA    1.                             +
+    .8861771.8861775
...
MAT1       1 200000.        .3  7.8-9    0.    0.
GRID       1    0    0.    0.    0.    0
GRID       2    0    0.    0.  28.7    0
...
CBEAM      1    1    1    2    1.    0.    0.
CBEAM      2    1    2    3    1.    0.    0.
...
ENDDATA
```

(b) 模型输入文件

图 7-2 Nastran 文件格式

Nastran 作为最早的商品化软件，很多细节内容已经成为事实上的行业标准，如采用输入文件的方式分离前后处理和求解功能，使前后处理技术和求解技术能够独立发展。

Nastran 的数据文件的基本内容是由关键字和数据项构成的数据记录，也叫作数据卡片或者命令行。Nastran 模型文件基本上可区分为求解控制系统数据区、工况控制数据区和 BULK 模型数据区三个数据区段。其中，求解控制区可细分为命令行、文件管理和求解控制。工况控制数据区主要用于设定边界条件及输出。BULK 数据区主要包括节点、网格、网格类型、材料、载荷与约束的定义。

不同求解器的数据格式和关键字有所不同。如果有需要可以查看软件的关键字文档了解相关信息。

7.2.2　静力学求解器主要计算过程

求解器计算过程主要包括构建刚度位移矩阵方程、根据边界条件修改刚度矩阵方程、刚度矩阵方程组求解和应力应变数据输出等内容。

1. 构建刚度位移矩阵方程

基于单元类型和边界条件，建立单元刚度矩阵和单元等效节点载荷，并组装得到结构刚度矩阵方程为

$$\boldsymbol{K}\boldsymbol{u}=\boldsymbol{P}$$

式中，$\boldsymbol{K}$ 为刚度矩阵，$\boldsymbol{u}$ 为位移向量，$\boldsymbol{P}$ 为载荷向量。

结构刚度矩阵方程在物理上是结构离散后每个节点的平衡方程，即有限元的解在每个节点上满足平衡条件。结构刚度矩阵是由单元刚度矩阵组装而成的，由于单元刚度矩阵是对称和奇异的，因此结构刚度矩阵也是对称和奇异的。正是由于矩阵 $\boldsymbol{K}$ 的奇异性，在给定的力和力矩作用时无法得到结构位移，这主要是因为平衡节点受到力后，节点发生刚体位移，而非变形。为了消除矩阵奇异性，需要给出足够的约束条件以消除结构的刚体位移。

有限元中，一个节点通过单元与周围节点联系，刚度矩阵的 $\boldsymbol{K}_{ij}$ 在这几个节点上不为零，其他节点均为零，因此刚度矩阵具有稀疏性。如果节点编号合理，稀疏的非零元素可以集中在以主对角线为中心的一条带状区域内，稀疏矩阵如图 7-3(a)所示。

有限元中的刚度矩阵具有对称性、奇异性、稀疏性和非零元素呈带状分布的特点，是后续边界条件处理和矩阵方程求解处理的基础，如图 7-3 所示。

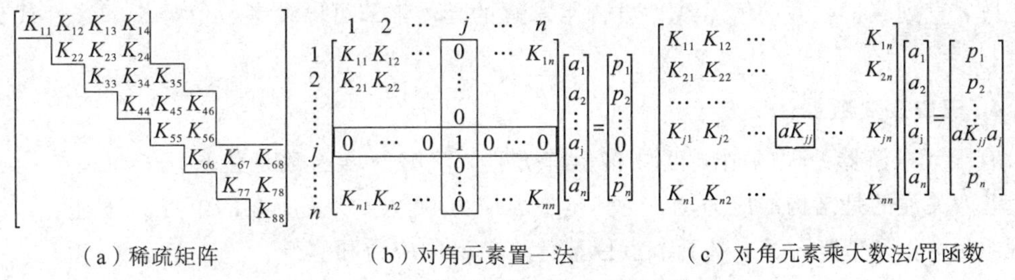

(a) 稀疏矩阵　　(b) 对角元素置一法　　(c) 对角元素乘大数法/罚函数

图 7-3　稀疏刚度矩阵与位移边界条件处理

2. 根据边界条件修改刚度矩阵方程

根据强制边界条件(约束)修改刚度矩阵方程的目标是消除结构刚度矩阵的奇异性。强制边界条件是指几何边界条件或者位移边界条件。施加强制边界条件的方法主要有：直接代入法、对角元素置一法、对角元素乘大数法等。后两种方法是通过修改矩阵方程，使被约束节点的位移满足强制边界条件。

(1) 直接代入法。

直接代入法是将已知节点位移带入刚度矩阵方程，得到新的刚度矩阵方程，然后解算其他待定节点位移。

(2) 对角元素置一法。

对角元素置一法用于处理给定位移为 0 的边界条件。该方法通过在系数矩阵 $\boldsymbol{K}$ 中与零节点位移相对应的行列中，把主对角元素改为 1，其他元素为 0，载荷向量中与该节点对

应的元素置为 0，如图 7-3(b)所示。

(3) 对角元素乘大数法。

对角元素乘大数法也叫作罚函数，用于处理给定节点位移不为 0 的边界条件。该方法用给定位移的节点的对角元素乘以大数，同时修改载荷向量中对应元素为大数乘以对角元素乘以强制位移，如图 7-3(c)所示。

3. 刚度矩阵方程组求解

刚度矩阵方程组本质上是一个线性代数方程组。线性代数方程组的解法主要有两类：直接解法和迭代解法。直接解法主要包括高斯消去法。迭代解法主要有超松弛迭代法和共轭梯度法等。

高斯消去法是直接解法的基础算法，它包括如循序消去法、三角分解法和高斯约当消去法等变化形式。直接解法具有简单方便的特点，基于高斯消去法可以事先计算出一定规模方程组的计算工作量，是有限元方法中方程解算的首选方法。但是高斯消去法难于检查和控制解的误差。

迭代解法主要有雅可比迭代法、高斯赛德尔(Gauss-Seidel)迭代法、超松弛迭代法、共轭梯度法等。迭代算法适用于大型稀疏矩阵的求解，并且可以检查计算误差，控制计算精度。迭代算法的适应性具有一定的局限性，通常一类迭代法适用于某些问题的求解，如果方法选择不合适，则会导致收敛速度变慢。

非线性问题指的是刚度矩阵方程为非线性方程，非线性方程需要迭代求解。例如塑性材料非线性，应力应变关系为非线性，就需要根据应变/应力判断材料的状态，然后更新刚度矩阵，直到获得收敛的解。线性方程组求解的具体细节可以参考数值分析和线性代数相关资料。

4. 应力应变数据输出

有限元求解器处理的是刚度位移矩阵方程，求解的场函数是位移场，而在结构分析中，更为关注的是结构的应力场，尤其是最大应力的数值及其所在的位置。通过解算线性方程组后，得到节点位移，基于节点位移计算单元的应力和应变：

$$\varepsilon_{ij}=\frac{1}{2}(u_{i,j}+u_{j,i})$$

$$\sigma_{ij}=D_{ijkl}\varepsilon_{kl}$$

应力应变是位移的一次导数，其计算精度相较于位移场而言，会有所下降。主要是由于：单元内部一般不满足平衡方程；单元与单元的交界面处应力一般不连续；在力边界处也不满足力边界条件。因此，有限元求解器会针对应力场计算精度下降的问题，进行相应的处理。很多软件的处理方式不尽相同，在此简单介绍如下。

(1) 等参元最佳应力点。

在等参元中，单元 $n+1$ 阶高斯积分点上的应力或者应变的近似解较其他部位具有较高的精度，称 $n+1$ 阶高斯点是等参元中的最佳应力点。

(2) 单元平均或节点平均应力。

应力的简单处理方法是采用平均方式计算节点应力，如图 7-4 所示。

对于三角形单元，单元应力为常应力，简单的处理方式是对相邻单元取平均，可以认为平均应力是两个三角形单元合成四边形单元形心处的应力。

$$平均应力=\frac{单元\ 1\ 应力+单元\ 2\ 应力}{2}$$

此外，平均应力也可以用三角形单元的面积作为权函数，加权平均。

节点处的应力也可以基于周围关联单元的平均的方式计算，即

$$\sigma_i = \frac{1}{m}\sum_{j=1}^{m}\sigma_j^e$$

应力平均也是后处理技术的一部分内容。

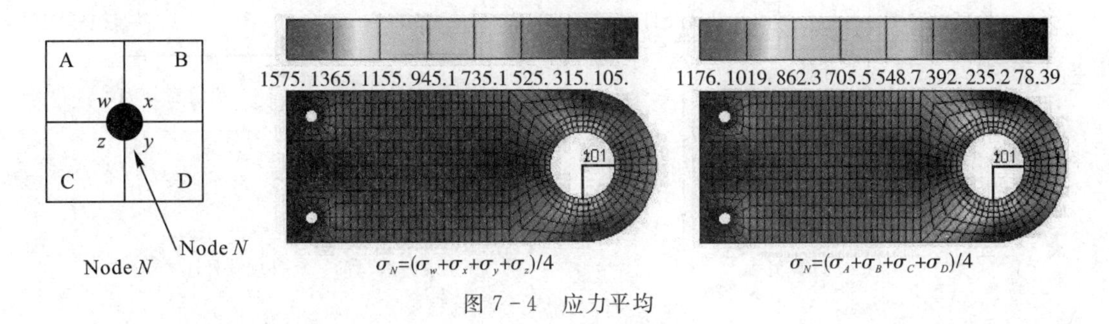

图 7-4　应力平均

(3) 总体/单元/分片应力磨平

总体应力磨平法基于最小二乘法，在全域构造一个连续的应力解。全局总体应力磨平随单元数量的增加，计算量大幅增加。为了降低计算量，可以采用单元应力的局部磨平。分片应力磨平是对于关注的局部区域进行应力磨平，最佳应力点和应力磨平如图 7-5 所示。

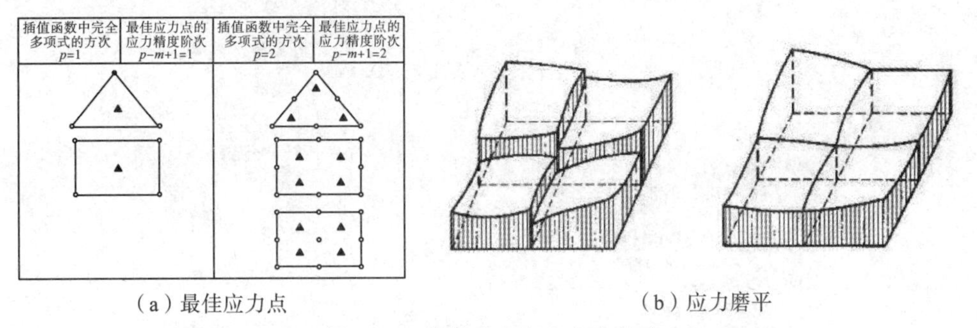

(a) 最佳应力点　　(b) 应力磨平

图 7-5　最佳应力点和应力磨平

7.3　静力学分析流程与求解参数

静力学分析是用来分析结构在给定静力载荷作用下的响应：位移、约束反力、应力以及应变等。静力学分析中的求解参数用于控制求解过程中的内存分配和算法选择，以实现高效准确地计算。在有限元前、后处理程序中，默认的参数设置往往是最常用的设置，能够满足一般分析的需求，但是在一些特定的分析中，需要根据具体的要求，选择不同的求解参数，以实现特定的分析目标。

7.3.1 静力学分析基本流程

静力学分析模型主要包括几何模型、材料、网格、载荷与约束、求解控制与计算、后处理等内容。有限元分析中大部分工作在前、后处理软件中完成，仅求解计算单独在求解器中执行完成。在有限元软件中，求解器通过前后处理程序调用计算。有限元分析流程如图7-6所示。

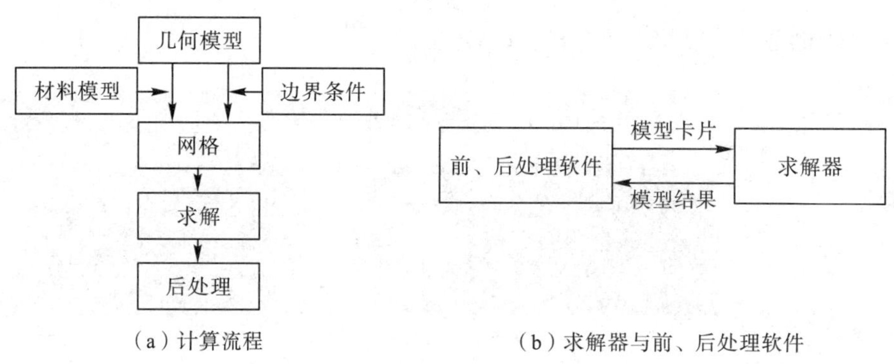

（a）计算流程　　（b）求解器与前、后处理软件

图7-6　有限元分析流程

7.3.2 静力学有限元模型与求解参数

求解控制主要包括分析类型选择、求解算法、内存占用、数据输出控制等内容，如图7-7(a)所示的参与计算的载荷，图7-7(b)所示的多工况分析设置。

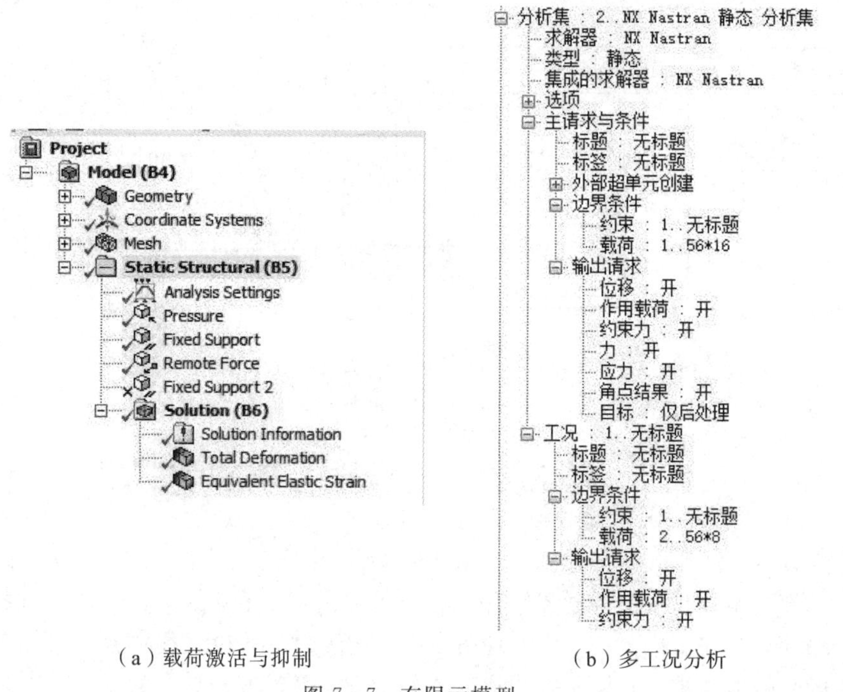

（a）载荷激活与抑制　　（b）多工况分析

图7-7　有限元模型

1. 系统命令

求解器支持命令，命令一般写在输入文件中。例如内存设置命令：Nastran 中的 Buff-size。

在求解器支持程度比较好的前、后处理程序中，求解器的命令一般都有操作界面支持。

2. 求解类型与算法控制

前后处理程序根据分析问题类型的不同调用合适的求解器，并设置相应求解过程控制参数。典型的求解类型有线性静态分析、模态分析、瞬态分析、频率响应分析、随机响应分析、屈曲分析、非线性静态分析、非线性瞬态分析、稳态热传导分析、瞬态热传导分析、显式非线性瞬态分析等。不同求解器支持的求解类型会有所不同。

在求解过程中，根据需要选择不同的求解算法，如求解矩阵方程时根据模型规模选择高斯分解法或迭代法。在非线性分析中，可以根据需要选择不同的算法和参数，如增加阻尼以利于收敛。

3. 分析工况

在前处理中可以建立多个工况的边界条件，但是一个有限元结构分析中仅可以包括一个工况下的边界条件。不同软件采用不同的方式选择边界条件，在 Ansys 中可以设置边界条件激活与抑制的状态，以控制边界条件是否参与计算；在 Femap 中可以直接选择工况下的边界条件，如图 7-7 所示。

很多有限元软件支持多工况分析：网格模型和分析控制选项相同，但是边界条件和输出内容可以不同。

4. 内存管理

有限元求解控制中需要指定分配给求解器的内存大小。可以直接指定内存大小，或者根据现有系统的整体内存按比例分配给求解器。一般来说，分配给求解器的内存越多，求解的速度越快，尤其是隐式算法。

5. 中间输出信息与文件管理

求解器解算过程中，会产生一系列求解过程的信息，这些信息在以后的分析模型问题诊断中具有重要的作用。过程信息会存储在相应的文件中，具体输出信息与文件需要查阅相关求解器的说明文档。

6. 模型诊断

模型诊断是指求解器判断输入模型是否有效。求解器根据规则对于输入数据的有效性检查，并输出诊断信息。例如，模型约束不完全导致刚性位移，网格质量信息等。

7. 输出信息设置

在有限元模型设置中给出输出模型信息，如位移、约束反力、应力、应变等。

7.3.3 线性与非线性求解器

静力学求解器分为线性求解器和非线性求解器。线性与非线性的区别在于输入载荷和输出位移之间的关系。线性求解器可以通过直接求解矩阵方程得到节点位移。非线性求解器需要采用迭代的方式计算结构的位移。

1. 非线性分析

非线性分析主要包括材料非线性、接触非线性和几何非线性。材料非线性指的是材料应力和应变为非线性关系，例如橡胶的超弹性和黏弹性、金属材料的塑性。接触非线性是指接触区域存在相对滑动导致位移不连续性，如描述接触的库仑摩擦模型。几何非线性指的是结构发生了几何大位移。几何非线性包括小应变大位移和大变形两类。小应变大位移是指结构发生了大位移但是结构的应变较小，这类分析还是可以基于更新的几何构型进行计算。

2. 大变形分析

大变形分析是非线性分析中相对复杂的一部分。由于变形较大，使每个时刻物体的形状差别较大，需要考虑分析时刻的几何构型，而不是初始构型，这是大变形问题分析的基本出发点。因此，大变形分析中的应力应变定义与小变形分析中具有明显的差异。

大变形分析一般基于增量法建立有限元刚度方程。大变形有限元方程建立时，可以采用全拉格朗日描述（Total Lagrangian Description）和更新的拉格朗日描述（Updated Lagrangian Description）。全拉格朗日有限元基于初始构建建立方程，更新的拉格朗日有限元基于更新的几何构型建立方程。

弹塑性有限元是一种典型的大变形问题，涉及了材料非线性和几何非线性，目前依然存在一些问题有待于进一步解决，例如六面体网格的自适应重划分技术、材料本构模型、收敛可靠性等。

大变形问题有限元分析的理论与关键技术可以参考连续介质力学理论。

7.4 装配体建模

装配体建模指的是分析对象为装配体的有限元分析。装配体模型与零件级模型的差异主要体现在零件与零件之间的连接关系。虽然装配体分析在很多时候被认为是非线性问题（接触非线性），但是通常装配体建模被认为是结构有限元分析的基础内容之一。

在工程实际中，机械结构以各种方式连接，如焊接、铆接、螺栓连接、接触和键连接等，有限元软件支持多种连接建模方式，如刚性单元、焊接单元、约束方程、接触等。这些连接方式反映到有限元模型中都是单元之间的连接，如图 7-8 所示。

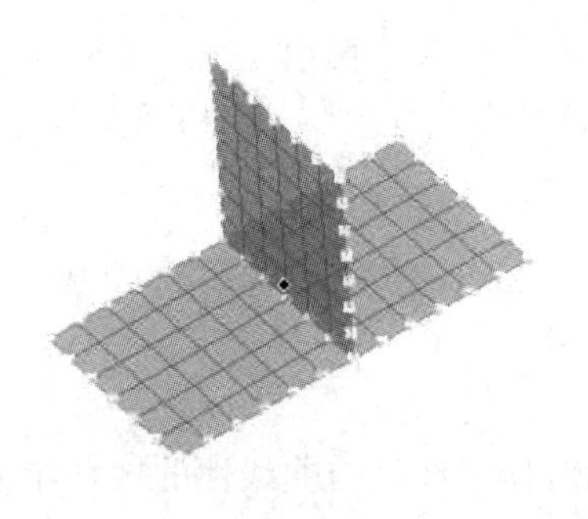

（a）重合节点

（b）刚性单元

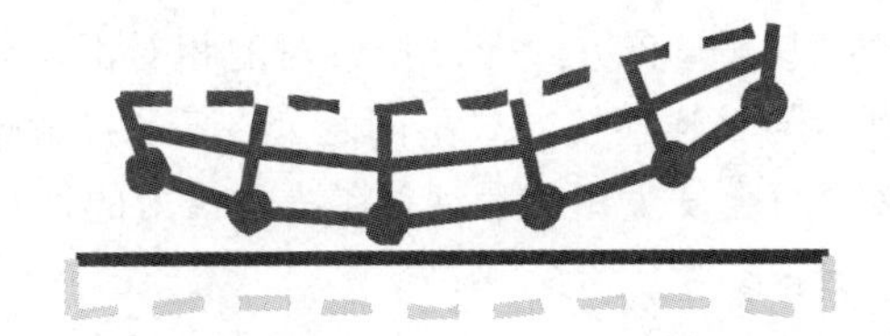

（c）接触

图7-8　典型连接方式

在复杂机械结构中不仅有三维实体、两维板壳还有一维线结构，因此，在装配体有限元建模时，为提高模型计算效率和分析精度，需要建立实体、板和梁单元的复合模型。板和梁单元的节点一般具有六个自由度，实体单元中节点一般具有三个自由度，因此，混合模型中不同类型单元的连接也是装配体连接技术关注的重点。对有限元连接建模的典型技术介绍如下。

1. 重合节点

相同单元类型的网格连接时，通常采用重合节点方式连接单元。重合节点法以单元共享节点的方式建立两个单元的连接。采用重合节点连接方式的前提条件是被连接单元节点具有同样的节点自由度，如板单元和梁单元的节点都是6自由度节点，因此可以采用重合单元节点的方式建立板或梁复合模型，但是实际上板壳单元的6个自由度与梁单元节点的6个自由度还存在一定的差异。实体单元节点的自由度有3个，而梁单元节点自由度有6个，因此不能直接采用重合节点方式建立单元连接。

此外，采用重合节点方式建立单元连接时，要求在单元连接处具有相同的网格节点布置，因此该方法对于网格节点准备的要求相对较高。

2. 刚性单元连接

刚性单元用以连接具有不同自由度的节点。例如，刚性单元可以将板单元节点的平动自由度转换为实体单元节点的平动自由度，从而建立体单元与板单元或梁单元之间的连接。

刚性单元定义包括从节点定义和独立节点定义，根据从节点和独立节点定义方式的差异，刚性单元分为RBE1和RBE2等。RBE1刚性单元要求独立节点的自由度必须为6个，而不管从节点自由度个数。RBE2单元独立节点个数一般为1个。RBE3是一种柔性约束，也可用于连接不同节点。

3. 焊接单元

点焊是建立一对点之间的连接方法。一般Ansys和NX支持自动的点焊连接建模。一对点之间通常采用梁单元或者杆单元进行建模。

4. 接触连接

有限元软件支持面与面连接、面与边、边与边的接触建模。该连接方式不同于传统的刚性单元、线单元和弹簧单元，该连接方式操作方便，适用性强，在有限元建模中得到了广泛应用。

接触连接的形式主要有粘连连接和接触连接。粘连表现为体与体之间粘结而不会发生相对运动，如 Ansys 中的绑定(Bonded)，Nastran 中的粘连。接触连接主要用来模拟实体之间的摩擦接触，该方式允许接触对的相对滑动，并且支持多种摩擦模型，如经典的库仑摩擦模型。与粘连连接方式不同之处在于，接触连接的接触对在切向力大到足以克服摩擦力时，接触面会发生相对滑动，在法向拉力的作用下接触对会发生分离，而粘连连接的接触对不会分离。

接触对由主面(master surface)和从面(slave surface)构成。在模拟连接过程中，接触方向为主面的法线方向，从面上的节点不会穿透主面，但主面上的节点可以穿透从面。定义接触对的主面和从面时要注意以下几点。

(1) 选择刚度较大的面作为主面。这里所说的刚度不但要考虑材料特性，还要考虑结构刚度。由刚性单元构成的面必须作为主面，从面必须是可变形体上的面。

(2) 如果两个接触面的刚度相近，则应选择网格较粗的面作为主面。

(3) 主从面上的节点位置虽然不要求一一对应，但是如果能够令其一一对应，可以得到更精确的模拟结果。

(4) 一对接触面的法线方向应该相反。对于三维实体，法线应该指向实体的外侧。

5. 螺栓连接

螺栓连接可以采用梁单元或者实体单元进行定义。螺栓连接一般支持螺栓预紧力的定义。一般螺栓预紧力在求解时作为一个单独载荷，先计算螺栓预紧力，然后进行静力学分析。

7.5 商品化求解器简介

结构有限元商品化求解器主要有 Nastran、Ansys、Abaqus、Ls-dyna、Marc、Adina 等。商品化求解器支持全面的线性和非线性分析。商品化软件在软件功能上具有很大的重合性，一流求解器的稳定性、效率和精度基本上没有明显的差异。

(1) NX Nastran 支持静力学线性和非线性分析、动力学分析、屈曲分析、稳态和瞬态热传导分析、高级非线性隐式和显式分析。其中高级非线性的隐式和显式分析主要是集成了 Adina 的非线性分析功能。

(2) Ansys 支持静力学线性和非线性分析、动力学分析、屈曲分析、稳态和瞬态热传导分析。Ls-dyna 的拉格朗日显式动力学分析功能为 Ansys 强大的非线性分析能力提供了坚实的支持。

(3) Abaqus 支持结构线性和非线性分析，并提供强大显式和隐式的非线性分析。

(4) Marc 为高级非线性仿真解决方案，支持静态、动态及多物理场分析。

7.6 学习目标与典型案例

7.6.1 学习目标

1. 第一阶段目标

(1) 了解求解器基本概念与典型商品化求解器。

(2) 了解静力学分析基本流程。

(3) 了解静力学分析中典型设置。

(4) 能够完成基本线性静力学分析。

2. 第二阶段目标

(1) 了解静力学求解器基本计算内容。

(2) 了解输入文件的基本构成，并能够基于输入文件直接调整相关数据。

(3) 能够对典型求解器参数设置，并理解设置的基本依据。

(4) 了解非线性分析的基本特点，并能够完成简单非线性问题仿真。

(5) 了解主流计算器的特点，并能够完成线性和非线性问题的建模与仿真。

3. 高级阶段目标

了解线性和非线性分析的基本原则，并能够完成复杂线性静力学建模、非线性问题的建模与分析。

7.6.2　典型案例介绍

1. 推杆式液压缸接触分析

(1) 学习目标。

装配体分析中设置零件接触，并能够手动调整装配间隙控制零件之间的连接关系。

(2) 问题简介。

研究对象为推杆式液压缸缸体和活塞的简易装配体，如图 7－9 所示。对活塞顶端施加集中力，对缸体固定孔施加固定约束。两个相接触圆柱面添加无摩擦接触。调整活塞与缸体的径向装配间隙。

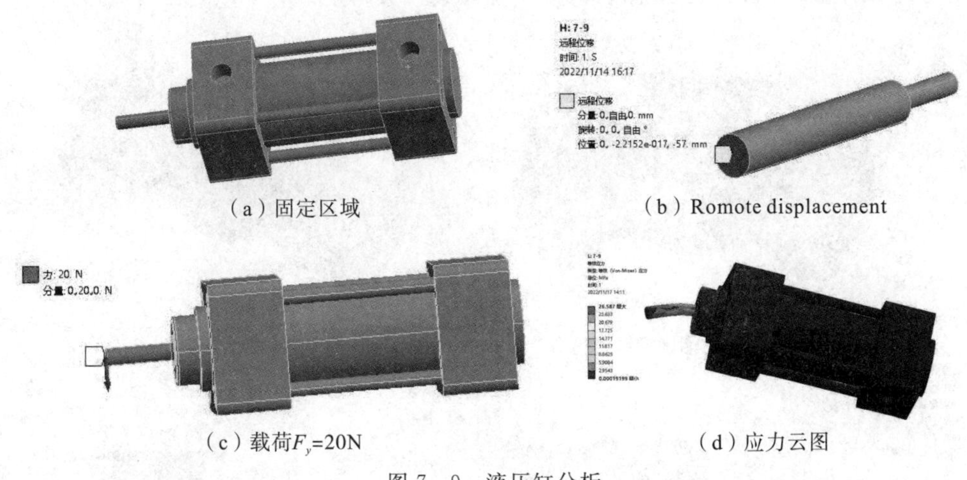

(a) 固定区域　(b) Romote displacement

(c) 载荷F_y=20N　(d) 应力云图

图 7－9　液压缸分析

(3) 建模步骤。

选择 Static Structural 模块；导入几何体，观察几何体的基本特征；设置模型单位；为零件设置材料；手动设置接触：设置活塞外表与缸体内表面分别为 Contact Bodies 和 Target Bodies；检查活塞的半径为 11.5 mm，缸体内径为 12 mm，单边间隙为 0.25 mm；Connections 中 Type 设置由 Bounded 改为 Frictionless；Geometric Modification 中 offset 为 0.25 mm；分网时，设置 Contact Sizing，匹配接触区域网格，建立载荷与约束，求解，后处理。

（4）分析结果。

最大等效应力为 27.97 MPa，最大变形为 0.089 mm。

（5）进阶练习。

设置活塞杆与刚体连接方式为粘连 Bonded，比较分析结果的差异，并分析两种建模方式的特点及其对于求解过程的影响，如计算时间。

（6）点评分析。

静力学分析包括线性静力学分析和非线性静力学分析，接触是一种典型的非线性分析。粘连接触一般采用多点约束的方式处理，计算效率远高于接触分析。

建模过程

操作视频

2. 阀门静力学分析

（1）学习目标。

有限元如何利用载荷和约束模拟真实工况。

（2）问题简介。

阀门进行静力学仿真分析，如图 7－10 所示。首先对阀体进行静力学分析，外部对于阀体的作用采用多种载荷模拟；然后对阀门整体进行分析。

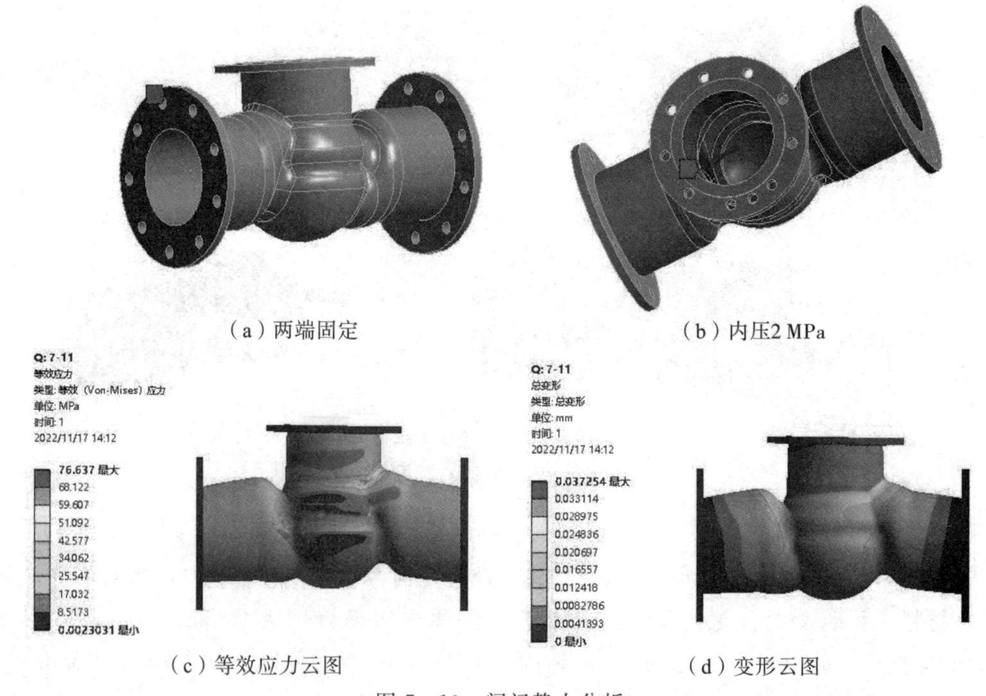

（a）两端固定　　（b）内压2 MPa

（c）等效应力云图　　（d）变形云图

图 7－10　阀门静力分析

(3) 建模步骤。

选择 Static Structural 模块；导入几何体，观察几何体的基本特征；设置模型单位；为零件设置材料；两端固定约束；选择阀体内表面，建立 Named Selection 为 Pressure2，施加内压 2 MPa；施加标准重力和 10 倍重力加速度；采用 Remote Force 模拟阀盖上承受的内压 F_n＝25722.88 N；设置输出数据：等效应力和变形；求解，后处理。

Suppress Remote force，采用螺栓建立阀体和阀盖连接，对于阀盖接触流体区域施加压力 2 MPa，计算并后处理。

(4) 分析结果。

阀体最大应力 76.3 MPa。

(5) 进阶练习。

采用应力线性化的方式计算阀体的 σ_m 和 $\sigma_m+\sigma_b$(ASME 和 RCCM 标准中的应力)。

(6) 点评分析。

简化模型可以快速评估结构的强度，但是需要谨慎处理外部对于阀体的作用。整体模型可以直观地评估结构强度，计算时间相对较长。随着算力的增强，对整体结构进行建模的方式将会越来越普遍。但是在很多场合，难以得到完整的模型，因此简化建模在很多场合难以避免。

建模过程

操作视频

第8章 模型展示与后处理

本章导读

模型展示是基于建模需求，根据一定的逻辑展示有限元模型。为了高效管理和细致观察模型数据，模型展示通常包括计算机图形显示模式、模型数据管理、分组技术、显示和隐藏控制等技术。后处理一般是指分析数据的图形化表达，包括分析数据管理、数据运算和数据图形化表达。常用后处理技术有云图、动画、变形图、图表等。后处理中数据处理是基础，图形化显示是手段。

学习重点

(1) 模型分组管理和选择工具。

(2) 模型展示的基本方法。

(3) 分析结果集的基本构成和典型输出结果。

(4) 后处理中图形化处理技术。

(5) 分析结果/数据的运算技术。

思维导图

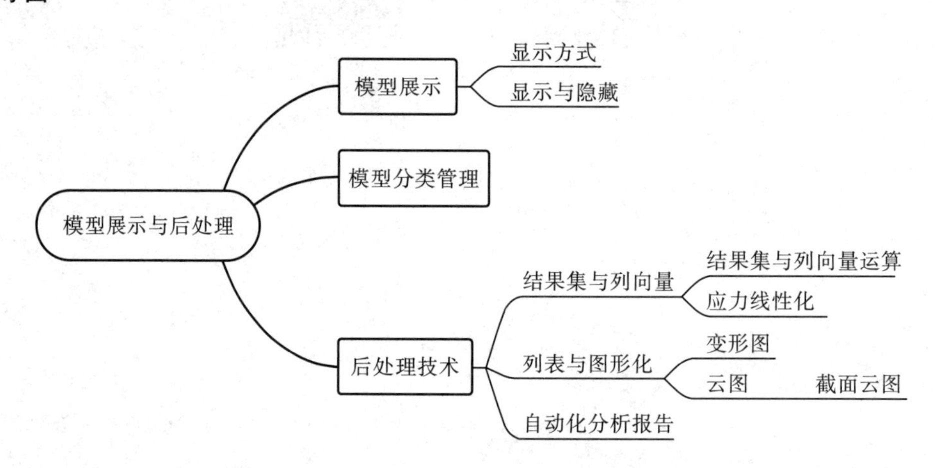

8.1 模型展示与后处理技术

模型展示是基于分析需求，根据一定的逻辑和方法展示建模内容。模型展示的对象可以是有限元模型和分析结果数据。

模型信息复杂，数据类型多样，为了能够高效精细化处理模型，有限元软件在模型分类管理的基础上，支持用户灵活地分组管理模型。有限元模型按照模型构成要素进行分类，主要包括坐标系、几何模型、材料、单元、载荷、约束、分析、后处理等，通常以模型树的方式呈现。为了灵活管理数据，有限元软件支持用户自定义分组(或者基于选择的分组)

的方式管理模型。组是指具有一定共同特点的实体的集合，例如从属于曲面的节点集合。分组管理模型的方式可以让用户快捷高效地建模和后处理模型。

为了能够让用户细致观察有限元模型，有限元软件基于计算机图形学，提供了丰富有效的方式展示有限元模型。模型形状中的线框模式和实体模式可以让用户细致地观察几何模型，模型的显示和隐藏的控制方式可以让用户灵活控制工作视图中呈现内容，利于用户有区分地观察模型。

有限元后处理技术通过对于分析数据的进一步加工，满足用户高效分析结果的目标。有限元后处理通常包括模型数据的运算和模型结果的图形化表达。

有限元分析结果以列向量的形式呈现分析数据。分析结果中主要包括节点数据和单元数据。节点数据包括节点位移、应力、应变、约束反力等，而单元数据相对较为复杂。根据单元类型不同，单元应力的计算位置可以是单元中心，也可以是单元积分节点。一般软件也支持对于分析结果和分析结果中的列向量数据进行二次计算和分析，以满足不同的需求。例如在多工况分析时，需要计算结构在不同工况下的变形后的形状的最大包络空间，这时可以采用后处理中的包络(Envelope)功能计算。

有限元结果分析时，数据是分析的基础，而图形化的呈现方式可以让用户更好地观察分析模型和数据。数据的列表方式呈现是观察数据的直观方式，但是当数据规模比较大、情况比较复杂时，简单的列表方式难以直观地观察到分析结果的最大最小值和整个分析域内物理场的变化趋势。因此，图形化的呈现方式成为数据表达的典型技术。常用的后处理技术有云图、动画、变形图、图表等。云图用来展示结构构型上的物理场的分布情况。动画是使变形过程以动画的形式展示。变形图通常用来查看结构构型在施加载荷前后的变化情况。图表以曲线图和表格的形式直接显示数据。

因此，有限元模型的显示技术是用户观察数据时采用的基本手段，数据处理是结果后处理的数据基础，而图形化的表达方式为数据的高效呈现提供了有力支撑。

8.2 模型管理

8.2.1 模型分类管理

有限元模型按照构成要素进行分类管理，如坐标系、几何、材料、单元、载荷、约束、分析、后处理等，通常以模型树的方式呈现，如图 8-1(a)中所示 Ansys 中树状模型结构和图 8-1(b)所示 Femap 的分类管理模式。

为了灵活管理数据，软件支持用户以自定义分组的方式管理模型。组是指具有一定共同特点的实体的集合，例如从属于曲面的节点集合。很多软件都支持分组的工作模式，例如 Ansys 中的 Named Selection、Femap 中的组和层。

对模型进行分组可以高效管理模型，灵活运用分组技术可以大幅提高建模效率。分组可以有明确的建模需求，如用于施加载荷、模型后处理等，也可以仅仅用于区分仿真模型。例如对于飞机模型，可以以不同部门建立的模型进行分组，也可以按照部件进行编号和分组。

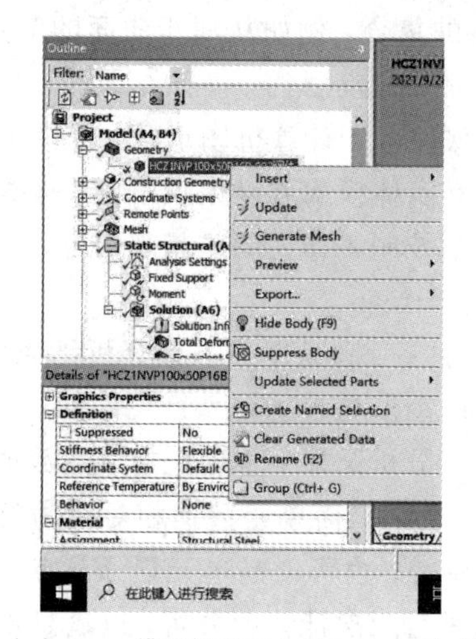

（a）Ansys模型树和Hide与Surpress命令　　（b）Femap分析管理模型与可见性控制

图 8－1　模型树和模型显示与隐藏

8.2.2　分组规则与选择工具

分组规则是选取组成员的方法，创建组时，可以利用模型元素的相互关系、模型的共同性质、模型数据处理的需求等为基准选择数据，如图 8－2 所示。分组时使用的选择命令的用法与通常的数据库检索命令的用法基本相同。

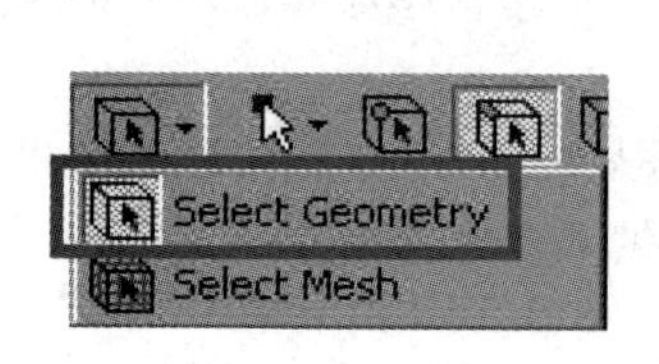

（a）选择几何/网格

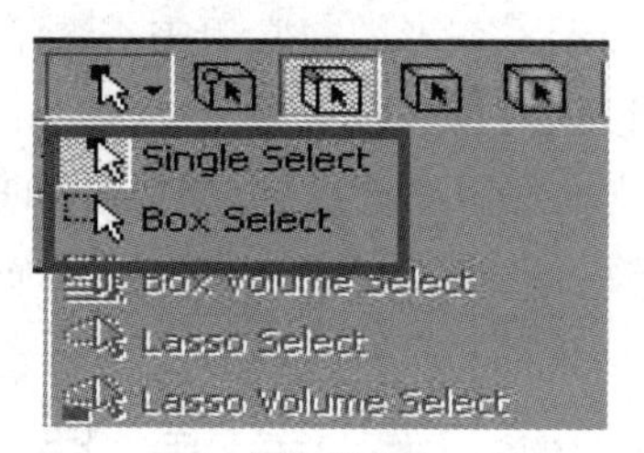

（b）选择方法

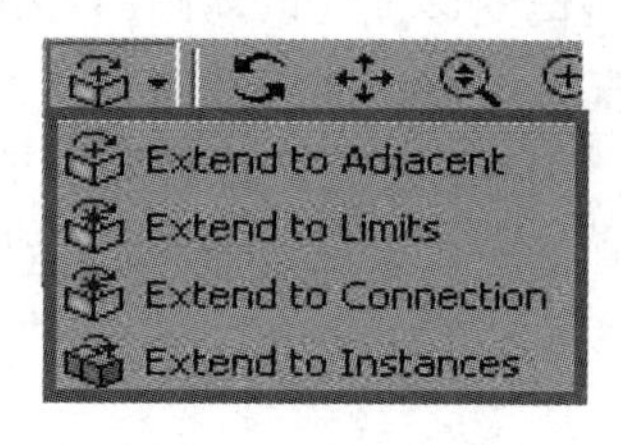

（c）选择选项：拓展

图 8－2　Ansys 中的 NamedSelection

分组之后，可以对于已经建立的组进行操作，如复制组、组的布尔运算等。

8.3　模 型 显 示

模型显示是指通过图形窗口或者文本窗口展示模型信息与数据。展示的对象是有限元模型中的构成要素，包括几何模型、节点与单元、载荷与约束、分析结果以及辅助要素(如坐标系)等，如图 8－1(a)中的 Hide 与 Surpress 命令和图 8－1(b)中的可见性控制。

模型显示包括显示方式和显示内容的控制。显示方式用于控制模型显示的类型，如线框或者实体方式。显示内容的控制用于控制在图形窗口中显示的内容，以方便模型的处理和观察。

8.3.1　模型视图显示方式

有限元软件可以控制模型在视图中的显示模式和样式。显示模式是指模型显示的方式，如实体模式、线框模式，如图 8-3 所示。显示方式不同，对计算机的要求不同，实体模式需要展示模型(几何模型或者网格模型)全部信息，耗用内存和 CPU 资源相对较多，而线框模式仅仅显示线条，显示速度较快。

(a) 实体模式

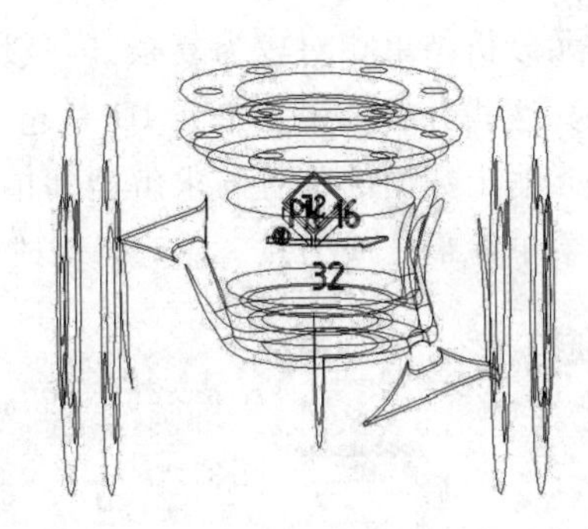

(b) 线框模式

图 8-3　显示模式

8.3.2　模型显示与隐藏

为了能够细致准确地观察模型，可以通过模型的显示和隐藏功能，控制视图中的显示内容，如图 8-1 所示。模型的显示与隐藏仅仅是控制模型在视图中显示与否。此外，软件中经常有抑制/Surpress 的功能，Ansys 中的抑制功能是控制选择的内容是否参与模型计算，如抑制了某个几何体，则该几何体不参与后续的接触检查、网格生成以及后续有限元计算。

此外，模型展示包括很多其他功能，在此不做详述。

8.4　分析结果集与列向量

模型解算后，求解器将根据要求输出相应的分析结果集，通常分析结果集以数据库的形式保存。分析结果集数目与分析类型有关：线性静力学分析仅包括一个时间步长，因此只有一个分析结果；对于非线性分析，如果输出多个时间步长，则有相应数量的分析结果；频率分析时，每个频率有对应的分析结果。

静力学模型的分析结果以列向量的形式呈现，通过对列向量分配 ID 和标题进行区分。分析结果集中列向量主要包括节点数据和单元数据。后处理软件也支持对于列向量的运算操作，以便更好地表达分析结果。

8.4.1　分析结果集

典型的分析结果集包括节点数据和单元数据。

1. 节点列向量

节点列向量是分析结果中的节点数据，如图 8-4(a)、(b)所示。例如节点总位移和 x、y、z 方向的位移，这些值与节点 ID 构成了节点列向量。

不同分析类型、单元类型输出的节点列向量不尽相同，具体需查阅相关求解器帮助文档。

2. 单元列向量

单元分析结果相对较为复杂。一般来说，单元输出应力为单元中心或者单元积分点上的数据。这些分析结果与单元 ID 一起构成了单元列向量，如图 8-4(c)、(d)所示。

单元输出数据的位置与求解器和单元类型都有关。具体应力的输出可以参考 7.2.2 小节中等参单元最佳应力点、单元平均或节点平均应力。

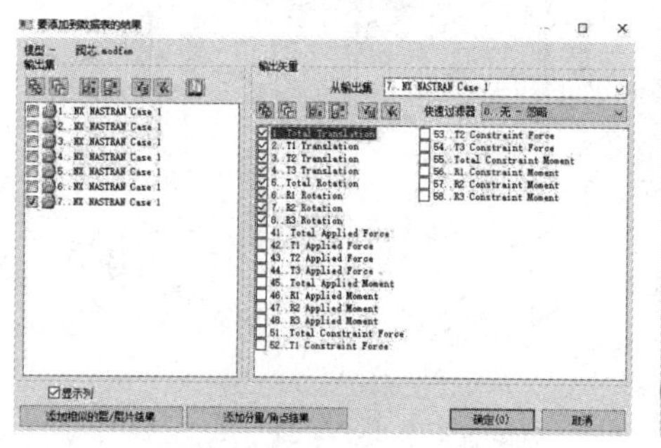

(a) 分析结果与节点列向量

数据表

ID	颜色	图层	坐标系外	类型	节点外部轮廓	7:Total Tra...	7:T1 Transl...	7:T2 Transl...	7:T3 Transl...	7:Total Rot...	7:R1 Rotati...	7:R2 Rotati...	7:R3 Rotati...
1	46	1	0	0..节点	0.	0.	0.	0.	0.	0.	0.	0.	0.
2	46	1	0	0..节点	0.	0.	0.	0.	0.	0.	0.	0.	0.
3	46	1	0	0..节点	0.0135053	0.0135053	0.0132375	0.	0.00267641	0.000911511	0.	0.000911511	0.
4	46	1	0	0..节点	0.0526555	0.0526555	0.0523827	0.	0.00535283	0.00180542	0.	0.00180542	0.
5	46	1	0	0..节点	0.117206	0.117206	0.11693	0.	0.00802924	0.00268173	0.	0.00268173	0.
6	46	1	0	0..节点	0.206653	0.206653	0.206376	0.	0.0107057	0.00354043	0.	0.00354043	0.
7	46	1	0	0..节点	0.320493	0.320493	0.320213	0.	0.0133821	0.00438153	0.	0.00438153	0.
8	46	1	0	0..节点	0.458219	0.458219	0.457937	0.	0.0160585	0.00520502	0.	0.00520502	0.
9	46	1	0	0..节点	0.619327	0.619327	0.619043	0.	0.0187349	0.00601092	0.	0.00601092	0.
10	46	1	0	0..节点	0.803311	0.803311	0.803026	0.	0.0214113	0.00679921	0.	0.00679921	0.
11	46	1	0	0..节点	1.009667	1.009667	1.00938	0.	0.0240877	0.0075699	0.	0.0075699	0.
12	46	1	0	0..节点	1.237889	1.237889	1.2376	0.	0.0267641	0.00832298	0.	0.00832298	0.
13	46	1	0	0..节点	1.487472	1.487472	1.487181	0.	0.0294406	0.00905846	0.	0.00905846	0.
14	46	1	0	0..节点	1.757911	1.757911	1.757617	0.	0.032117	0.00977634	0.	0.00977634	0.
15	46	1	0	0..节点	2.0487	2.0487	2.048404	0.	0.0347934	0.0104766	0.	0.0104766	0.
16	46	1	0	0..节点	2.359334	2.359334	2.359037	0.	0.0374698	0.0111593	0.	0.0111593	0.
17	46	1	0	0..节点	2.689309	2.689309	2.689009	0.	0.0401462	0.0118244	0.	0.0118244	0.
18	46	1	0	0..节点	3.038119	3.038119	3.037817	0.	0.0428226	0.0124718	0.	0.0124718	0.
19	46	1	0	0..节点	3.405258	3.405258	3.404954	0.	0.045499	0.0131017	0.	0.0131017	0.
20	46	1	0	0..节点	3.790222	3.790222	3.789916	0.	0.0481755	0.0137139	0.	0.0137139	0.
21	46	1	0	0..节点	4.184519	4.184519	4.184233	0.	0.0489367	0.0137621	0.	0.0137621	0.

(b) 节点列向量

(c) 单元分析结果

ID	拓扑	C1	C2	输出矢量	Out-C1	Out-C2
2	线，2 节点	2	3	Total Translation	0.	0.0135053
3	线，2 节点	3	4	Total Translation	0.0135053	0.0526555
4	线，2 节点	4	5	Total Translation	0.0526555	0.117206
5	线，2 节点	5	6	Total Translation	0.117206	0.206653
6	线，2 节点	6	7	Total Translation	0.206653	0.320493
7	线，2 节点	7	8	Total Translation	0.320493	0.458219
8	线，2 节点	8	9	Total Translation	0.458219	0.619327
9	线，2 节点	9	10	Total Translation	0.619327	0.803311
10	线，2 节点	10	11	Total Translation	0.803311	1.009667
11	线，2 节点	11	12	Total Translation	1.009667	1.237889
12	线，2 节点	12	13	Total Translation	1.237889	1.487472
13	线，2 节点	13	14	Total Translation	1.487472	1.757911
14	线，2 节点	14	15	Total Translation	1.757911	2.0487
15	线，2 节点	15	16	Total Translation	2.0487	2.359334
16	线，2 节点	16	17	Total Translation	2.359334	2.689309
17	线，2 节点	17	18	Total Translation	2.689309	3.038119
18	线，2 节点	18	19	Total Translation	3.038119	3.405258

(d) 单元数据

图 8-4　节点列向量和单元列向量

8.4.2　分析结果集与列向量数据运算

在后处理中可以对分析集及分析集中的列向量进行运算，生成新的分析结果集和新的列向量，以满足用户结果后处理的要求，如图 8-5 所示。

结果集与列向量运算的主要操作有建立分析集或者列向量、填充分析集或者列向量、分析集或者列向量运算。列向量运算的形式多种多样，最主要的是线性运算，即列向量进行加、减、乘、除等线性运算。此外，分析多分析集中相同列向量的包络值(Envelope)，例如在结构的多工况分析中，评估结构多工况下变形的最大范围。

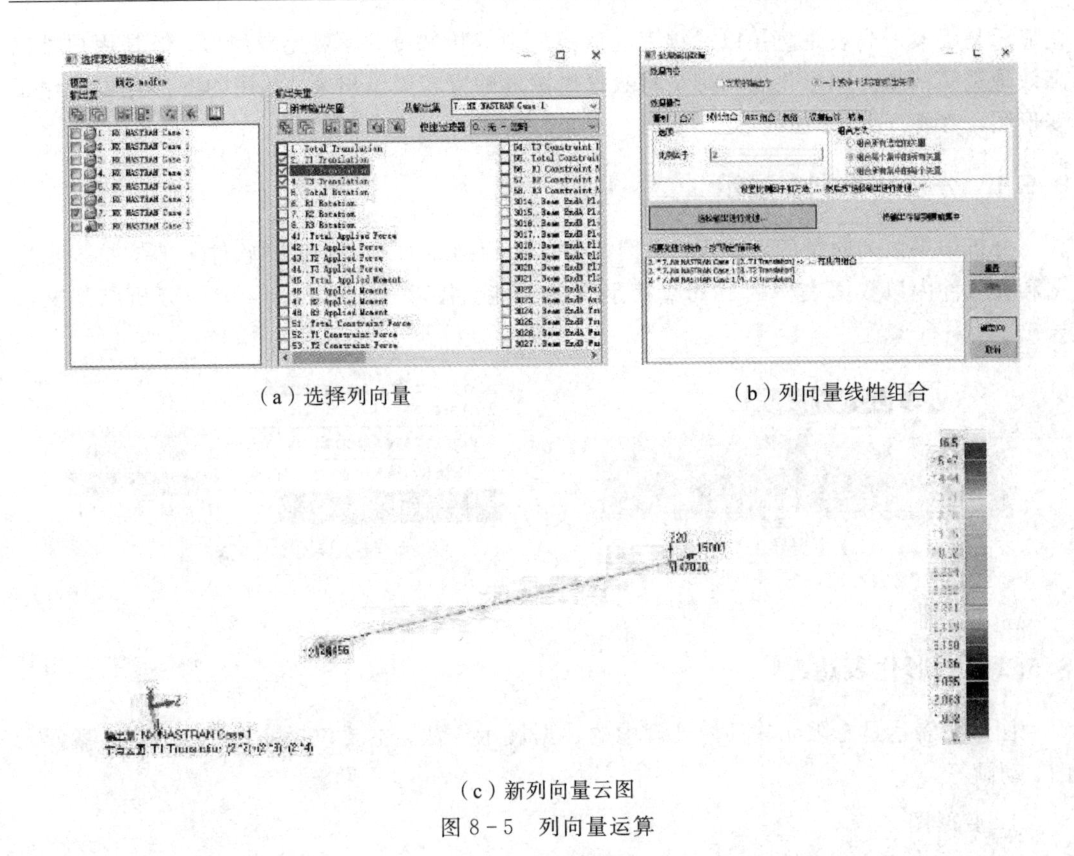

（a）选择列向量　　（b）列向量线性组合

（c）新列向量云图

图 8-5　列向量运算

8.4.3　其他数据处理：应力线性化

应力线性化是数据处理的一种方法(见图 8-6)，常用在压力容器的应力计算中，在一些产品设计规范中有明确要求，如 ASME 标准或者 RCCM 标准。应力线性化的具体计算规则可以参考相关标准或者力学参考书。

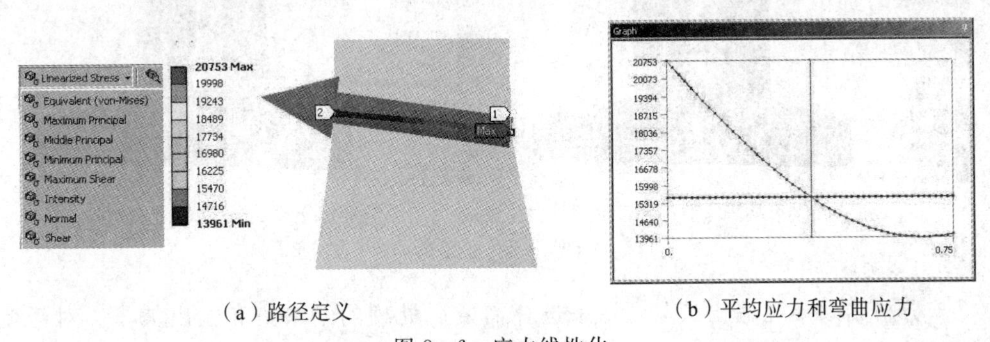

（a）路径定义　　（b）平均应力和弯曲应力

图 8-6　应力线性化

8.5　结果列表和图形化展示

典型静力学分析数据包括节点数据和单元数据。数据是后处理的基础，而列表和图形化显示是手段。列表是直接以二维表的形式呈现分析数据，虽然比较简单，但是用户难以高效地观察结果。图形化展示则是将数据以图形的方式展示出来，常用的图形化展示包括变形图、动画、云图、曲线等。

8.5.1 分析结果列表展示

分析结果以列向量的形式保存，因此可以采用列表的形式呈现。软件一般支持导出数据和在软件内以数据表格的方式直接呈现的功能。图 8-7 为 Ansys 中的分析结果文件导出。

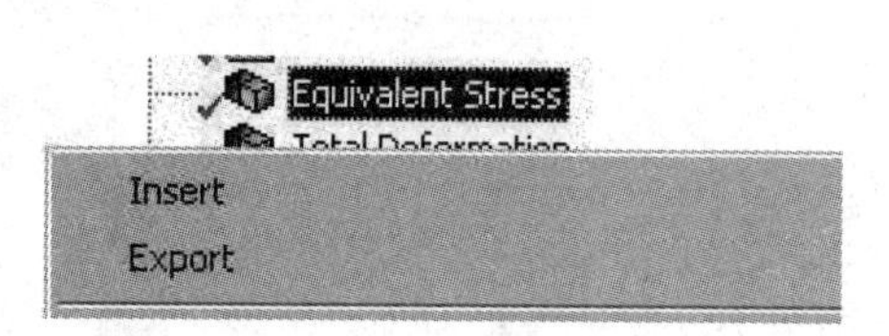

(a) 数据导出

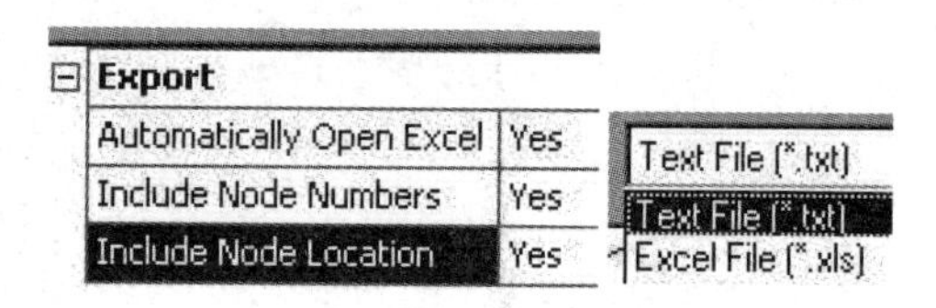

(b) 导出文件格式

图 8-7 分析结果导出

8.5.2 图形化表达

图形化表达是有限元软件后处理中的数据展示方法，主要包括变形图、云图、截面云图、动画等。

1. 变形图

变形图主要是用来查看结构在承受载荷前后的构型变化情况。变形图需要指定分析结果集和输出矢量、变形的比例。变形图可以以一种放大的形式呈现，也可以是真实变形，如图 8-8 所示。变形图中的主要参数如下。

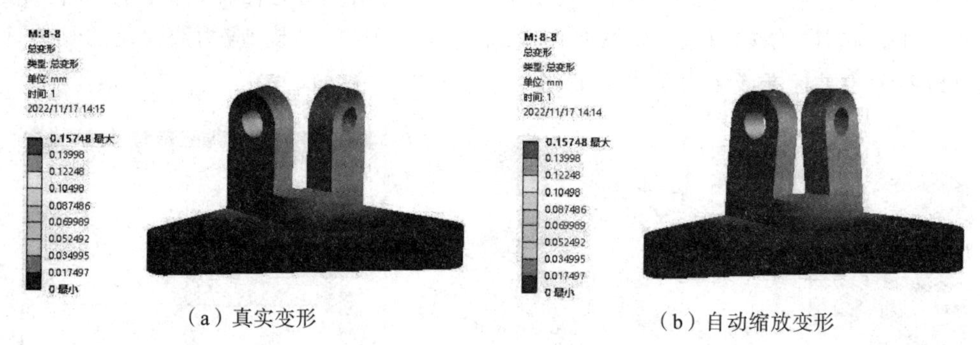

(a) 真实变形 (b) 自动缩放变形

图 8-8 变形图

(1) 分析结果集和输出矢量：用来选择需要后处理的结果集和输出矢量。对于变形图，一般默认的输出矢量是总位移矢量。

(2) 变换：基于不同的坐标系及其分量对数据进行变换处理。

(3) 比例：对于小变形线弹性静力学问题而言，其计算基于结构的初始构型，结构承受载荷后，模型中的节点发生的位移非常小，难以观察，因此，需要对节点位移进行放大处理，以便于工程师了解结构的变形特征。缩放时，一般采用基于模型的几何尺寸计算缩放比例。如：模型的典型几何尺寸(如最大长度)与模型最大变形的比值为模型的缩放比例。如缩放比例为 10%，即模型尺寸乘以 10%除以模型的最大变形为模型的缩放比例，即模型尺寸的 10%等于模型的最大变形量。实际变形也是一种常用的选择。对于非线性大变形问题，一般采用真实比例缩放。此外，也可以对真实变形进行放大处理，以获取明显的变形效果。

2. 动画

动画是以一帧帧变形图片顺序播放的形式表达模型动态变形的过程。动画形式可以给用户以非常直观的印象。通常的动画样式展示一个标准循环过程，包括加载、卸载、反向加载、反向卸载。Ansys 中动画功能如图 8-9 所示。

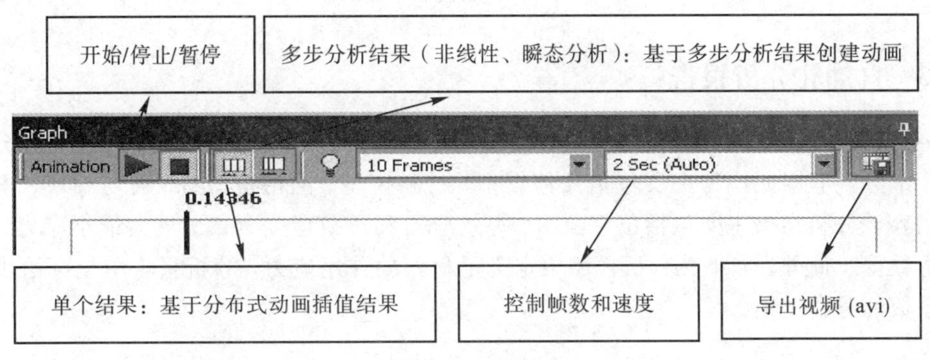

图 8-9　动画

3. 云图

云图主要是用不同的颜色来展示计算域内的物理场数值的分布情况，如图 8-10 所示。云图主要包括展示的物理场/数据和颜色数值表。

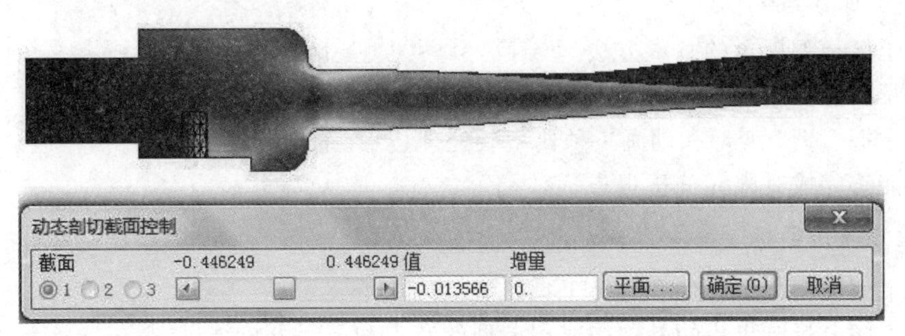

图 8-10　截面云图

4. 截面云图

剖切截面云图用于显示模型中实体横截面上的云图，其操作方式为：首先定义横截面，然后动态控制横截面沿其法线方向运动，以动态查看横截面上物理量分布情况。该方式可以方便地检查几何体内部物理量分布情况。例如，查看结构中心部的应力或温度场的分布，如图 8-10 所示。

5. 其他方式

在图形化显示技术中，还包括一系列的处理方式，如矢量云图和梁截面云图，如图 8-11 所示。

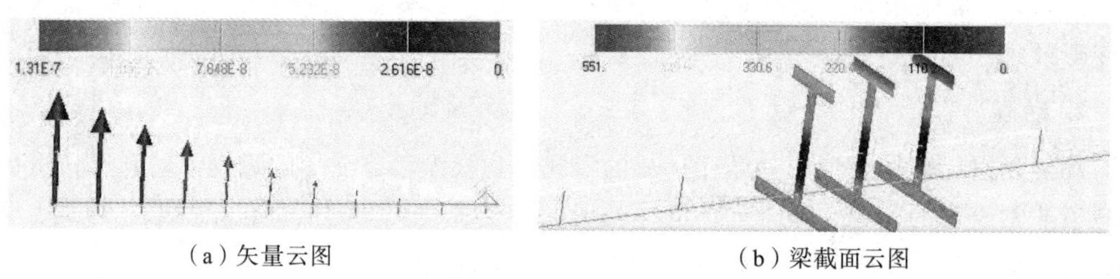

（a）矢量云图　　（b）梁截面云图

图 8-11　矢量云图和梁截面云图

8.5.3　自动化分析报告

一般软件支持自动化编写分析报告。自动化分析报告中主要包括有限元模型和分析结果两个部分。有限元模型主要包括几何模型、材料模型、网格模型、载荷与约束、求解类型等内容。分析结果主要包括位移云图、等效应力和等效应变云图、最大最小应力、最大位移等数据。此外，如果在分析模型中定义了材料的许用应力，分析报告中也会给出诸如安全系数的分析结论。

8.6　学习目标与典型案例

8.6.1　学习目标

1. 第一阶段目标

（1）了解模型展示的基本方法。

（2）了解静力学后处理的基本方法。

（3）掌握云图、变形和动画三种典型后处理技术。

（4）能够完成有限元分析报告。

2. 第二阶段目标

（1）掌握模型分组管理和选择工具。

（2）了解分析结果集的基本构成和典型的节点和单元分析结果。

（3）了解基本的分析结果/数据的运算技术。

（4）能够获取分析结果中的数据，并掌握主要的后处理图形化处理技术。

（5）根据分析需求定制完成有限元分析报告。

3. 高级阶段目标

了解典型求解器输出结果集，并能够获取需要的分析数据，采用多种方式高效呈现分析结果，并能够定制完备的分析报告。

8.6.2　典型案例介绍

本小节以球阀强度计算为例介绍。

(1) 学习目标。

掌握 Named Selection、螺栓、接触、后处理中云图和 Probe 计算反力等内容。

(2) 问题简介。

建立对夹法兰螺栓连接；设置接触方式为无摩擦接触(Frictionless)。法兰一端固定，一端施加沿 y 轴上的力 5000 N(模拟管道载荷)。计算等效应力分布(Equivalent Stress)和右端螺栓反力，如图 8-12 所示。

(a) Named Selcetion：FixtureBolts1

(b) Named Selcetion：FixtureBolts2

(c) Named Selcetion：LoadBolts1

(d) Named Selcetion：LoadBolts2

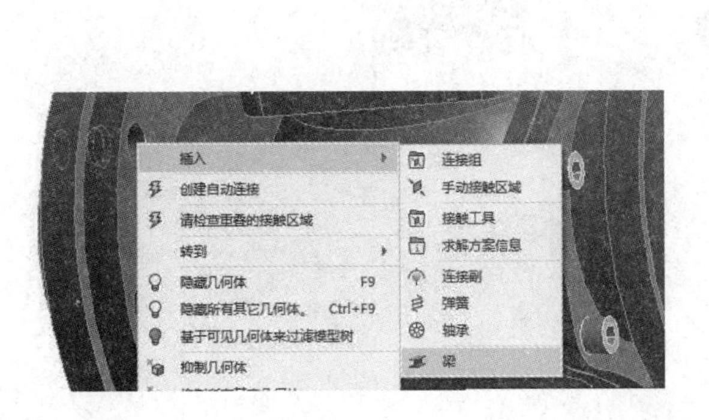

(e) 梁/Beam

对象生成器

选择用作模板的树对象，再选择用作作用域的几何结构。

选择的结构树项目：循环的 - 2-2-17 突面对焊钢制管法兰 GBT9115.1-2000(突面对焊钢制管法兰 DN150-PN1.0 RF-星巢几何WWW.3DSW.CN) 至 法兰连接球阀(DN150,法兰连接球阀)

选择要用作参考侧的已命名选择。

参考：FixtureBolts1

选择要用作移动侧的已命名选择。

移动：FixtureBolts2

将为位于指定下界和上界之间连接两端的任意一对质心点创建对象。

距离：质心之间

最小：0 mm

最大：26 mm

将几何结构限定到单个实体或相邻实体组内。

限定范围至：相邻实体

忽略原件：☑

基于几何结构的范围限定

名称前缀：

应用标签：

生成

(f) 对象生成器/Object Generator

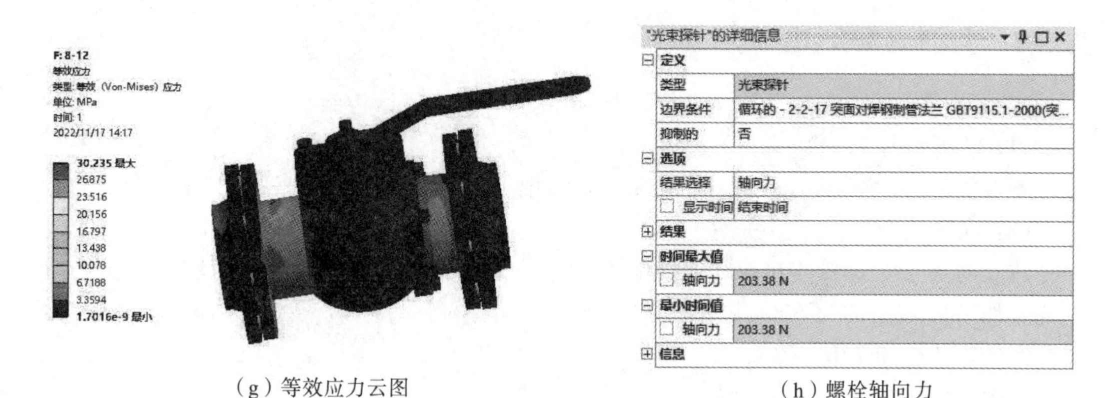

（g）等效应力云图　　　　　　　　　　　　（h）螺栓轴向力

图 8－12　球阀建模与分析

(3) 建模步骤。

选择 Static Structural 模块；导入几何体，观察几何体的基本特征；一侧法兰螺栓孔建立 Named Selection 为 FixureBolts 1；阀体螺栓孔为 FixureBolts 2；相应另一侧建立 LoadBolts 1 和 LoadBolts 2；建立法兰与阀体的螺栓连接：采用对象生成器(Object Generator)生成螺栓连接；调整法兰与阀体的接触方式为 Frictionless；设置网格大小；分网；法兰一端固定，一端施加载荷 $F_y=5000$ N；设置输出数据，等效应力、变形和固定侧螺栓约束反力。

(4) 分析结果。

最大等效应力为 30.2 MPa。

(5) 进阶练习。

载荷一端采用 Remote point 施加弯矩，求解计算(阀门端部加载以弯矩的形式处理)。

(6) 点评分析。

后处理技术是图形化解读计算结果的方式，不同软件会有不同的侧重点，但是后处理方式基本一致。

建模过程

操作视频

第 9 章　结构动力学与模态分析

本章导读

结构动力学研究结构在动态载荷作用下的动力学性能。动力学分析中边界条件是随时间变化的动态载荷。基于结构的固有频率和固有振型计算频域载荷下结构的动力学响应是动力学分析的重要方法之一。结构的动力学特性计算称为模态分析。模态分析的典型案例是单自由度弹簧质量振动系统，该系统为理解模态分析和动力学分析中的关键概念提供了鲜明的物理背景。

学习重点

(1) 弹簧质量系统。

(2) 模态计算的基本算法及其特点。

(3) 模态和预应力模态分析的基本流程。

思维导图

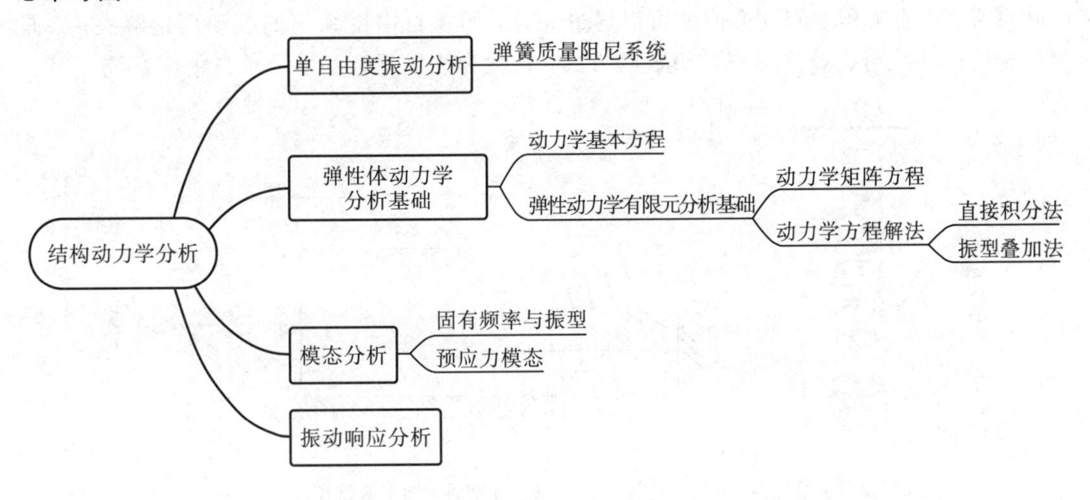

9.1　结构动力学问题与模态分析

结构动力学主要研究随时间变化载荷作用下的结构的力学响应。结构在动力载荷下的响应是随时间变化的，如结构变形是时间或者频率的函数，结构动力学分析中边界条件也是随时间变化的。典型的动力学问题的例子是承受地震载荷作用的核电站设施，地震是一个随时间变化的载荷，核电站设施在动态载荷作用下发生振动并变形。随时间变化的动态载荷，可通过傅里叶变换转化为频域载荷。结构在频域载荷下的响应与结构的固有频率和固有振型密切相关。典型的物理现象是结构固有频率与外部激励载荷相近时，结构会由于共振现象而发生破坏。

模态分析是研究结构动力特性的一种方法。模态是指弹性结构固有的整体特性，每个模态包括固有频率、阻尼比和模态振型。基于模态分析得到的各阶模态，采用振型叠加法可计算结构的实际振动响应。模态分析是频率响应分析、随机振动分析的基础。

当结构响应出现大位移、大变形特征时，则需要基于直接积分法计算结构的动力学响应，如高速碰撞。显式冲击动力学方法是一种典型的大变形问题的计算方法。

动力学问题研究的另一类问题是波在介质中的传播问题。它研究短暂作用于介质边界或者内部的载荷所引起的位移、速度如何在介质中传播的规律。

机构动力学与结构动力学关注点稍有差异。机构是存在相对运动的系统，而结构一般认为是不存在相对运动的系统。机构动力学有多刚体系统和柔性多体系统，有关多体动力学的问题在第10章进行介绍。

9.2 单自由度振动问题

振动问题是动力学问题的重要组成部分。单自由度弹簧质量系统是一个典型的单自由度振动系统。单自由度系统指在任意时刻只要一个广义坐标即可完全确定其位置的系统，如图9-1(a)所示的弹簧质量系统就是一个单自由度系统。

工程实际中，一般不存在理想的单自由度系统，但是研究单自由度系统的振动仍然有实际意义：一是工程上有许多问题可以通过简化，用单自由度系统的振动理论解决；二是弹性连续体系统可以通过傅里叶级数的方式，转化为线性耦合的多个单自由度系统。

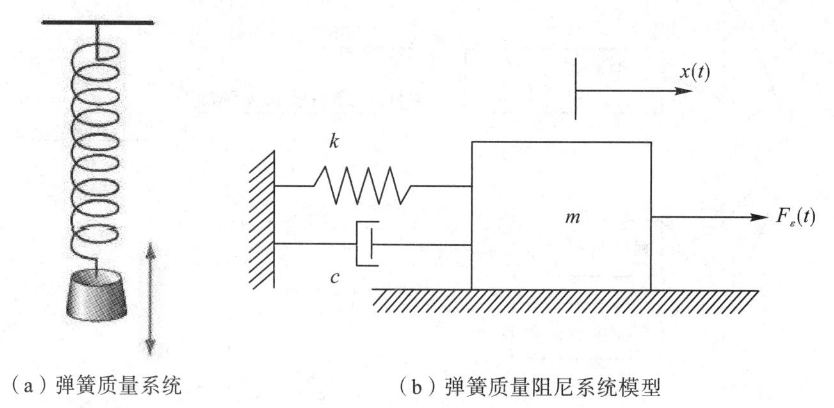

(a) 弹簧质量系统　　(b) 弹簧质量阻尼系统模型

图9-1　弹簧质量系统与建模

9.2.1 无阻尼单自由度系统自由振动

无阻尼弹簧质量系统如图9-1(a)所示。以弹簧静平衡位置为原点，以质量块距离平衡位置的距离为坐标 x，可以得到质量的运动微分方程为

$$m\frac{\mathrm{d}^2x}{\mathrm{d}t^2}=-kx$$

令 $\omega_0=\sqrt{k/m}$，得到

$$\ddot{x}+\omega_0^2x=0$$

方程的通解为

$$x=A\sin(\omega_0 x+\varphi)$$

式中，ω_0 为固有频率，A 为振幅，φ 为初始相位。参数可以基于初始条件和边界条件确定。

通过方程的解可以发现弹簧质量系统中的质量块在做周期性运动。弹簧质量阻尼系统模型如图 9－1(b)所示。

9.2.2　有阻尼弹簧质量系统自由振动

实际系统中存在的各种阻力称为阻尼，如摩擦阻尼、电磁阻尼、介质阻尼、结构阻尼等。尽管学者们提出了各种阻尼的数学描述方法，但是实际系统中阻尼的物理本质仍然难以完全确认。在工程中最常用的阻尼力学模型为黏性阻尼，如流体中的低速运动、沿润滑表面滑动的物体。

黏性阻尼力与相对速度成正比，即

$$F_d=cv$$

式中，c 为黏性阻尼系数。

弹簧质量阻尼系统(见图 9－1(b))的动力学方程为

$$m\ddot{x}+c\dot{x}+kx=0$$

或者写为

$$\ddot{x}+2\zeta\omega_0\dot{x}+\omega_0^2 x=0$$

式中，$\omega_0=\sqrt{k/m}$ 为固有频率，$\zeta=\dfrac{c}{2\sqrt{km}}$ 为相对阻尼系数。

动力学方程求解后，根据相对阻尼系数，分为欠阻尼、临界阻尼和过阻尼三种情况，如图 9－2 所示。

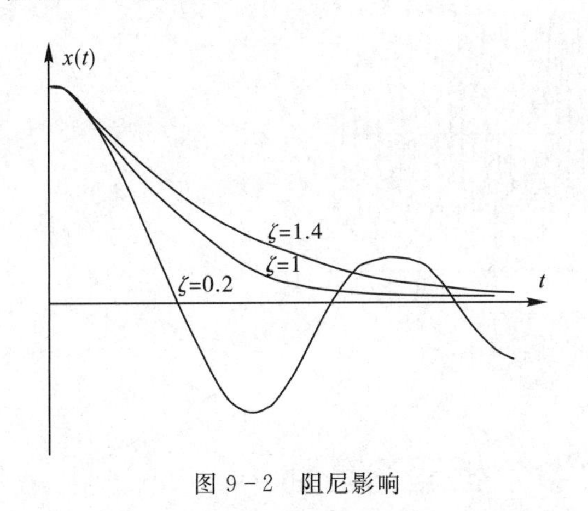

图 9－2　阻尼影响

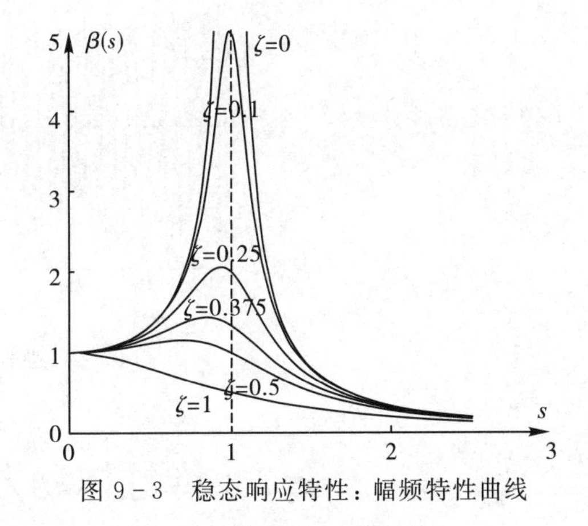

图 9－3　稳态响应特性：幅频特性曲线

9.2.3　单自由度系统强迫振动

强迫振动时，简谐力激励：

$$F_e(t)=F_0 e^{i\omega t}$$

式中，F_0 为外力幅值，ω 为外力激励频率，动力学方程为

$$m\ddot{x}+c\dot{x}+kx=F_0e^{i\omega t}$$

$$(-\omega^2m+ic\omega+k)x=F_0$$

除以刚度 k 得到归一化表达，即

$$\left(1-\left(\frac{\omega}{\omega_0}\right)^2+2i\zeta\left(\frac{\omega}{\omega_0}\right)\right)x=\frac{F_0}{k}$$

等式右边为静态位移，因此动态解与静态解之比为

$$H(\omega)=\left(1-\left(\frac{\omega}{\omega_0}\right)^2+2i\zeta\left(\frac{\omega}{\omega_0}\right)\right)^{-1}=\frac{1}{1-s^2+2i\zeta s}$$

式中，H 为传递函数，s 为激励频率与无阻尼固有频率比值。

传递函数的大小为

$$\beta(s)=\left|\frac{1}{1-s^2+2i\zeta s}\right|=\frac{1}{\sqrt{(1-s^2)^2+(2\zeta s)^2}}$$

图 9-3 给出了稳态响应特性，从图中可以看出随着激振频率接近固有频率，系统振动急剧增大，也就是出现了共振现象。强迫振动稳态响应如图 9-4 所示。

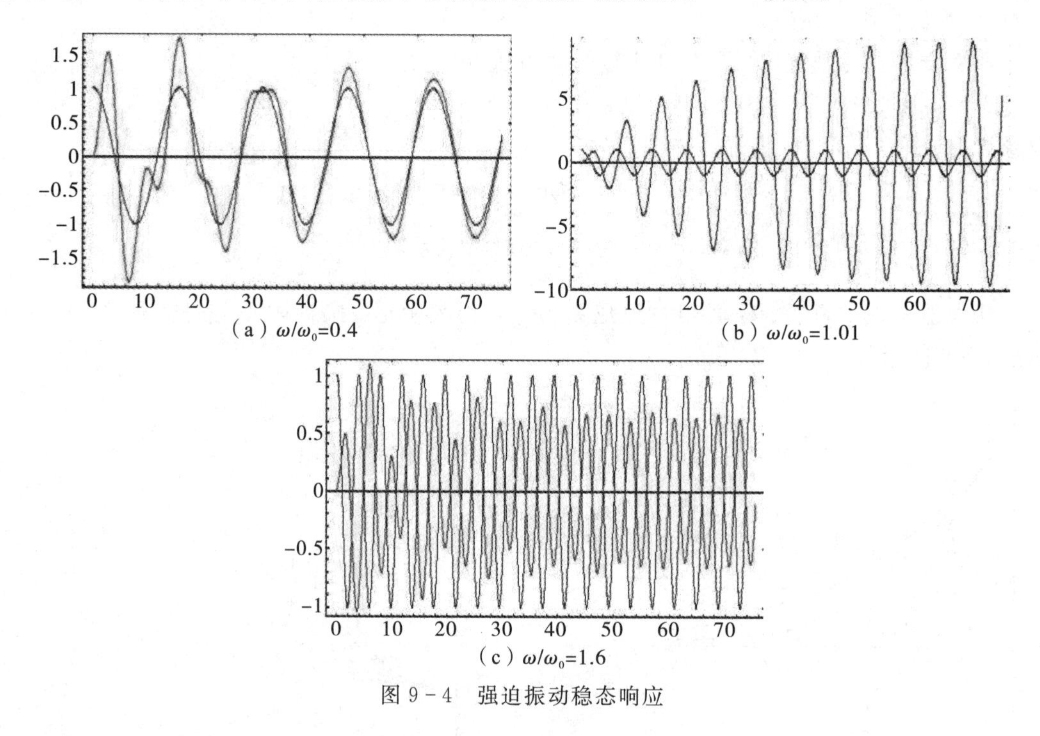

(a) $\omega/\omega_0=0.4$

(b) $\omega/\omega_0=1.01$

(c) $\omega/\omega_0=1.6$

图 9-4　强迫振动稳态响应

9.3　弹性体动力学分析理论基础

弹性动力学是在弹性平衡方程的基础上考虑结构的惯性力和阻尼力的影响。

9.3.1　动力学基本方程

三维弹性动力学基本方程如下：

平衡方程：

$$\sigma_{ij,j}+f_i-\rho u_{i,tt}-\mu u_{i,t}=0$$

几何方程：

$$\varepsilon_{ij}=\frac{1}{2}(u_{i,j}+u_{j,i})$$

物理方程：

$$\sigma_{ij}=D_{ijkl}\varepsilon_{kl}$$

边界条件：

$$u_i=\bar{u}_i$$

$$\sigma_{ij}n_j=\bar{T}_i$$

初始条件：

$$u_i(x,y,z,0)=\bar{u}_i(x,y,z)$$

$$u_{i,t}(x,y,z,0)=\bar{u}_{i,t}(x,y,z)$$

式中，ρ 为密度，μ 为阻尼系数。$\rho u_{i,tt}$ 和 $\mu u_{i,t}$ 分别代表惯性力项和阻尼力项，作为体积力的一部分出现在平衡方程中。

9.3.2　弹性动力学有限元分析

动力学有限元分析中，在空间坐标的基础上，引入了时间坐标，因此动力学的计算量远大于静力学计算量。

1. 动力学方程

基于伽辽金弱形式的运动方程为

$$\boldsymbol{M}\ddot{\boldsymbol{u}}(t)+\boldsymbol{C}\dot{\boldsymbol{u}}(t)+\boldsymbol{K}\boldsymbol{u}(t)=\boldsymbol{Q}(t)$$

式中，$\boldsymbol{M}$、$\boldsymbol{C}$、$\boldsymbol{K}$、$\boldsymbol{Q}$ 分别为系统质量矩阵、阻尼矩阵、刚度矩阵和节点载荷向量。

单元质量矩阵有两种形式，一是协调质量矩阵或一致质量矩阵，二是集中质量矩阵。协调质量矩阵是基于位移插值函数直接得到的单元质量矩阵。一般协调质量矩阵的元素均不为 0。但是在一些问题中，协调质量矩阵有时会导致计算失真现象的出现，因此提出了集中质量矩阵。集中质量矩阵假定单元的质量集中在节点上，这样得到的质量矩阵为对角线矩阵。

阻尼矩阵假定阻尼力正比于质点运动速度，此时单元阻尼矩阵正比于单元质量矩阵。此外还有等比例于应变速度的阻尼，如材料内摩擦引起的结构阻尼。需要说明的是，阻尼矩阵中的阻尼系数一般依赖于结构频率，难以准确地给定，因此通常把实际结构的阻尼矩阵简化为 $\boldsymbol{M}$ 和 $\boldsymbol{K}$ 的线性组合，即

$$\boldsymbol{C}=\alpha\boldsymbol{M}+\beta\boldsymbol{K}$$

式中，α 和 β 是不依赖于频率的常数。这种振型阻尼称为 Rayleigh 阻尼。

2. 动力学方程的解法

与静力学分析相比，动力学方程中的惯性力项和阻尼项使动力学方程不是代数方程组而是常微分方程组。

动力学方程的解法主要有两类，一是直接积分法，二是振型叠加法。

直接积分法是直接对运动方程进行积分。对于方程中的位移的一阶微分和二阶微分采

用差分法近似，主要有显式算法(中心差分法)和无条件稳定的隐式算法(Newmark 法)。

振型叠加法首先求解无阻尼自由振动方程，使用解得的特征向量(固有振型)对运动方程进行变换，最后对各自由度的运动方程进行积分并叠加，从而得到问题的解。

3. 自由振动方程

如果忽略阻尼的影响，并使右端项 $\boldsymbol{Q}(t)$ 为 0，则可以得到系统的自由振动方程，又称为动力特性方程：

$$\boldsymbol{M}\ddot{a}(t)+\boldsymbol{K}a(t)=0$$

自由振动方程可以得到系统的固有频率和固有振型。

4. 自由振动方程的解法

自由振动方程是动力学分析的重要内容之一，自由振动方程给出了系统的动力特性：固有频率和固有振型。自由振动方程的求解在数学上属于矩阵特征值问题。

5. 大型特征值问题的解法

在一般的有限元分析中，系统的自由度很多，但是在研究系统特性时，往往仅仅需要了解较少的低阶的特征值和特征向量。为了满足上述求解的特点，发展出了诸如矩阵反迭代法、子空间迭代法、里兹向量直接叠加法和 Lanczos 方法等。

9.4 模态分析

模态分析是指基于自由振动方程或无阻尼振动方程计算系统的固有频率和固有振型。模态分析是动力学分析的基础，是了解结构动力学特性的重要手段。

9.4.1 固有频率和固有振型

1. 固有频率与振型计算

对于自由振动方程，假设解为

$$u=\boldsymbol{\phi}\sin\omega(t-t_0)$$

其中，$\boldsymbol{\phi}$ 为 n 阶向量，ω 为振动频率，t 为时间，t_0 为由初始条件确定的时间常数。将解带入自由振动方程可以得到广义特征值问题，即

$$\boldsymbol{K}\phi-\omega^2\boldsymbol{M}\phi=(\boldsymbol{K}-\omega^2\boldsymbol{M})\phi=0$$

求解方程之后可以得到 n 个特征解：(ω_1^2, ϕ_1)，(ω_2^2, ϕ_2)，…，(ω_n^2, ϕ_n)。其中 ω_1，ω_2，…，ω_n 为系统的 n 个固有频率，ϕ_1，ϕ_2，…，ϕ_n 为系统的 n 个固有振型。

$\phi=0$，代表结构整体的刚体运动。$\phi\neq0$，为结构的固有振型，由于自由振动方程未涉及载荷，因此固有振型表示的是相对变形。

2. 振型叠加法

对于线弹性系统，可以利用 n 个固有频率及其固有振型的线性组合，计算系统任意时刻的自由振动或者强迫振动，即振型叠加法

$$u(t)=\sum_i\{\phi_i\}\xi_i$$

如果结构的质量矩阵和刚度矩阵为实对称矩阵，则有以下性质：

(1) 如果 $i \neq j$，则 $\{\phi_i\}^{\mathrm{T}}[M]\{\phi_j\}=0$，$\{\phi_i\}^{\mathrm{T}}[K]\{\phi_j\}=0$，即固有振型相互正交；

(2) 如果 $i \neq j$，则 $\{\phi_j\}^{\mathrm{T}}[M]\{\phi_j\}=m_j$，$\{\phi_j\}^{\mathrm{T}}[K]\{\phi_j\}=k_j$，$m_j$ 和 k_j 为 j 阶正则化质量和刚度。

进而可以得到 Rayleigh 方程

$$\omega_j^2=\frac{\{\phi_j\}^{\mathrm{T}}[K]\{\phi_j\}}{\{\phi_j\}^{\mathrm{T}}[M]\{\phi_j\}}$$

读者可以发现，在形式上频率计算公式与弹簧质量系统的频率计算公式保持一致。

9.4.2　正则化模态及有效模态质量

模态振型是相对变形，为了表达模态的振动形态，需要选择适当的基本参数。用基准化参数描述模态振型的方法称为模态正则化。模态正则化主要有质量正则化和位移正则化。

1. 模态正则化

模态正则化将模态振型向量进行归一化处理，方便后续动力学计算。

(1) 质量正则化：对于各阶模态，使其振型与质量矩阵乘积为 1，即

$$\{\phi_j\}^{\mathrm{T}}[M]\{\phi_j\}=1$$

在基于模态法的频率响应即瞬态响应分析中，用质量法对模态振型进行正则化处理。

(2) 位移正则化：把各阶模态对应的振型的最大值规定为 1。该方法可以扩张表现高阶模态和局部模态的变形。

2. 有效模态质量

有效模态质量用于定义参与模态的惯性质量，即运动部分的质量，因此有效模态质量要比结构实际总体质量小。结构中不运动部分的质量是由于结构中的约束的作用而不参与运动。

如果整个结构系统的有效质量为 m，各阶模态对应的等价有效质量为 m_i，则 $\frac{m_i}{m}$ 为模态质量分数。模态质量分数累计起来为模态质量累加系数，参与计算模态的阶数越多，模态质量分量累加系数越接近 1。因此，如果模态质量分量累加系数趋近于 1，意味着求解的模态的阶次足够多。

表 9-1 所示为前六阶模态各振型参与质量，从中可以得出前六阶模态的 T_1 分量总和为 0.128924。如果选用振型叠加法计算结构的动力学特性，仅仅采用前六阶振型计算，则计算误差将会比较大。

表 9-1　各振型参与质量

阶数	频率/Hz	T_1		T_2		T_3		R_1		R_2		R_3	
		FRAC	SUM	FRAC	SUM	FRAC	SUM	FRAC	SUM	FRAC	SUM	FRAC	SUM
1	125	9.34×10^{-5}	9.34×10^{-5}	0.132556	0.132556	4.65×10^{-7}	4.65×10^{-7}	0.746402	0.746402	0.000552	0.000552	1.38×10^{-7}	1.38×10^{-7}
2	129	0.119683	0.119776	0.000148	0.132704	0.000152	0.000152	0.000797	0.7472	0.678942	0.679493	5.58×10^{-8}	1.94×10^{-7}
3	159	0.00675	0.126526	0.002514	0.135218	5.52×10^{-6}	0.000158	0.008495	0.755695	0.024236	0.703729	5.93×10^{-11}	1.94×10^{-7}
4	202	0.002347	0.128874	0.005002	0.140221	1.47×10^{-8}	0.000158	0.016049	0.771744	0.007997	0.711726	8.99×10^{-9}	2.03×10^{-7}
5	202	4.83×10^{-5}	0.128922	3.00×10^{-7}	0.140221	0.481104	0.481261	2.9×10^{-6}	0.771747	9.79×10^{-5}	0.711824	2.18×10^{-12}	2.03×10^{-7}
6	285	2.26×10^{-6}	0.128924	6.16×10^{-7}	0.140222	0.008262	0.489523	1.05×10^{-6}	0.771748	4.09×10^{-6}	0.711828	3.38×10^{-12}	2.03×10^{-7}

9.4.3 模态计算求解方法与求解控制

模态求解是大型矩阵特征值问题的求解。主流的模态计算方法有迭代法、矩阵变换法和 Lanczos 法。迭代法主要适用于小规模模型计算。矩阵变换法先是变换特征值问题的方程，然后进行三角分解，最后计算特征值，该方法适用于大规模计算。

Lanczos 法是迭代法和变换法的结合。Lanczos 法的核心在于利用三项递推关系产生一组正交规范的特征向量，同时将原矩阵约化为三对角阵，将原问题转化为三对角阵的特征问题求解。Lanczos 法目前被认为是求解大型矩阵特征值问题的最有效方法。

模态求解的主要控制参数简介如下：

（1）解算方法：根据需要选择求解算法，大部分默认是 Lanczos 法。

（2）频率范围或频率次数：控制计算频率的范围或者计算频率的阶次。

（3）质量矩阵：一般为集中质量矩阵，也可以是协调质量矩阵，如图 9-5 所示。

（4）输出控制主要包括：固有频率、固有振型、应变能、应变能密度、动能、动能密度、模态参数(有效模态质量、有效模态质量比、模态质量比累计等)。

方法	第一阶频率	第二阶频率	第三阶频率
集中质量矩阵	1640.463	3198.583	9832.516
协调质量矩阵	1642.176	3203.315	9900.4

图 9-5　质量矩阵对频率的影响：悬臂梁模型

9.4.4 预应力模态

预应力模态是在模态分析中考虑载荷引起的结构刚度变化，预应力模态应用场景如图 9-6 所示。计算时首先计算工况载荷对于结构刚度矩阵的更新，利用更新后的刚度矩阵计算结构固有频率和固有振型，如图 9-7 所示。

（a）琴弦

（b）预应力的桥梁结构

图 9-6　预应力模态应用场景

$[K]\{\delta\}=\{F\}$	$[\sigma]\to[S]$	$([K+S]-\omega_i^2[M])\{\phi_i\}=0$
静力学计算	计算应力刚化矩阵	更新刚度矩阵，计算模态

图 9－7　预应力计算基本逻辑

预应力计算中的静力学计算可以是线性静力学也可以具有一定的非线性，如材料非线性和接触非线性，但是不包括大位移导致的几何非线性。

在预应力分析时，拉伸应力导致频率上升，而压缩应力导致频率下降。

9.5　振动响应分析简介

模态分析侧重于结构本身的振动特性。而实际工程问题都有阻尼，并且承受动态载荷。动力学分析主要包括频域分析法和时域分析法。

频域分析法首先对载荷项进行傅里叶变换，然后求解正弦载荷下系统稳态的强迫振动。频域分析法可以分为直接频率响应分析和模态频率响应分析。

时域分析法直接施加时间函数的动态载荷。时域分析法包括直接瞬态积分和模态瞬态分析。

1. 频率响应分析

如果结构载荷为单频率正弦载荷，或者是多个单频率正弦载荷的组合载荷，则载荷可以表示为$\{P(\omega)\}e^{i\omega t}$。如果是时间历程载荷，则可以基于离散傅里叶变换为频域载荷。

频率响应分析用于处理稳态振动响应。频率响应分析分为直接频率响应分析和模态频率响应分析。

2. 瞬态动力分析

瞬态响应分析处理随时间变化的载荷。瞬态动力分析可以直接对振动方程进行分析。

9.6　学习目标与典型案例

9.6.1　学习目标

1. 第一阶段目标

(1) 掌握模态分析的基本流程。

(2) 了解模态分析中的固有频率和固有振型的基本含义。

(3) 了解弹簧质量系统及质量、刚度和阻尼等概念。

(4) 了解预应力模态分析基本流程。

2. 第二阶段目标

(1) 基于弹簧质量系统了解无阻尼自由振动、有阻尼自由振动、强迫振动的物理含义。

(2) 基本了解傅里叶级数和傅里叶变换。

(3) 了解模态计算的基本算法及其特点。

(4) 了解模态叠加法和直接积分法。

(5) 了解动力学分析，如频率响应分析、谱分析、随机振动分析等。

3. 高级阶段目标

掌握模态分析的原理、基本算法，掌握直接积分法和模态叠加法，能够完成动力响应分析。

9.6.2 典型案例介绍

1. 悬臂梁模态分析

悬臂梁的几何尺寸为 100 mm×4 mm×2 mm，材料为铝，密度为 2.7×10³ kg/m³，弹性模量为 70 GPa，分析采用平面假设，其频率计算公式为

$$f_n=\frac{\alpha_n^2}{2\pi l^2}\sqrt{\frac{EI_y}{\rho A}}$$

其中，$\alpha_1=1.8751$，$\alpha_2=4.6941$，$\alpha_3=7.8548$。

根据公式计算得悬臂梁的三阶频率分别为 164.5 Hz、1030.9 Hz 和 2886.7 Hz。

(1) 学习目标。

采用六面体和四面体网格模型计算悬臂梁频率与振型，并与理论值对比分析。

(2) 问题简介。

悬臂梁的几何尺寸为 100 mm×4 mm×2 mm，材料为铝，密度为 2.7×10³ kg/m³，弹性模量为 70 GPa，分析采用平面假设，计算前六阶频率。

(3) 建模步骤。

选择 Modal 模块，导入几何体；新建材料为铝，密度(Density)为 2.7×10³ kg/m³，弹性模量 E(Young's Modulus)为 70 GPa，泊松比为 0.3；一端固定；设置求解模态阶数为 6；求解；后处理观察振动频率和振型。

(4) 分析结果。

分析结果如图 9-8 和表 9-2 所示。

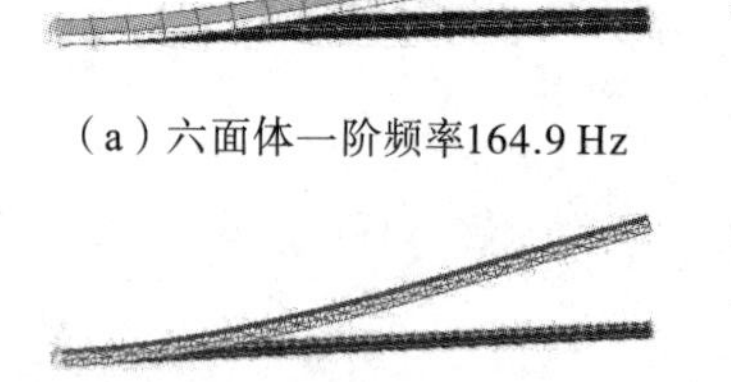

(a) 六面体一阶频率164.9 Hz

(d) 四面体一阶频率164.8 Hz

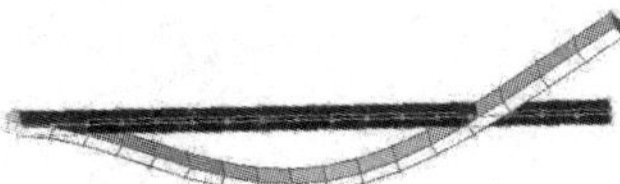

(b) 六面体二阶频率1030.1 Hz

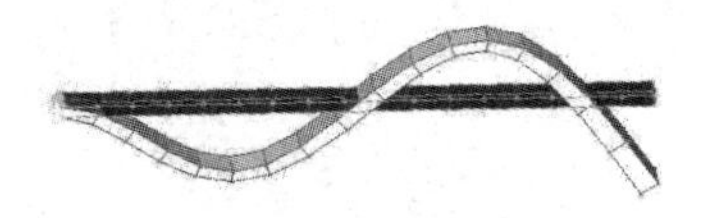

(c) 六面体三阶频率2881.5 Hz

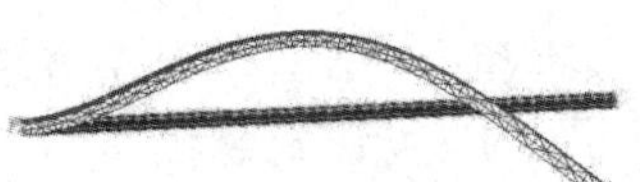

(e) 四面体二阶频率1031.4 Hz

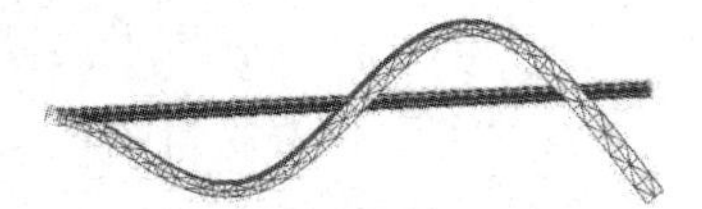

(f) 四面体三阶频率2879.6 Hz

图 9-8 悬臂梁计算结果

表 9－2　悬臂梁仿真结果对比

	一阶频率/Hz	二阶频率/Hz	三阶频率/Hz
理论值	164.5	1030.9	2886.7
17 个八节点六面体单元	164.9	1030.1	2881.5
1367 个十节点四面体单元	164.8	1031.4	2879.6

(5) 进阶练习。

分析模型中的平面假设可以通过约束的方式实现，考虑如何约束模型。

(6) 点评分析。

有限元技术的有效性可以通过与理论分析或者实验分析对比得到验证。有限元技术也是除理论、实践之外的一种高效学习工具。

2. 振动盘模态仿真

(1) 学习目标。

基于振动盘模态仿真分析，掌握模态分析基本建模流程。

(2) 问题简介。

振动盘材料为铝；振动盘底部螺栓孔处固定支撑(Fixed Support)；计算结构频率和振型。

(3) 建模步骤。

选择 Modal 模块，导入几何体；新建材料为铝，密度为 2.7×10^3 kg/m^3，弹性模量(Young's Modulus)为 80 GPa，泊松比为 0.3；基于 Named Selection，选择底座上四个孔，定义为 Fixture；对于 Fixture 设置为固定约束；设置求解模态阶数为 6；求解；后处理观察振动频率和振型。

(4) 分析结果。

分析结果如图 9－9 所示。

(a) 振动盘

(b) 四个孔设置为固定

Tabular Data

	Mode	Frequency [Hz]
1	1.	146.05
2	2.	172.5
3	3.	260.84
4	4.	346.11
5	5.	358.61
6	6.	403.17

（c）前六阶频率

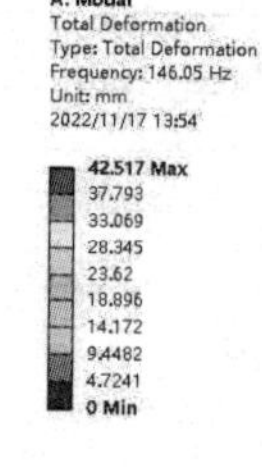

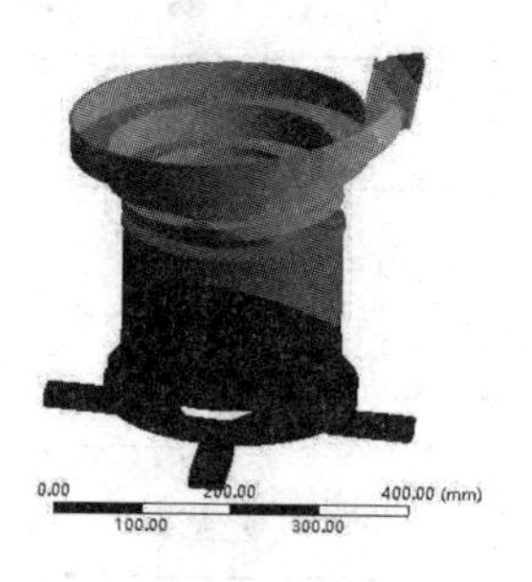

（d）第1阶振型

图 9－9　振动盘模型与分析结果

(5) 进阶练习。

调整材料的密度和弹性模量，研究第一阶频率随密度和弹性模量的变化规律。

(6) 点评分析。

模态分析的频率和振型对结构动力学特性具有重要的影响。模态分析相对比较抽象，学习时首先基于弹簧质量系统形成基本认知，然后结合有限元技术和典型案例研究模态分析中的规律，最后形成从理论到仿真和实践的整体认识。

建模过程

操作视频

第 10 章　多体动力学基础

本章导读

在工程实际问题中，研究对象是由大量零件构成的具有相对运动的系统。忽略物体变形，研究多个刚体构成的多体系统的动力学特性的方法称为多刚体动力学。当系统构件的变形对系统动力学特性有影响时，物体采用柔体假设，称为柔性多体动力学。多体动力学已成为机构辅助设计的重要手段。

学习重点

（1）多体动力学基本概念与典型工业软件。

（2）多体动力学模型的基本构成与分析流程。

（3）多刚体动力学分析约束建模、载荷建模、模型求解和后处理等关键技术。

（4）多柔体/刚柔混合动力学分析。

思维导图

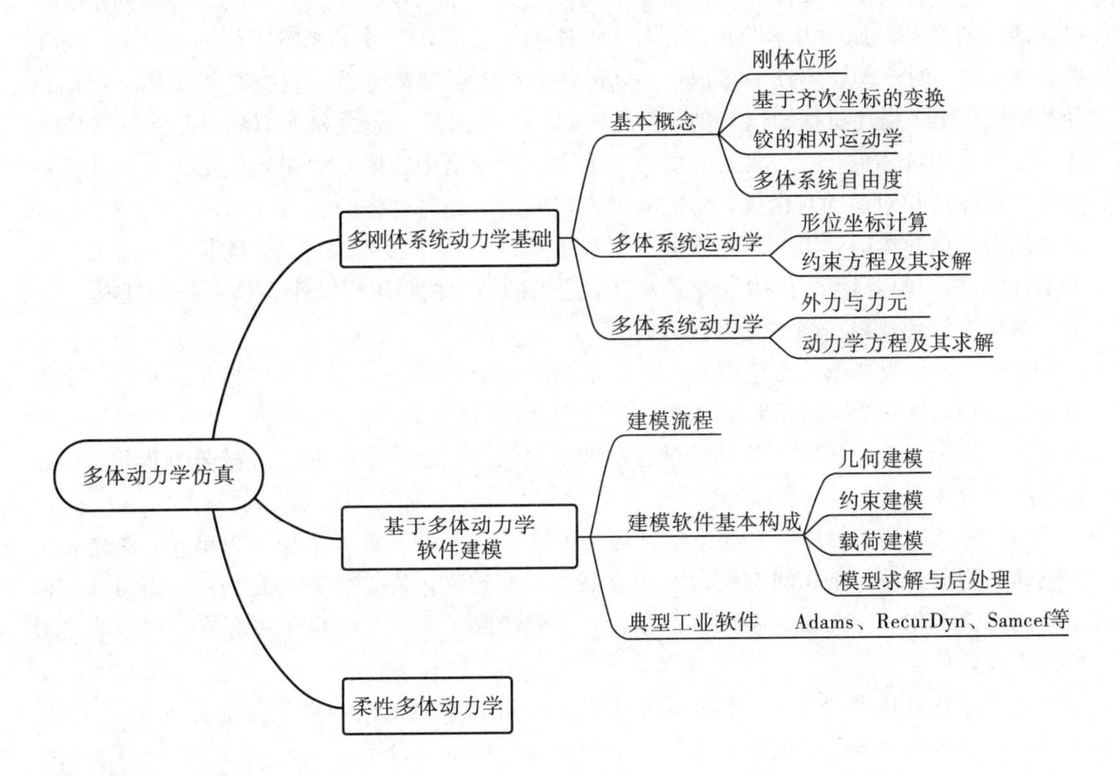

10.1 机构与多体动力学仿真

在工程实际问题中，研究对象往往是由大量零件构成的系统。系统构件间不存在相对运动的系统称为结构(如房屋、桥梁)，存在相对运动的系统称为机构(如机器人、汽车)。对于结构，人们关注的是结构强度、刚度、稳定性等问题。对于机构，人们关注的是驱动作用下构件的位置和姿态的变化，也就是系统的静力学、运动学和动力学问题。

对于低速运动的系统，构件的弹性变形对其大范围运动形态的影响可以忽略不计，物体采用刚体假设，称为多刚体系统。对于多刚体系统，研究者关注的主要问题有两类：

(1) 不考虑系统运动起因，研究各部件的位置与姿态，称为系统运动学。

(2) 讨论系统的载荷与运动的关系，即动力学问题。已知外力求系统运动的问题称为动力学正问题；已知系统运动确定运动副的动反力称为动力学逆问题。静力学问题是动力学问题的一种特殊情况。

随着系统运行速度的加快，轻质柔性材料大量使用，此时需要同时考虑构件的运动和构件的变形，这种系统称为柔性多体系统。如果系统中同时存在柔体和刚体，则称为刚柔混合系统。

典型机械多体系统力学模型包括物体、铰链、外力/力偶、力元。物体是指多体系统中的构件，主要有刚体和柔性体两种假设。物体并非与系统零部件一一对应。物体的定义与研究的目的有关。如动力学分析时，对于惯性模量比较小，且可忽略不计的零部件，可不做物体定义；对于静止不动的零部件，可定义为系统运动参考系。铰链是指物体之间的运动约束，常用来描述机构的运动副，如旋转副、滑动副等。外力和外力偶是指系统外部物体对于系统中物体的作用，典型的外力如重力。力元是指物体间的相互作用。力元无须限制相连物体的相对运动自由度，而运动副直接限制了相连物体的相对运动的自由度。例如对油压做动筒建模时，如果器件质量对于系统动力学特性影响大，建立物体描述器件；如果不计器件质量，则可采用力元方式建模，适当的力元建模可以减小多体系统的规模。

多体系统的建模方法主要有两种。

(1) 第一种为基于铰的建模方式。以系统的每个铰的一对邻接刚体为单元，以一个刚体为参考物，另一个刚体相对运动由铰的广义坐标(拉格朗日坐标)描述。物体的位形以所有铰的拉格朗日坐标确定。其动力学方程的形式为拉格朗日坐标的二阶微分方程组，优点是方程个数少，但方程形式复杂。

(2) 第二种基于物体建立动力学方程。该方法以系统的每一个物体为单元，建立固结在刚体上的坐标系，刚体的位形相对于公共参考基定义，其位形坐标统一为刚体局部坐标系基点的笛卡尔坐标与坐标系的姿态坐标，一般情况下有 6 个。由于铰存在，物体的位形坐标不独立。

随着计算机技术的发展，多体系统动力学分析软件成为机构设计与优化的重要工具，大幅拓展了多体系统分析的应用范围。典型的有 Adams、DADs、Simpack、RecurDyn 等。多体系统动力学软件以国外为主。国内工业软件解决方案的突围之路需要的不仅是技术、市场、模式，更是信心。

10.2　多刚体系统动力学建模基本原理与方法

10.2.1　多刚体系统

多刚体系统是指由多个刚体所组成的系统。系统由刚体、铰链、力元等构成。多体系统受到的外部作用称为外力或者外力偶。

1. 刚体与柔体

刚体是指在运动和受力后，内部各点相对位置不变的物体。实际系统中并不存在理想的刚体，刚体是力学中的合理假设，当构件的变形不大，或者变形并不影响系统整体特性时，物体可以采用刚体假设。与刚体假设对应的是柔性体，例如航天器的大型天线、可伸缩的太阳帆板、薄壁结构等，这些构件的变形对于系统的动力学特性具有明显影响。

2. 铰

刚体之间的运动约束称为铰，实际工程系统中的运动副是铰的物理背景。如圆柱铰链(相邻刚体具有一个相对转动自由度)、滑移铰(一个相对平动自由度)、万向连接器(两个相对转动自由度)、球铰(三个相对转动自由度)。虽然铰与运动副有类似的含义，但是铰也可以是力学中的约束，如组合铰、运动学约束等，因此铰的含义要比物理的运动副更加丰富。

3. 外力与力元

系统外物体对于多体系统的作用定义为外力。外力包括力和力偶。

多体系统中物体间的相互作用定义为力元。多体系统中，零部件间的联系方式一是运动副，二是力元。运动副与力元的区别在于运动副约束了物体间的相对运动自由度，而力元仅是一种力，不约束物体相对运动。力元是对于具体器件的力学简化，如两个刚体之间的油压作动筒，如果不计器件的质量，可以采用弹簧和阻尼器进行近似。适当的引入力元可以减小多体动力学模型的规模。

4. 多刚体系统拓扑结构

多刚体系统从结构上可以分为树形结构(开链)和非树形结构(闭链)。任意两物物体之间路为唯一的多体系统称为树型结构，反之称为非树型结构，如图 10-1 所示。非树型结构可以通过解除约束的方式变换为树型结构。树型多体系统是多体系统研究的基础。

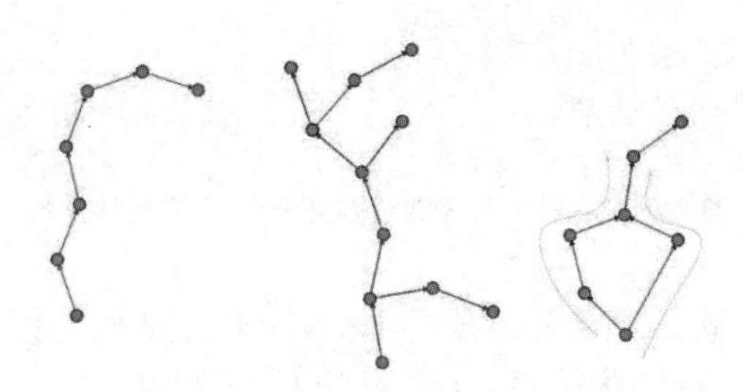

图 10-1　树型结构和非树型结构

描述多刚体系统首先是对于物体和铰进行编号，然后基于物体和铰的编号信息，描述结构的拓朴信息。物体和铰编号的基本原则是方便以计算机的方式描述系统的拓扑结构。如图 10－2 所示，以根部为 B_0，然后对根体以外的物体依次编号 B_1、B_2、……。对于树状多体系统，由任意铰通往根体只有一个通路，将位于铰与根体之间并且与铰相连的物体称为内接物体，另外一个与铰相连的物体称为外接物体，外接物体相对于内接物体的自由度个数由连接铰性质决定。

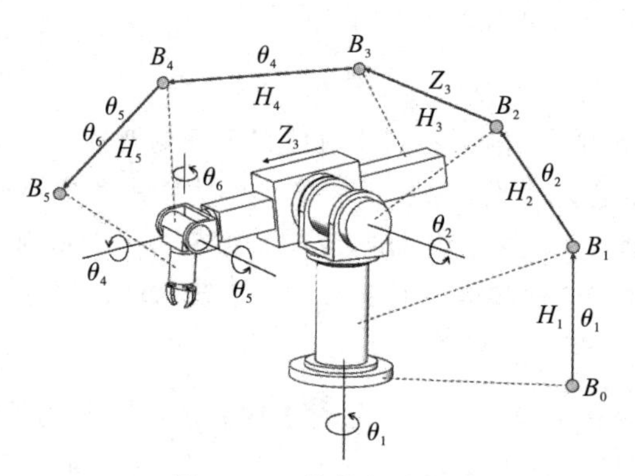

图 10－2　物体与铰编号

描述树型多体结构拓扑关系常用的方法有基于图论的关联矩阵、通路矩阵和关联数组。

关联数组通过定义两个 NH(Number of Hinges)阶一维整数数组描述连接铰的一对物体，如图 10－3 所示。例如：铰链 1，关联 0 和 1 两个物体。

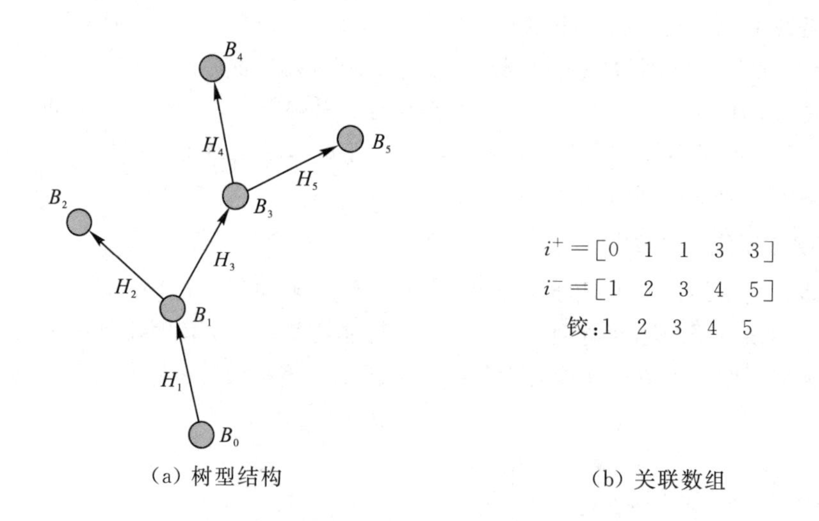

(a) 树型结构　　(b) 关联数组

图 10－3　基于关联数组描述多体系统拓扑结构

关联矩阵(见图 10－4)通过定义(NB＋1)×NH 阶二维数组描述物体与铰之间的连接关系。i 行反应物体与铰的连接关系，j 列反应铰与各刚体之间的连接关系，其中 NB (Number of Bodys)为物体数。例如图 10－4 中关联矩阵，H_1 的起点为 B_0，终点为 B_1。

$$S_{ij}^* = \begin{cases} 1 & \text{如果 } B_i \text{ 与 } H_j \text{ 相关联，且 } B_i \text{ 为 } H_j \text{ 的起点} \\ -1 & \text{如果 } B_i \text{ 与 } H_j \text{ 相关联，且 } B_i \text{ 为 } H_j \text{ 的终点} \\ 0 & \text{如果 } B_i \text{ 与 } H_j \text{ 不相关联} \end{cases}$$

(a)关联矩阵定义规则

$$S^* = \begin{array}{c|ccccc} & H_1 & H_2 & H_3 & H_4 & H_5 \\ B_0 & 1 & 0 & 0 & 0 & 0 \\ B_1 & -1 & 1 & 1 & 0 & 0 \\ B_2 & 0 & -1 & 0 & 0 & 0 \\ B_3 & 0 & 0 & -1 & 1 & 1 \\ B_4 & 0 & 0 & 0 & -1 & 0 \\ B_5 & 0 & 0 & 0 & 0 & -1 \end{array}$$

(b)关联矩阵示例

图 10 - 4　关联矩阵

通路矩阵用于描述系统内部相对运动的关系，如图 10 - 5 所示，设 B_0 的运动已知，每个刚体相对于其前置刚体(内接刚体)的转动角速度为 Ω_i，每个刚体的绝对角速度为 ω_i，则有

$$\omega_i = \omega_0 - \sum_{1}^{\text{NH}} T_{ji}\,\Omega_{\text{i}}$$

$$T_{ji} = \begin{cases} 1 & H_j \text{ 在 } B_i \to B_0 \text{ 的路上，且 } H_j \text{ 为 } B_0 \text{ 的起点} \\ -1 & H_j \text{ 在 } B_i \to B_0 \text{ 的路上，且 } H_j \text{ 为 } B_0 \text{ 的终点} \\ 0 & H_j \text{ 不在 } B_i \to B_0 \text{ 的路上} \end{cases}$$

(a)通路矩阵定义规则

$$T = \begin{array}{c|ccccc} & B_1 & B_2 & B_3 & B_4 & B_5 \\ O_1 & -1 & -1 & -1 & -1 & -1 \\ O_2 & 0 & -1 & 0 & 0 & 0 \\ O_3 & 0 & 0 & -1 & -1 & -1 \\ O_4 & 0 & 0 & 0 & -1 & 0 \\ O_5 & 0 & 0 & 0 & 0 & -1 \end{array}$$

(b)通路矩阵示例

图 10 - 5　通路矩阵

10.2.2　刚体动力学基本概念

刚体的位形是刚体在空间中的位置和姿态，刚体的运动与固连在刚体上的局部坐标系相同。刚体的运动就是局部坐标的运动。刚体的运动包括平动和转动两种形式，也就对应着局部坐标系的平移和旋转变换。局部坐标系的变换采用矢量和矩阵方式运算。

1. 刚体上任意一点位置

刚体上任意两点的位置不会发生变化，刚体上任意一点的位置(见图 10 - 6(a))以刚体上的一点和刚体上的局部正交坐标描述

$$r_{\text{B}} = r_{\text{A}} + r_{\text{AB}}$$

2. 刚体位形

刚体位形是指刚体在参考基上的位置和姿态，如图 10 - 6(b)所示。参考基一般是指系统的公共参考基 e^r。刚体以刚体上固连的连体基描述。刚体连体基是以刚体上一点 C 为原点，构造的一个与刚体相固结的正交坐标系 e^i。刚体位形与刚体的连体基的位形一致。

刚体位形(连体基)包括两个要素：基点C在参考基 e^r 上的位置和连体基 e^i 在参考基 e^r 上的姿态。连体基 e^i 的姿态用姿态角描述，即连体基 e^i 与参考基上 e^r 的空间夹角。姿态角可有欧拉角和卡尔丹角两种形式。

因此刚体的位形坐标阵为

$$B:q=\left[r_{iC}^{\mathrm{T}} \quad \pi_i\right]^{\mathrm{T}}$$

其中，π_i 为欧拉角或者卡尔丹角坐标。

对于二维问题，每个刚体坐标个数为3；对于三维问题，坐标个数为6。

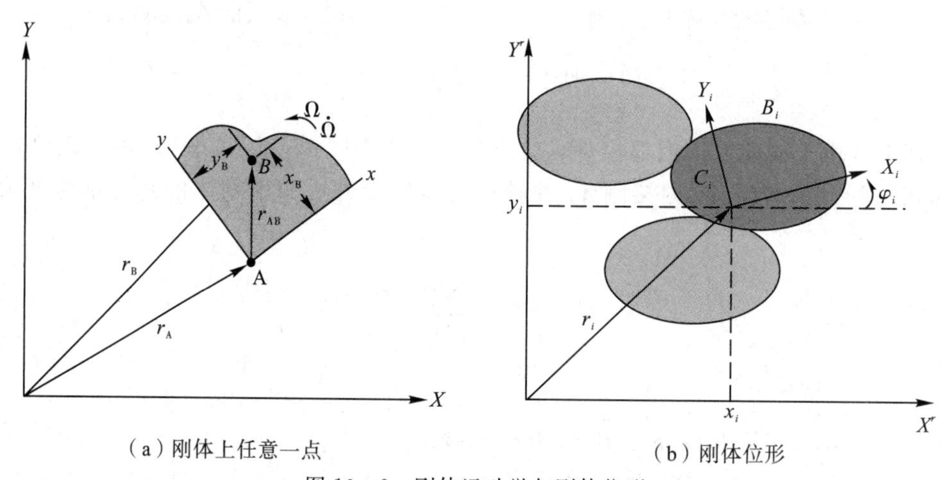

(a) 刚体上任意一点　　(b) 刚体位形

图 10-6　刚体运动学与刚体位形

3. 方向余弦矩阵

在多刚体分析中，基于方向余弦矩阵，把不同坐标系下的张量/矢量变换到同一坐标系。

假设 e^i 和 e^j 分别为 i 坐标系和 j 坐标系，即

$$e^i=\left[e_1^i \quad e_2^i \quad e_3^i\right]$$

$$e^j=\left[e_1^j \quad e_2^j \quad e_3^j\right]$$

定义 i 和 j 坐标系的方向余弦矩阵 $\boldsymbol{A}^{ij}$ 为 e^i 和 $e^{j\mathrm{T}}$ 的点积，即

$$\boldsymbol{A}^{ij}=e^i \cdot e^{j^{\mathrm{T}}}$$

矢量在 i 坐标系中 r_i 和 j 坐标系中 r_j 满足

$$r_i=\boldsymbol{A}^{ij} r_j$$

4. 欧拉角坐标、卡尔丹坐标与角速度

欧拉角坐标：刚体的姿态用欧拉角描述，如图 10-7(a)所示。刚体依次绕参考基 e^r 的基矢量 e_1^r、e_2^r、e_3^r 转过有限角度 ψ、θ、φ，即欧拉角坐标，分别称为进动角、章动角和自转角。刚体的姿态可以认为是 ψ、θ、φ 的三次旋转叠加，每次旋转的方向余弦矩阵为

$$\boldsymbol{Z}(\varphi)=\begin{bmatrix} \cos\varphi & \sin\varphi & 0 \\ -\sin\varphi & \cos\varphi & 0 \\ 0 & 0 & 1 \end{bmatrix}$$

$$\boldsymbol{N}(\theta)=\begin{bmatrix}1 & 0 & 0\\ 0 & \cos\theta & \sin\theta\\ 0 & -\sin\theta & \cos\theta\end{bmatrix}$$

$$\boldsymbol{Z}(\psi)=\begin{pmatrix}\cos\psi & \sin\psi & 0\\ -\sin\psi & \cos\psi & 0\\ 0 & 0 & 1\end{pmatrix}$$

最终的方向余弦是三次方向余弦矩阵的乘积：

$$\boldsymbol{R}(\psi,\theta,\varphi)=\begin{bmatrix}\cos\psi\cos\varphi-\sin\psi\cos\theta & \sin\psi\cos\theta+\cos\psi\sin\varphi\cos\theta & \sin\varphi\sin\theta\\ -\cos\psi\sin\varphi-\sin\psi\cos\varphi\cos\theta & -\sin\psi\sin\varphi+\cos\psi\cos\theta & \cos\varphi\sin\theta\\ \sin\psi\sin\theta & -\cos\psi\sin\theta & \cos\theta\end{bmatrix}$$

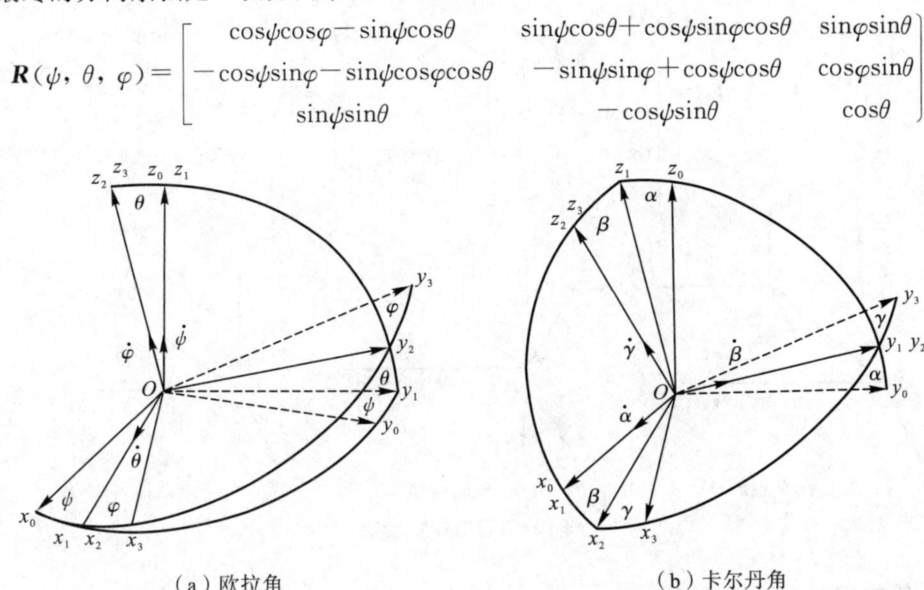

(a) 欧拉角　(b) 卡尔丹角

图 10-7　欧拉角和卡尔丹角

刚体的姿态也可以用卡尔丹角描述，如图 10-7(b)所示。刚体依次绕参考基 e^r 的基矢量 $\boldsymbol{e}_1^r$、$\boldsymbol{e}_2^r$、$\boldsymbol{e}_3^r$ 转过有限角度 α、β 和 γ，即卡尔丹角坐标，刚体的姿态可以认为是 α、β 和 γ 的三次旋转叠加。同理可以得到方向余弦矩阵。

5. 基于齐次坐标的变换

齐次坐标是 $n+1$ 维坐标描述 n 维空间位置。引入齐次坐标，不仅对坐标变换带来方便，而且也具有坐标值缩放的实际意义。

三维空间中一点 p 在直角坐标系 $[x\quad y\quad z]^{\mathrm{T}}$ 下对应的齐次坐标系 $[x_1\quad x_2\quad x_3\quad x_4]^{\mathrm{T}}$，且 $x=x_1/x_4\quad y=x_2/x_4\quad z=x_3/x_4$，其中 x_4 为比例坐标，不等于 0。

平移齐次变换：坐标系发生平移(见图 10-8(a))：

$$\begin{bmatrix}x_0\\ y_0\\ z_0\\ 1\end{bmatrix}=\begin{bmatrix}x_1+a\\ y_1+b\\ z_1+c\\ 1\end{bmatrix}=\boldsymbol{T}\begin{bmatrix}x_1\\ y_1\\ z_1\\ 1\end{bmatrix}=\begin{bmatrix}1 & 0 & 0 & a\\ 0 & 1 & 0 & b\\ 0 & 0 & 1 & c\\ 0 & 0 & 0 & 1\end{bmatrix}\begin{bmatrix}x_1\\ y_1\\ z_1\\ 1\end{bmatrix}$$

式中，$\boldsymbol{T}$ 为平移变换矩阵。

旋转齐次变换：坐标系发生旋转(见图 10-8(b))：

$$\begin{bmatrix} x_0 \\ y_0 \\ z_0 \\ 1 \end{bmatrix} = \boldsymbol{R}_{4\times4} \begin{bmatrix} x_1 \\ y_1 \\ z_1 \\ 1 \end{bmatrix} = \begin{bmatrix} & \boldsymbol{R}_{0\ 3\times3}^{1} & & 0 \\ & & & 0 \\ & & & 0 \\ 0 & 0 & 0 & 1 \end{bmatrix} \begin{bmatrix} x_1 \\ y_1 \\ z_1 \\ 1 \end{bmatrix}$$

式中，$\boldsymbol{R}_{0\ 3\times3}^{1}$为方向余弦矩阵，$\boldsymbol{R}_{4\times4}$为旋转变换矩阵。

平移旋转齐次变换矩阵是坐标既有平移又有旋转，平移旋转变换矩阵$\boldsymbol{A}_{4\times4}$是平移矩阵和旋转矩阵的乘积(见图 10-8(c))。

$$\boldsymbol{A}_{4\times4} = \boldsymbol{TR} = \begin{bmatrix} 1 & 0 & 0 & a \\ 0 & 1 & 0 & b \\ 0 & 0 & 1 & c \\ 0 & 0 & 0 & 1 \end{bmatrix} \begin{bmatrix} & \boldsymbol{R}_{0\ 3\times3}^{1} & & 0 \\ & & & 0 \\ & & & 0 \\ 0 & 0 & 0 & 1 \end{bmatrix} = \begin{bmatrix} & \boldsymbol{R}_{0\ 3\times3}^{1} & & a \\ & & & b \\ & & & c \\ 0 & 0 & 0 & 1 \end{bmatrix}$$

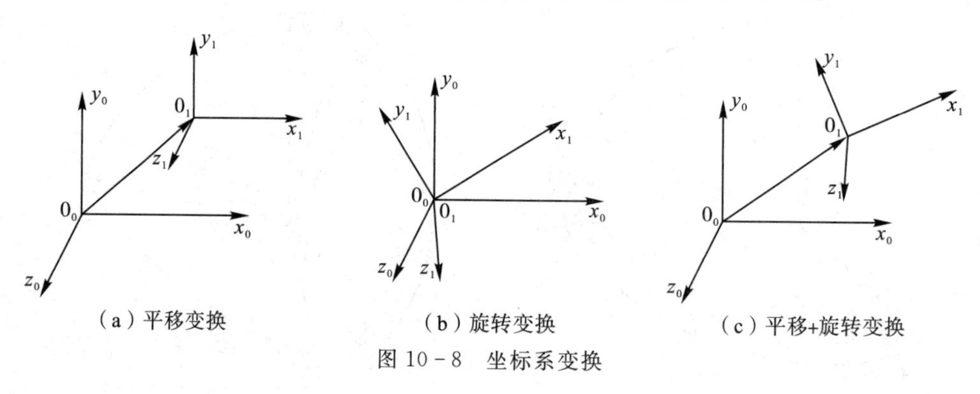

(a) 平移变换　(b) 旋转变换　(c) 平移+旋转变换

图 10-8　坐标系变换

6. 铰的相对运动学

铰的相对运动可以用固结于铰的两个部件上的坐标系的相对运动描述，如图 10-9(a)所示。两个部件，一个作为相对运动的参考物，其上的连体基称为铰的本地基，相对本地基运动的另一个部件的连体基称为铰的动基。

旋转铰(见图 10-9(b))只有一个自由度 q_1，如初始角为 0，则旋转铰的方向余弦矩阵和齐次转换矩阵分别为

$$\boldsymbol{R}^h = \begin{bmatrix} 1 & 0 & 0 \\ 0 & \cos(q_1) & -\sin(q_1) \\ 0 & \sin(q_1) & \cos(q_1) \end{bmatrix}$$

$$\boldsymbol{A}^h = \begin{bmatrix} 1 & 0 & 0 & 0 \\ 0 & \cos(q_1) & -\sin(q_1) & 0 \\ 0 & \sin(q_1) & \cos(q_1) & 0 \\ 0 & 0 & 0 & 1 \end{bmatrix}$$

棱柱铰(见图 10-9(c))只有一个平动自由度，其齐次转换矩阵为

$$\boldsymbol{A}^h = \begin{bmatrix} 1 & 0 & 0 & h \\ 0 & 1 & 0 & 0 \\ 0 & 0 & 1 & 0 \\ 0 & 0 & 0 & 1 \end{bmatrix}$$

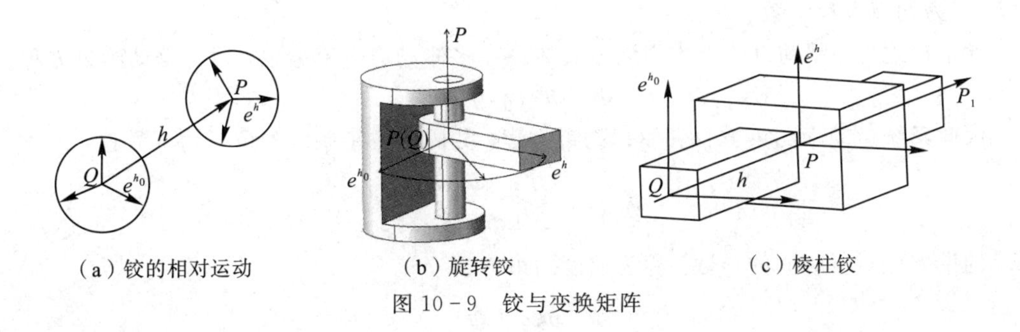

（a）铰的相对运动　（b）旋转铰　（c）棱柱铰

图 10-9　铰与变换矩阵

7. 多体系统自由度

描述刚体系统形位的独立坐标个数称为系统的自由度 δ。刚体系的刚体形位坐标个数为 $n=3N$(二维)、$n=6N$(三维)。独立完整的约束方程的个数为 s。多体系统自由度为

$$\delta=n-s$$

10.2.3　多体系统运动学

多体系统运动学，包括正向运动学和逆向运动学。正向运动学以从驱动出发计算多体系统的位形坐标。逆向运动学是已知输出位移、速度、加速度，计算驱动刚体的运动学参数。

1. 位形坐标计算

多体系统运动学计算的目标是计算多体系统位形坐标的时间历程。计算时可以基于齐次变换矩阵的方式获取刚体的位形坐标。

如果 $\boldsymbol{A}_1$ 表示第一个刚体对于基础坐标系的齐次变换矩阵，$\boldsymbol{A}_2$ 表示第二个刚体相对于第一个刚体的齐次变换矩阵，那么第二个刚体相对于基础坐标系的齐次变换矩阵为

$$\boldsymbol{T}_2=\boldsymbol{A}_1\boldsymbol{A}_2$$

$\boldsymbol{A}_3$ 表示第三个刚体相对于第二个刚体的齐次变换矩阵，那么第三个刚体相对于基础坐标系的齐次变换矩阵为

$$\boldsymbol{T}_3=\boldsymbol{A}_1\boldsymbol{A}_2\boldsymbol{A}_3$$

依次类推：$\boldsymbol{A}_n$ 表示第 n 个刚体相对于 $n-1$ 个刚体的齐次变换矩阵，那么

$$\boldsymbol{T}_n=\boldsymbol{A}_1\boldsymbol{A}_2\boldsymbol{A}_3\cdots\boldsymbol{A}_n$$

从而可以得到多体系统的位形坐标。

2. 约束方程

约束方程是动力学模型中对于位形坐标的约束，有运动学约束、驱动约束和速度、加速度约束。对于刚体系统，刚体与刚体之间通过铰连接。铰约束了关联刚体的相对运动自由度，即关联刚体的位形坐标需要满足一定的约束条件，称为约束方程。

约束方程是铰的解析表达，是关联刚体位形坐标(q_1, q_2)的函数

$$\Phi=\boldsymbol{\Phi}(q_1, q_2)=0$$

系统的运动学约束方程为

$$\boldsymbol{\Phi}=[\Phi_1\cdots\Phi_s]^{\mathrm{T}}$$

式中，s 为约束方程个数。

除了铰之外，驱动以约束方程的形式体现在多体动力学模型中，称为驱动约束方程。

$$\boldsymbol{\Phi}=\boldsymbol{\Phi}^{D}(\boldsymbol{q},\ t)=0$$

因此系统运动学约束方程和驱动约束方程，共同构成了系统的位形约束方程，即

$$\boldsymbol{\Phi}(\boldsymbol{q},\ t)=\begin{bmatrix}\boldsymbol{\Phi}^{k}(q)\\ \boldsymbol{\Phi}^{D}(\boldsymbol{q},\ t)\end{bmatrix}$$

约束方程对于时间的导数，称为速度约束方程

$$\dot{\boldsymbol{\Phi}}=\boldsymbol{\Phi}_{q}\dot{\boldsymbol{q}}+\boldsymbol{\Phi}_{t}=0$$

式中，$\boldsymbol{\Phi}_q$ 为约束方程的雅可比矩阵。

建立约束方程主要有两种方法：总体法和局部法。总体法基于系统一般情况下构型的几何关系建立约束方程。局部法以系统中一对邻接刚体为单元，根据连接关系，建立其位形坐标间的关系，然后组集。总体法方程个数少，依赖建模工程师经验。局部法具有程式化的特点，适于计算机建模环境，但是约束方程的数量较多。在多体动力学仿真软件中多采用局部法建立约束方程。

3. 运动学方程/约束方程的求解算法

多体运动学方程形式上就是位形坐标需要满足的约束条件，也就是约束方程。约束方程是位形坐标和时间的函数，因此约束方程的求解就是计算刚体的位形坐标随时间变化的函数。

约束方程中时间 t 离散为若干时间点 $t_i(i=0,\ 1,\ \cdots n_t)$，对于每个时间点 t_i，位移约束方程为

$$\boldsymbol{\Phi}(\boldsymbol{q},\ t_i)=0$$

该方程是一个非线性代数方程组，方程的个数为系统的自由度。

位移约束方程常用的求解算法是 Newton - Raphson 迭代算法。设 $\boldsymbol{q}_0$ 为初始迭代值，令 $\boldsymbol{q}_{j+1}=\boldsymbol{q}_j+\Delta\boldsymbol{q}_j$ 为第 j 次迭代，Newton - Raphson 迭代公式为

$$\boldsymbol{\Phi}_q(\boldsymbol{q}_j,\ t_i)\Delta\boldsymbol{q}_j=-\boldsymbol{\Phi}(\boldsymbol{q}_j,\ t_i)\ (j=1,\ \cdots m)$$

当 $\boldsymbol{\Phi}(\boldsymbol{q}_{j+1},\ t_i)$满足$\|\boldsymbol{\Phi}(\boldsymbol{q}_{j+1},\ t_i)\|<\varepsilon$ 时，迭代结束。

10.2.4 多刚体系统动力学

建立多体系统动力学的方法主要有动力学基本理论，如 Newton - Euler 方程、Lagrange方程和 Hamilton 理论。

1. 系统外力与力元

刚体位形坐标阵为

$$B_i:\boldsymbol{q}=\begin{bmatrix}r_{iC}^{\mathrm{T}} & \pi_i\end{bmatrix}^{\mathrm{T}}$$

其中，π_i 为欧拉角或者卡尔丹角坐标。

刚体 B_i 上点P_k上作用一主动力 F_i^k 在公共基 e 和连体基e^i 上分别为

$$F_i^k=\begin{bmatrix}F_{ix}^k & F_{iy}^k & F_{iz}^k\end{bmatrix}^{\mathrm{T}}$$

$$F'^k_i=\begin{bmatrix}F'^k_{ix} & F'^k_{iy} & F'^k_{iz}\end{bmatrix}^{\mathrm{T}}$$

P_k 相对于质心连体基 e^i 的基点 C_i 的矢径为 ρ_i^k，在连体基 e^i 上为

$$\rho'^k_i = [x'^k_i \quad y'^k_i \quad z'^k_i]^T$$

则主动力F^k_i对广义主动力阵的贡献为

$$F^a_i = [F^{kT}_i \quad (\rho'^k_i F'^k_i)^T]^T$$

刚体B_i上作用一主动力偶M^k_i，在连体基e^i上为M'^k_i，则其对广义主动力阵的贡献为

$$F^a_i = [0^T \quad M'^{kT}_i]^T$$

力元作用于两个刚体，力元对广义力阵的贡献也以矩阵的形式表达。

2. 动力学方程

基于变分法可以得到系统的动力学方程为

$$\delta \dot{q}^T[-M\ddot{q} + Q] = 0$$

多体系统位形约束方程、速度约束方程和加速度约束方程分别为

$$\Phi(q, t) = 0$$

$$\Phi_q \dot{q} = -\Phi_t$$

$$\Phi_q \ddot{q} = \gamma$$

系统封闭动力学方程为

$$\begin{bmatrix} M & \Phi_q^T \\ \Phi_q & 0 \end{bmatrix} \begin{bmatrix} \ddot{q} \\ \lambda \end{bmatrix} = \begin{bmatrix} Q \\ \gamma \end{bmatrix}$$

其中，λ为拉格朗日乘子。

3. 多刚体动力学方程的数值解法

多体动力学方程是一种微分代数混合方程。主要的积分算法有直接积分法和违约直接修正法。

Adams软件对于刚性问题采用的是变系数的BDF(Backwards Differential Formulation)积分方法，包括GSTIFF、WSTIFF和Constant_BDF积分法。GSTIFF方法计算速度快，WSTIFF方法计算稳定性更好，但是计算效率相对较低。Constant_BDF求解精度高，但是计算速度没有GSTIFF和WSTIFF快。

10.3　基于多体动力学软件建模

10.3.1　典型多体动力学软件

1. Adams

机械系统动力学自动分析系统(Automatic Dynamic Analysis of Mechanical Systems, Adams)是美国机械动力公司(现已并入美国MSC公司)开发的虚拟样机分析软件。Adams软件的仿真可用于预测机械系统的性能、运动范围、碰撞检测、峰值载荷以及计算有限元的输入载荷等。

2. Samcef

Samcef是SAMTECH的通用仿真解决方案，支持刚柔耦合分析，即将不重要的部件设置为刚体，以提高分析效率，同时可以利用超单元建立模态缩减模型，在保证求解精度

的前提下提高分析效率。

3. RecurDyn

RecurDyn (Recursive Dynamic)是由韩国 FunctionBay 公司开发出的新一代多体系统动力学仿真软件，该软件采用相对坐标系运动方程理论和完全递归算法，适合于求解大规模的多体系统动力学问题。

4. Simpack

Simpack 是德国 INTEC Gmbh 公司(于 2009 年正式更名为 SIMPACK AG)开发的针对机械/机电系统运动学/动力学仿真分析的多体动力学分析软件包，该软件以多体系统计算动力学为基础，包含多个专业模块和专业领域的虚拟样机开发系统软件。

10.3.2　基于多体动力学软件的建模流程

与有限元软件一样，多体动力学软件的基本组成为前处理、求解器和后处理。前后处理占据了多体分析建模的主要时间。典型的多体模型包括几何模型、约束、驱动/载荷、求解设置等内容。基于多体软件建模的基本流程如图 10-10 所示，主要步骤介绍如下。

(1) 建立几何模型。建立几何模型主要有直接建模和导入外部数据两种形式。简单模型通常采用直接建模的方式，复杂工程模型需要依赖外部建模软件，而后导入到分析模型中。

(2) 建立物体/零件之间的约束。约束可以是机械原理中的运动副，也可以是抽象的几何约束。

(3) 建立驱动和载荷。驱动和载荷是多体系统的驱动部分，可以在运动副上定义运动，也可以在物体上定义力。

(4) 模型检查与求解。模型检查主要用于检查模型的有效性，如是否存在过约束等。此外，模型检查也需要考虑建模是否满足建模分析的目标。模型求解是调用求解器计算模型，并输出结果。

(5) 后处理。采用图形化的方式观察结果，主要有曲线和动画两种形式。

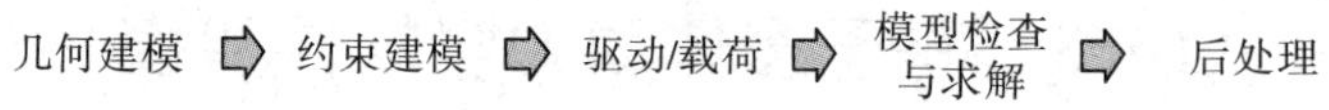

几何建模 ⇨ 约束建模 ⇨ 驱动/载荷 ⇨ 模型检查与求解 ⇨ 后处理

图 10-10　基于多体动力学软件的建模流程

10.3.3　多体动力学软件基本构成

多体动力学软件一般包括静力学、运动学和动力学分析。一个典型的动力学模型包括部件/物体、约束和驱动、力和力元等。因此，典型多体动力学软件主要包括几何建模、约束建模、载荷建模、动力学分析与后处理等功能。

1. 几何建模

几何建模是多体动力学软件基本功能。主要包括几何元素、几何实体和布尔运算。几何建模的目的在于：为动力学分析提供零部件的质量、质心位置和转动惯量；通过实体建模可以真实准确地确定约束和载荷的施加位置；为定义接触碰撞模型提供准确的几何边界；为分析模型可视化后处理提供几何数据。

一般多体仿真软件中的几何建模功能可以支持复杂几何模型的生成与修改，但是相对于常用的CAD软件而言，建模操作的过程繁琐，所以多体动力学模型中的复杂模型往往采用外部数据导入的方式处理。

在几何建模中，一个常用的功能是建立关键点，以方便后续模型处理，如物体质心位置、约束和力作用点，模型的空间位置点。Adams中有Marker和Point。Marker可以定义在物体上，也可以定义在地面上。Marker本质上是一个坐标系。Point仅代表一个空间位置，用于定位物体，在优化分析中，Point的位置也可以作为变量处理。一般认为Marker具有随体坐标系，Point仅有默认的整体坐标系。

几何模型需要设置物体的物理属性(如材料信息)，用于计算物体的动力学参数，如质量、质心、转动惯量等。此外，还需要设置物体的初始位置、速度等运动学参数。

2. 约束建模

约束是用于限制和定义零件的位置和运动。约束在软件中体现铰、约束方向、接触约束、约束运动等形式；约束在解算时，以约束方程的形式体现。

如图10-11(a)所示门和墙之间的约束：三个平动自由度相等，x和y轴的转动自由度相同，z轴的转动自由度自由。门与墙的关联基于形位坐标(见图10-11(b))，采用约束方程进行描述，如图10-11(c)所示，其中X、Y、Z为x、y和z轴平移自由度，Φ、θ和φ为x、y和z方向转动自由度。下标D为门，W为墙。

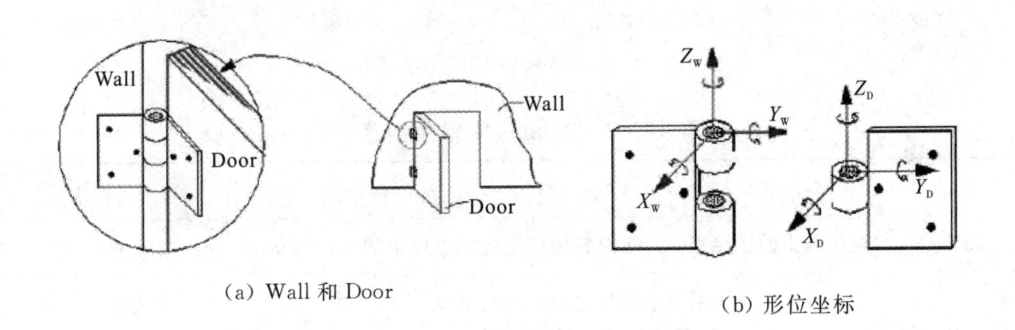

(a) Wall和Door　　(b) 形位坐标

平移约束：

$$X_D - X_W = 0$$

$$Y_D - Y_W = 0$$

$$Z_D - Z_W = 0$$

转动约束：

$$\Phi_D - \Phi_W = 0 \quad x\text{-axis}$$

$$\theta_D - \theta_W = 0 \quad y\text{-axis}$$

$$\varphi_D、\varphi_W \ \text{free}$$

(c) 约束方程

图10-11　约束方程

常见的约束有垂直约束、平行约束、方向约束、点面约束、点线约束、球铰、转动铰、万向节、圆柱铰、螺旋铰、空间滑移铰、平面铰、固定铰、空间相对等距约束等。Adams 中的运动副如图 10-12 所示，约束如表 10-1 所示。

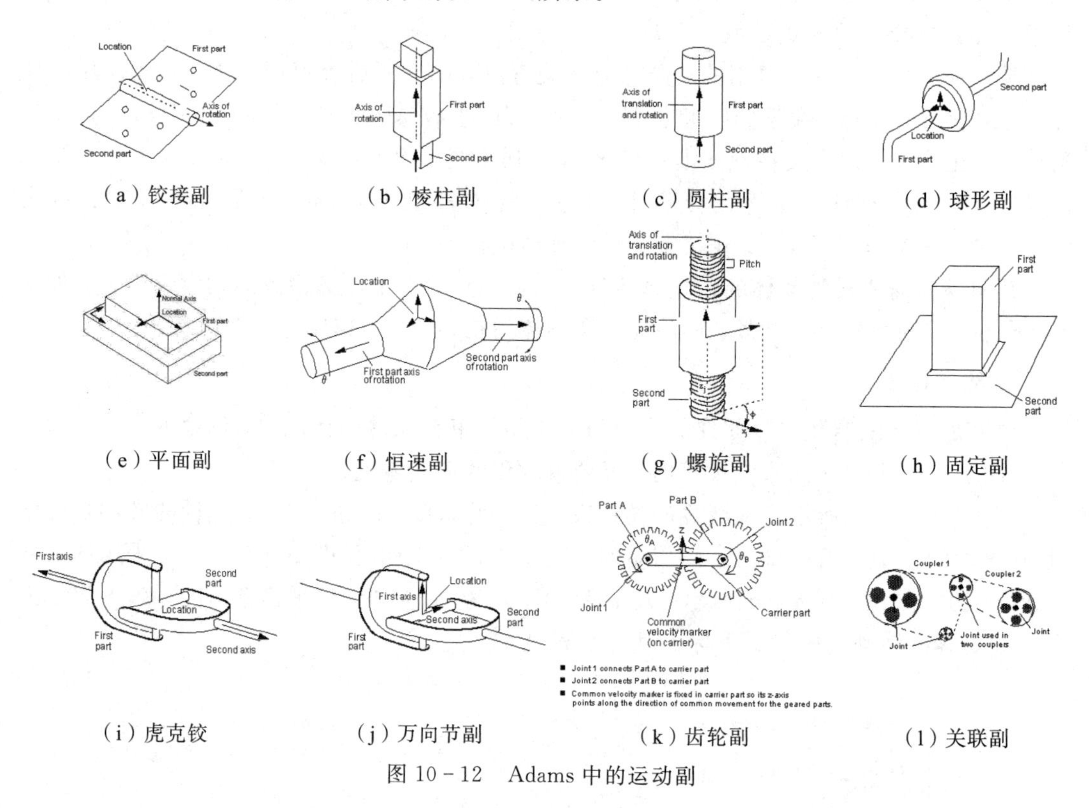

图 10-12 Adams 中的运动副

表 10-1 Adams 中常用约束

约束	说明	约束自由度
点线	约束构件 1 的连接点，只能沿着构件 2 连接点标记的 z 轴运动	2 个移动
点面	约束两个构件之间的相对运动	3 个转动
方向	约束两个构件之间的相对运动	3 个转动
平行轴	约束构件 1 的 z 轴平行于构件 2 的 z 轴	2 个转动
垂直轴	约束构件 1 的 z 轴垂直于构件 2 的 z 轴	1 个转动

3. 载荷建模

载荷是动力学模型的重要组成部分。载荷是外部物体对于多体系统的作用。Adams 中的载荷主要有主动力、柔性连接、特殊力和接触力。主动力需要定义力的大小、方向和作用点。柔性连接是指抵抗运动的力，如无质量梁(beam)、衬套(bushing)、弹簧阻尼器(spring-damper)和扭簧(torsion spring)。特殊力如轮胎力、重力等。接触力是指物体接触时的相互作用。

4. 动力学数值计算与后处理

动力学数值计算是多体动力学软件的核心功能。提交解算之前需要指定解算类型、解算控制参数和输出数据等内容。解算类型主要有静力学、运动学和动力学三种。解算参数主要包括时间和积分步长、积分算法、误差控制、步长控制等参数。

模型后处理主要是采用曲线和动画的方式查看数据。动画可以是时域动画，也可以是频域动画。时域动画用于体现载荷模型随时间的变化规律，频域动画可以观察模型在固有频率下的振动。

10.4　柔性多体动力学分析

柔性多体系统动力学源于20世纪70年代复杂系统(如高速车辆、航天器、精密机械等)对于分析精度的要求提高，考虑物体变形对系统的动力学影响。刚体是一种理想假设，真实零件在载荷作用下，总是或多或少发生一定变形，因此柔体更可以反映零件在载荷下的状态。

柔性多体动力学模型中存在大位移刚性运动和小变形运动，二者耦合共同反映物体的运动状态。柔性多体动力学结合了刚体动力学分析和柔性体应力/变形仿真有限元法，从而可以对刚体和柔性体构成的混合模型的动态行为进行有效评估。

柔性体的处理基本上与有限元方法类似。建模时，通常需要对柔性体进行网格离散。在柔性体变形计算时，主要包括基于模态坐标系的变形计算和考虑所有节点自由度的非线性分析两种方法。

(1) 基于模态坐标系的变形计算，即基于模态展开法。该方法对模态坐标和模态向量进行线性组合计算弹性变形。模态展开法主要应用于线性材料、小变形、载荷作用区域不变化的问题。模态合成法计算效率高，适用于大型模型计算或者应用于机电一体化仿真中控制系统分析等场合。

(2) 考虑所有节点自由度的非线性分析。如果模型中存在材料非线性、大变形等，就需要采用该方法。该方法计算更准确，但计算效率较低，适用于小规模模型的计算。这种方法从本质上讲是一种非线性有限元方法。

目前主流的多体系统动力学软件都支持刚柔耦合分析，如Adams、RecurDyn、Simpack等。

10.5　学习目标与典型案例

10.5.1　学习目标

1. 第一阶段目标

(1) 了解多体动力学的基本概念。

(2) 了解多体动力学模型的基本构成与分析流程。

(3) 能够完成平面多体动力学建模与分析。

(4) 能够完成简单空间多体动力学建模与分析。

2. 第二阶段目标

(1) 了解多体动力学基本理论与求解过程。

(2) 了解多刚体动力学建模中的约束、约束方程、运动副等概念。

(3) 掌握多刚体动力学分析约束建模、载荷建模、模型求解和后处理等关键技术。

(4) 能够完成较为复杂的多体动力学模型，并能够基于仿真结构评估机构和优化性能。

(5) 基本了解柔性多体动力学分析。

3. 高级阶段目标

能够基于仿真技术为复杂机械系统设计提供数据支撑。

10.5.2 典型案例介绍

1. 曲柄滑块机构运动学分析

(1) 学习目标。

曲柄滑块机构的平面运动学分析。

(2) 问题简介。

曲柄滑块机构，$OA=500$ mm；$AB=866$ mm。OA 以 60°/s 的角速度运动。计算 OA 和滑块的水平速度，如图 10-13(a)所示。

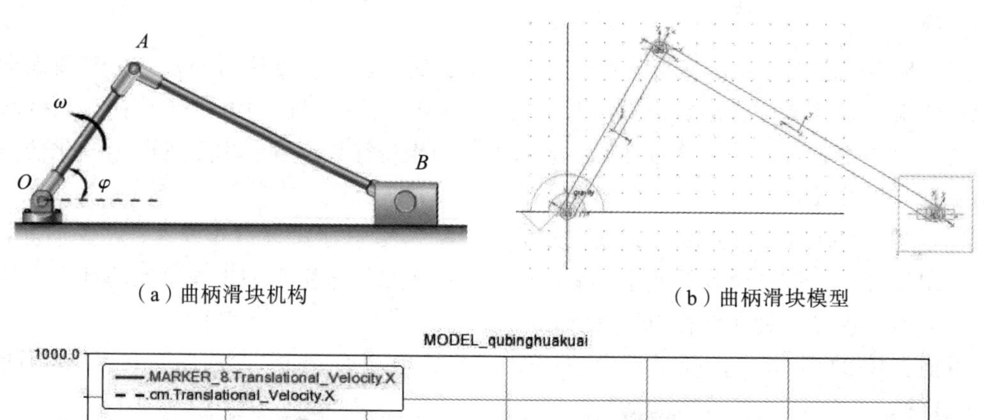

(a) 曲柄滑块机构　　　　(b) 曲柄滑块模型

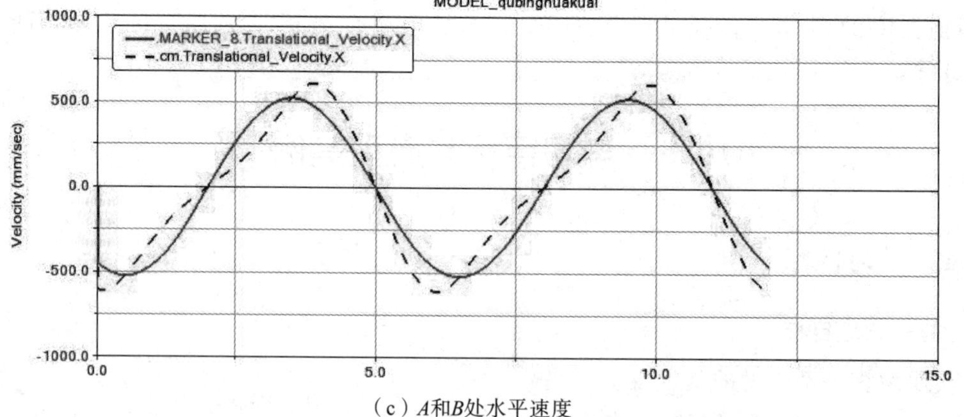

(c) A和B处水平速度

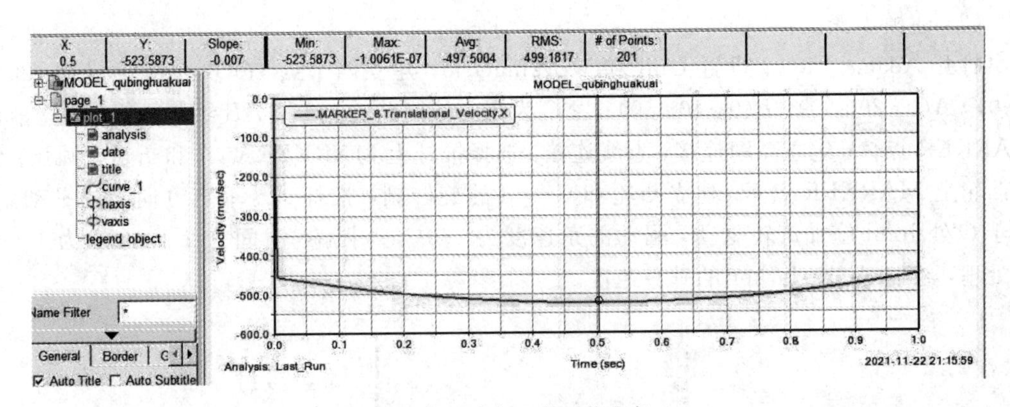

（d）当OA垂直于x轴时的速度

图 10－13　曲柄滑块机构

(3) 建模步骤。

打开 Adams View；设置 Unit 和 WorkingGrid；建立三个点，$O(0, 0, 0)$、$A(250, 433, 0)$、$B(1000, 0, 0)$；采用 Link，选择 O 和 A，建立 OA 连杆；选择 A、B，建立 AB 连杆；采用 Extrusion，Path：About Center，以 B 为中心，绘制滑块；建立 OA 和 Groud 的旋转副，OA 和 AB 之间的旋转副，AB 和滑块的旋转副，滑块水平方向的平动副；对于 O 处 Joint 施加旋转驱动，驱动的角速度为 60°/s；求解，时间为 12 s，step 为 1000；后处理，绘制 A 处 MARKER 的水平速度和滑块质心标记点处的水平速度。

(4) 分析结果。

当 $t=0.5$ s 时，$v_A=523$ mm/s。时间历程上 A 点和 B 点的水平速度如图 10－13(c)所示。

(5) 进阶练习。

采用点在线上的约束，直接约束 B 点的水平运动，计算并对比分析结果。

(6) 点评分析。

曲柄滑块机构是典型的平面运动。

减少滑块部件，代以约束，可以提高模型运算效率。

建模过程　　操作视频

2. 凸轮机构运动学分析

(1) 学习目标。

凸轮机构的平面运动学分析。

(2) 问题简介。

凸轮机构，凸轮直径为 282.8 mm，偏心矩为 200 mm。角速度为 360°/s。计算推杆速度，如图 10－14(a)所示。

(3) 建模步骤。

打开 Adams View；设置 Unit 和 WorkingGrid；建立四个点，$O(0, 0, 0)$，$C(-200, 0, 0)$，$A(0, 200, 0)$、$B(0, 400, 0)$；以 C 为圆心绘制凸轮；连接 AB 绘制推杆；建立推杆 MARKER 点 A；建立高副连接，点线连接：选择推杆上 MARKER 点 A 和凸轮上圆弧；创建凸轮上 MARKER 点 O；建立凸轮和 Groud 的旋转副，推杆 AB 垂直方向上的平动副；对于 O 处 Joint 施加旋转驱动，驱动的角速度为 360°/s；求解，时间为 2 s，step 为 1000；后处理，绘制 A 处 Marker 的垂直速度。

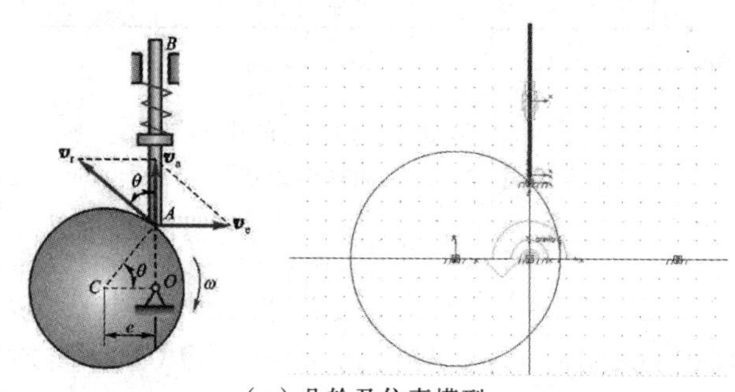

(a) 凸轮及仿真模型

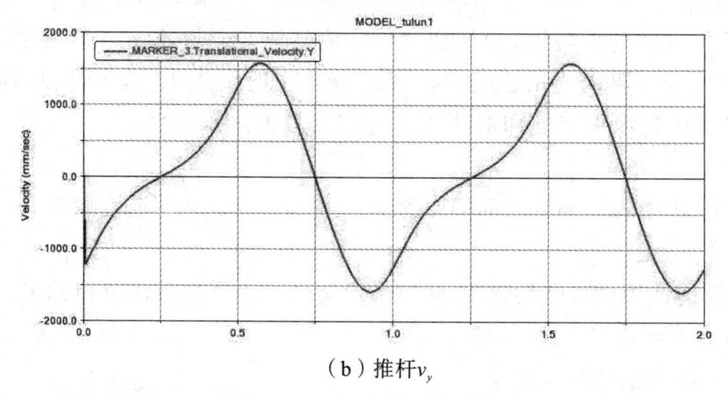

(b) 推杆v_y

图 10-14 凸轮运动学仿真

(4) 分析结果。

A 点垂直速度如图 10-14(b)所示。

(5) 进阶练习。

采用点在线上的约束，直接约束 B 点的水平运动，计算并对比分析结果。

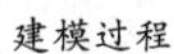

建模过程　　操作视频

3. 齿轮啮合运动学分析

(1) 学习目标。

齿轮啮合运动学分析。

（2）问题简介。

大齿轮 Ø600 mm，小齿轮 Ø300 mm，大齿轮角速度为 360°/s，如图 10－15(a)所示。

（3）建模步骤。

打开 Adams View；设置 Unit 和 WorkingGrid；建立三个 MARKER，O(0，0，0)，A(300，0，0)，B(150，0，0)；以 A 为圆心绘制大齿轮；以 B 为圆心绘制小齿轮；调整啮合处 O 处 MARKER 局部坐标 z 轴与啮合速度方向重合：即 O 处 MARKER 局部 z 轴与整体坐标系 y 轴重合；大齿轮 A 处建立旋转副；小齿轮 B 处建立旋转副；施加齿轮啮合副，选择大齿轮处旋转副、小齿轮处旋转副，选择 O 处于啮合 MARKER 点；对于 A 处 Joint 施加旋转驱动；驱动的角速度为 360°/s；求解，时间为 5 s，step 为 1000；后处理，绘制大小齿轮的角速度。

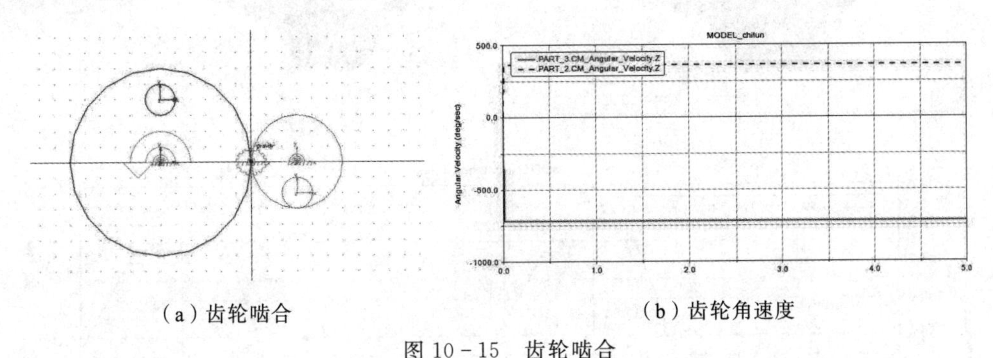

（a）齿轮啮合　　（b）齿轮角速度

图 10－15　齿轮啮合

（4）分析结果。

分析结果如图 10－15(b)所示。

（5）进阶练习。

三维模型的齿轮啮合建模。

建模过程

操作视频

4. 曲柄活塞机构动力学分析

（1）学习目标。

三维模型的动力学分析。

（2）问题简介。

曲柄活塞模型，曲轴角速度为 360°/s。计算活塞 y 方向速度和曲轴的约束反力，如图 10－16(a)所示。

（3）建模步骤。

打开 Adams View；设置 Unit 和 WorkingGrid；设置模型材料为钢；捕捉模型上的关键点，为后续运动副建模提供便利；建立曲轴与地面的旋转副；建立曲轴与连杆的旋转副；

建立连杆与活塞销旋转副；建立活塞销与活塞旋转副；建立活塞的平动副；对于曲轴与地面的 Joint 施加旋转驱动；驱动的角速度为 360°/s；求解，时间为 2 s，step 为 1000；后处理，活塞 y 方向速度和曲轴的约束反力。

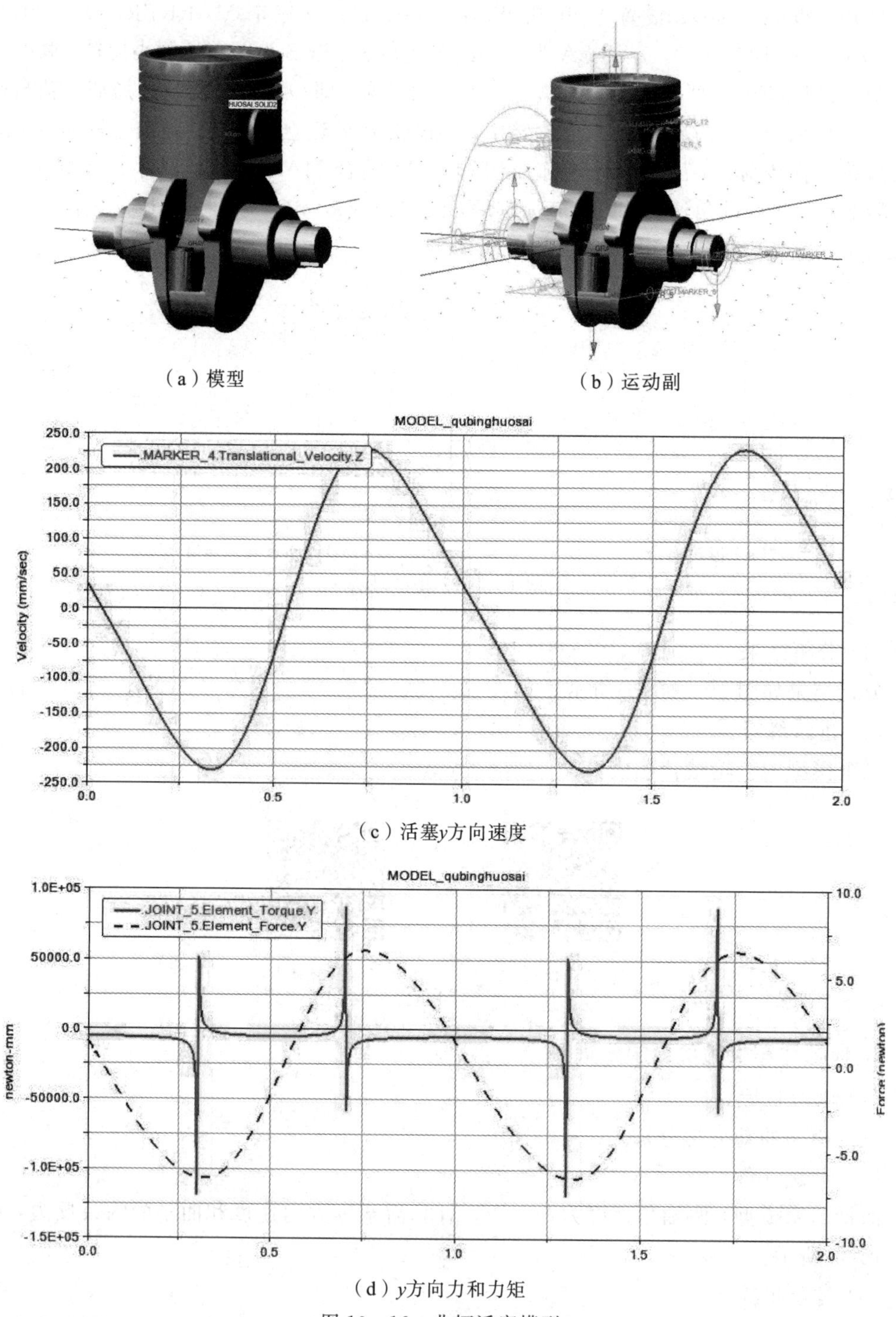

（a）模型　　（b）运动副

（c）活塞y方向速度

（d）y方向力和力矩

图 10－16　曲柄活塞模型

(4) 分析结果。

分析结果如图 10－16(c)、(d)所示。

(5) 进阶练习。

研究材料、重力方向等因素对于约束反力的影响。

建模过程

操作视频

5. 槽轮机构动力学分析

(1) 学习目标。

三维模型的动力学分析。

(2) 问题简介。

槽轮机构模型，曲轴角速度为 120°/s。计算驱动轮的约束反力，如图 10－17(a)所示。

(3) 建模步骤。

打开 Adams View；设置 Unit 和 WorkingGrid；设置模型材料为钢；捕捉模型上的关键点，建立 marker 点，为后续运动副建模提供便利；机架与地面固定；机架与主动轮为旋转副；机架与槽轮为旋转副；主动轮与销为固定；对于驱动轮施加旋转驱动；驱动的角速度为 120°/s；机架与槽轮添加扭簧，刚度为 0，阻尼为 200 N・s/mm；求解，时间为 6 s，step 为 1000；后处理，观察运动规律，计算驱动轮的约束反力。

(4) 分析结果。

分析结果如图 10－17(c)、(d)所示。

(5) 进阶练习。

研究有无阻尼对仿真结果的影响。

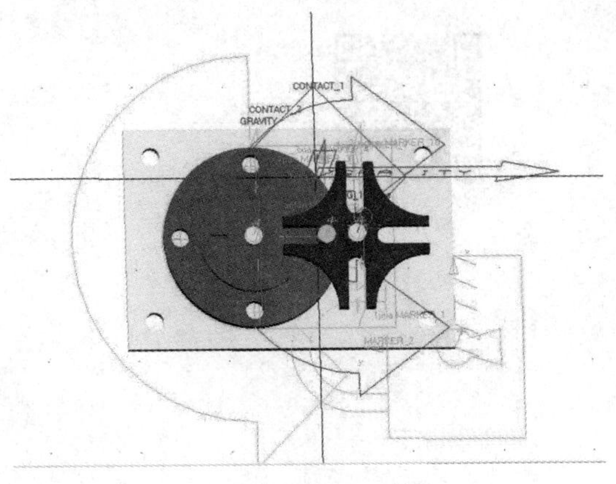

(a) 槽轮及其运动副

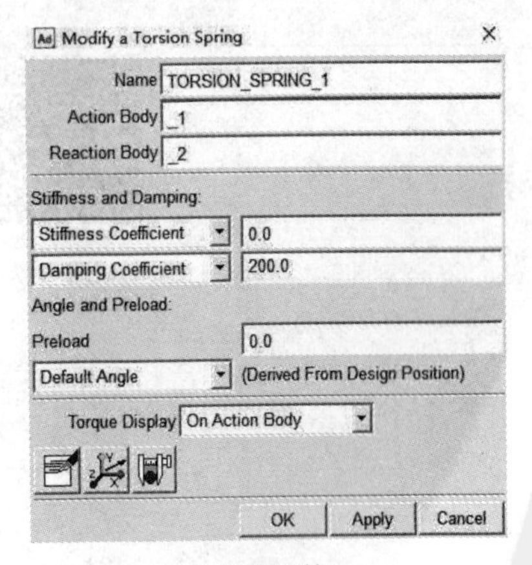

(b) 扭簧

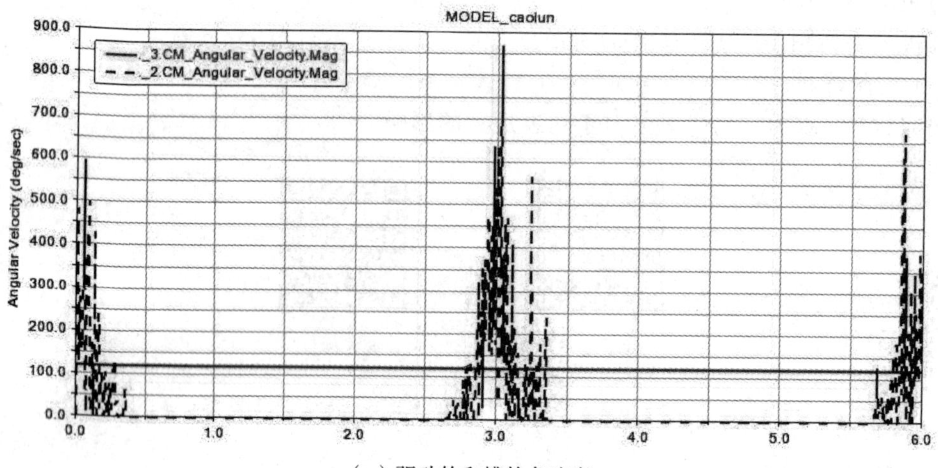

（c）驱动轮和槽轮角速度

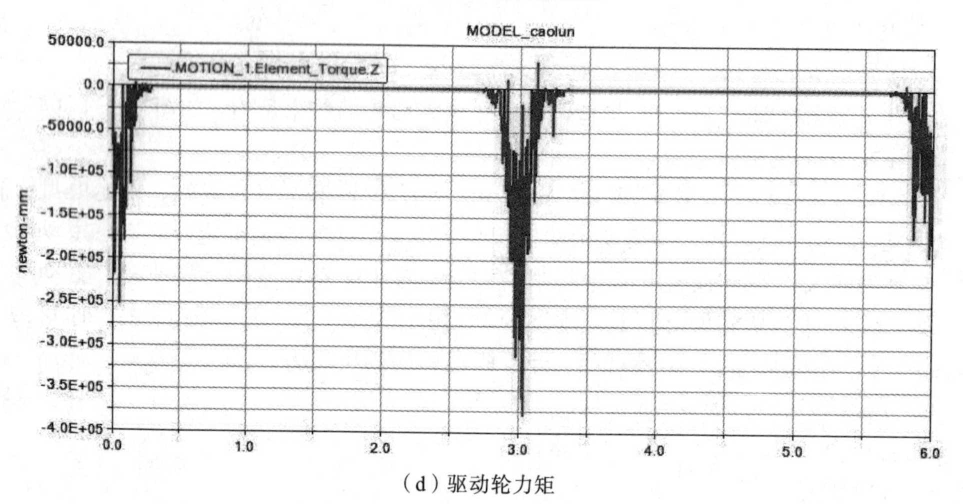

（d）驱动轮力矩

图 10－17　槽轮机构

建模过程

操作视频

参 考 文 献

[1] 王勖成．有限单元法[M]．北京：清华大学出版社，2003.
[2] 刘宏梅，曹艳丽，陈克．机械结构有限元分析及强度设计[M]．北京：北京理工大学出版社，2018.
[3] 刘鸿文．材料力学[M]．6版．北京：高等教育出版社，2017.
[4] 哈尔滨工业大学理论力学教研室．理论力学[M]．8版．北京：高等教育出版社，2016.
[5] 刘士光，张涛．弹塑性力学基础理论[M]．武汉：华中科技大学出版社，2008.
[6] 黄丽丽．有限元三维六面体网格自动生成与再生成算法研究及其应用[D]．山东大学，2010.
[7] 李黎明．Ansys有限元分析使用教程[M]．北京：清华大学出版社，2005.
[8] 罗旭，赵明宇．Femap & NX Nastran基础及高级应用[M]．北京：清华大学出版社，2009.
[9] 吴欣，沈国强，李红霞．基于Femap & NX Nastran的有限元分析实例教程[M]．北京：清华大学出版社，2016.
[10] 高广娣．典型机械机构ADAMS仿真应用[M]．北京：电子工业出版社，2013.

(4) 分析结果。

分析结果如图 10 - 16(c)、(d)所示。

(5) 进阶练习。

研究材料、重力方向等因素对于约束反力的影响。

建模过程

操作视频

5. 槽轮机构动力学分析

(1) 学习目标。

三维模型的动力学分析。

(2) 问题简介。

槽轮机构模型，曲轴角速度为 120°/s。计算驱动轮的约束反力，如图 10 - 17(a)所示。

(3) 建模步骤。

打开 Adams View；设置 Unit 和 WorkingGrid；设置模型材料为钢；捕捉模型上的关键点，建立 marker 点，为后续运动副建模提供便利；机架与地面固定；机架与主动轮为旋转副；机架与槽轮为旋转副；主动轮与销为固定；对于驱动轮施加旋转驱动；驱动的角速度为 120°/s；机架与槽轮添加扭簧，刚度为 0，阻尼为 200 N・s/mm；求解，时间为 6 s，step 为 1000；后处理，观察运动规律，计算驱动轮的约束反力。

(4) 分析结果。

分析结果如图 10 - 17(c)、(d)所示。

(5) 进阶练习。

研究有无阻尼对仿真结果的影响。

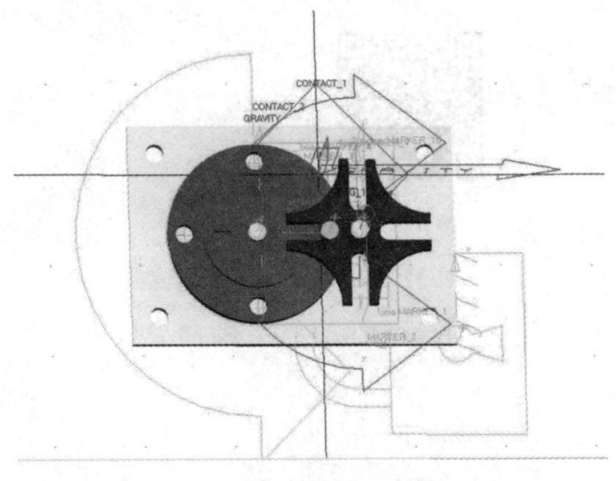

(a) 槽轮及其运动副

Modify a Torsion Spring
Name TORSION_SPRING_1
Action Body _1
Reaction Body _2
Stiffness and Damping:
Stiffness Coefficient 0.0
Damping Coefficient 200.0
Angle and Preload:
Preload 0.0
Default Angle (Derived From Design Position)
Torque Display On Action Body
OK Apply Cancel

(b) 扭簧

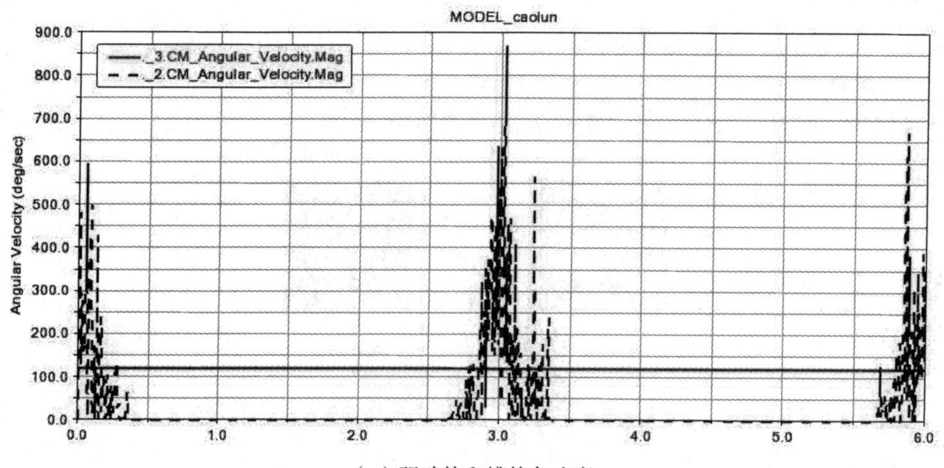

（c）驱动轮和槽轮角速度

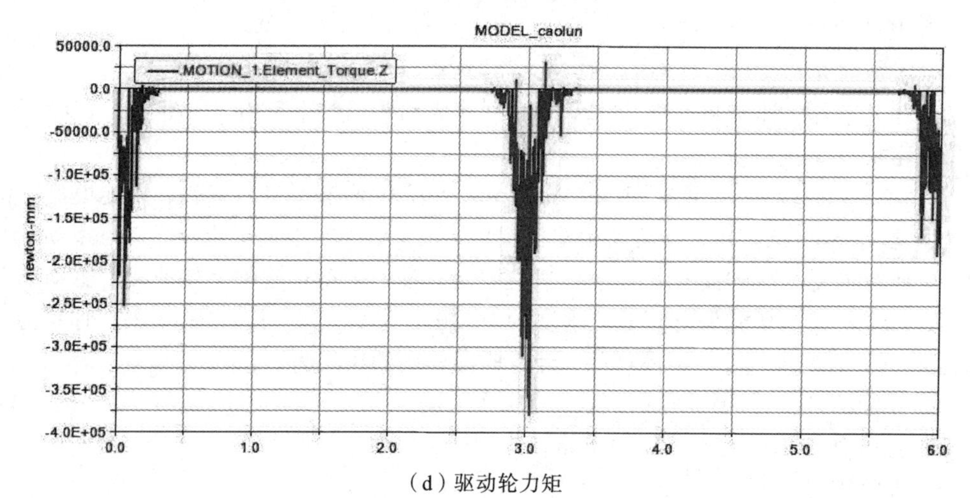

（d）驱动轮力矩

图 10－17　槽轮机构

建模过程

操作视频

参 考 文 献

[1] 王勖成．有限单元法[M]．北京：清华大学出版社，2003.

[2] 刘宏梅，曹艳丽，陈克．机械结构有限元分析及强度设计[M]．北京：北京理工大学出版社，2018.

[3] 刘鸿文．材料力学[M]．6 版．北京：高等教育出版社，2017.

[4] 哈尔滨工业大学理论力学教研室．理论力学[M]．8 版．北京：高等教育出版社，2016.

[5] 刘士光，张涛．弹塑性力学基础理论[M]．武汉：华中科技大学出版社，2008.

[6] 黄丽丽．有限元三维六面体网格自动生成与再生成算法研究及其应用[D]．山东大学，2010.

[7] 李黎明．Ansys 有限元分析使用教程[M]．北京：清华大学出版社，2005.

[8] 罗旭，赵明宇．Femap & NX Nastran 基础及高级应用[M]．北京：清华大学出版社，2009.

[9] 吴欣，沈国强，李红霞．基于 Femap & NX Nastran 的有限元分析实例教程[M]．北京：清华大学出版社，2016.

[10] 高广娣．典型机械机构 ADAMS 仿真应用[M]．北京：电子工业出版社，2013.